教育部高等学校电子信息类专业教学指导委员会规划教材

高等学校电子信息类专业系列教材

电路与电子线路
实验教程

（第2版）

杨飒 张辉 樊亚妮 何学良 编著

清华大学出版社

北京

内 容 简 介

本书是作者根据电子线路实验实训教学改革的需要,在总结多年实验教学经验的基础上编写而成的实验实训教材。全书共分为 7 章,内容包括电路与电子线路实验基础知识、常用电子仪器简介、电路实验、模拟电子技术实验、数字电子技术实验、高频电子线路实验、电子技术课程设计、实验仿真软件简介和实验电路仿真设计与分析等。

书中介绍的仪器设备和实验电路,均与实验室的设备和实验箱一一对应,所有实验电路均经过验证测试,并配套有仿真测试与分析的介绍。本书可作为电子类、物理类、光电类、自动化类本科电子电路基础教学的实验实训教材。

图书在版编目(CIP)数据

电路与电子线路实验教程/杨飒等编著. -- 2 版. -- 北京:清华大学出版社,2025.9.
(高等学校电子信息类专业系列教材). -- ISBN 978-7-302-70183-5

Ⅰ. TM13-33;TN710-33

中国国家版本馆 CIP 数据核字第 2025B19T41 号

责任编辑:崔 彤 王 芳
封面设计:李召霞
责任校对:李建庄
责任印制:沈 露

出版发行:清华大学出版社
　　　　网　　　址:https://www.tup.com.cn,https://www.wqxuetang.com
　　　　地　　　址:北京清华大学学研大厦 A 座　　　邮　　编:100084
　　　　社 总 机:010-83470000　　　　　　　　　邮　　购:010-62786544
　　　　投稿与读者服务:010-62776969,c-service@tup.tsinghua.edu.cn
　　　　质量反馈:010-62772015,zhiliang@tup.tsinghua.edu.cn
　　　　课件下载:https://www.tup.com.cn,010-83470236
印 装 者:三河市君旺印务有限公司
经　　销:全国新华书店
开　　本:185mm×260mm　　　印　　张:14.25　　　字　　数:347 千字
版　　次:2018 年 2 月第 1 版　　2025 年 9 月第 2 版　　印　　次:2025 年 9 月第 1 次印刷
印　　数:1~1500
定　　价:49.90 元

产品编号:100555-01

第2版前言

PREFACE

第 2 版在第 1 版的基础上进行改版,主要有以下方面的更新:对实验实训使用的仪器设备进行了更新;所有实验电路都配套编写了仿真分析的实验预习环节;增加了第 7 章电子技术课程设计;对第 1 版教材中存在的错误进行了修订。本书旨在突出学生工程师素质培养,建立以能力为主线的实验教学模式和实验教材体系,教材编写力图体现以下特点。

(1) 突出教材内容的综合性和实用性。本书内容以"电路""模拟电子线路""数字电子线路""高频电子线路""电子技术课程设计"等 5 门专业基础课程与课程设计的实验实训教学内容为主线,在此整体框架下,将实验所需的基本技能、常识和通用仪器设备有机结合起来,可以成为学生在大一、大二专业基础课程学习期间的一本工具书。

(2) 突出实验教学的规范性和精准性。本书在总结多年实验实训教学经验的基础上编写而成,每个教学模块的实验内容与实验箱紧密配套,一一对应,所有实验电路都通过了验证和调试,做到了准确无误。各模块在实验规则、实验报告撰写、实验数据分析、实验教学要求、实验预习要求等方面完全一致。通过 5 门课程实验实训教学的实施,可以培养学生严谨规范的实验态度,在准确化、精准化的基础上,为专业教学走向设计化、综合化打下良好基础。

(3) 突出虚拟仿真辅助实验教学的特色。本书的实验均通过 Multisim 10.0 软件进行仿真。从"电路"实验开始,在各实验的实验预习或思考题环节,由浅入深地设置了基于 Multisim 10.0 软件的虚拟仿真实验,真正实现了虚拟仿真和实践教学的有机结合。学生通过完成虚拟仿真任务,就可以循序渐进地掌握好 Multisim 10.0 软件,并能体会到虚拟仿真对提高专业学习的趣味性和重要性。

本书共有 7 章,包含 19 个基础实验、3 个数字电子技术课程设计样例和 2 个模拟电子技术课程设计样例,各院校可以根据实际情况为每个实验安排 2~3 学时的实验教学时间。

第 1 章实验基本知识,介绍了实验的基本常识、规范化要求和实验所需具备的基本知识。包含实验的性质、任务和注意事项,实验数据的分析和处理,常用电子元器件的识别,电子制作手工焊接技术等 4 部分。

第 2 章常用电子仪器简介,介绍了 4 门课程实验教学所需用到的仪器设备。包含示波器、低频函数信号发生器、交流毫伏表、数字万用表、高频函数信号发生器以及一个实验内容——常用电子仪器的使用。

第 3 章电路实验,介绍了 5 个电路实验,分别是电路元件伏安特性的测绘、戴维南定理——有源二端网络等效参数的设定、叠加原理的验证、RC 一阶电路的响应测试和 RLC 串联谐振电路的研究。

第 4 章模拟电子技术实验,介绍了 5 个模拟电子技术实验,分别是晶体管共射极单管放大器、负反馈放大器、集成运算放大器、RC正弦波振荡器和OTL功率放大器。

第5章数字电子技术实验,介绍了5个数字电子技术实验,分别是TTL集成逻辑门的逻辑功能与参数测试、组合逻辑电路的设计与测试、译码器及其应用、触发器及其应用和用计数器芯片实现任意进制计数器。

第6章高频电子线路实验,介绍了3个高频电子线路实验,分别是高频谐振功率放大器测试与分析、集电极调幅与大信号检波电路的测试与分析、角度调制与解调电路的测试与分析。

第7章电子技术课程设计有3节,7.1节电子技术课程设计概述中介绍了课程设计的基本方法和步骤,包括课程设计报告撰写;7.2节数字电子技术课程设计选题中介绍了出租车计费器、数字电子钟和交通灯控制电路3个课程设计样例;7.3节模拟电子技术课程设计选题中介绍了多波形信号发生器和金属探测电路2个课程设计样例。

全书由杨飒统稿,张辉校审,第1章由杨飒编写,第2章和第4章由樊亚妮编写,第3章和第5章由张辉编写,第6章由何学良编写,第7章由杨飒、张辉编写。本书的编写得到了仪器设备生产厂家的帮助和支持,也援引了部分学者的著作,在此深表感谢!

由于编者水平有限,书中难免存在疏漏之处,恳请广大读者和同行专家批评指正!

编　者

2025年7月

于广州

第1版前言
PREFACE

本书为适应当前实验教学改革的需要,参照现行普通高等院校电子类相关专业的电路与电子线路课程实验教学大纲编写而成;旨在突出学生工程师素质培养,建立以能力为主线的实验教学模式和实验教材体系,教材编写力图体现以下特点。

(1)突出教材内容的综合性和实用性。本书内容以"电路""模拟电子线路""数字电子线路"和"高频电子线路"4门专业基础课程的实验教学内容为主线,在此整体框架下,将实验所需的基本技能、常识和通用仪器设备有机结合起来,可以成为学生在大一、大二专业基础课程学习期间的一本工具书。

(2)突出实验教学的规范性和精准性。本书是在总结多年实验教学经验的基础上编写而成,每个教学模块的实验内容与实验箱紧密配套,一一对应,所有实验电路都通过验证和调试,做到了准确无误。各模块在实验规则、实验报告撰写、实验数据分析、实验教学要求、实验预习要求等方面完全一致。通过4门课程实验教学的实施,可以培养学生严谨规范的实验态度,在准确化、精准化的基础上,为专业教学走向设计化、综合化打下良好基础。

(3)突出虚拟仿真辅助实验教学的特色。本书的实验均通过Multisim 10.0软件进行仿真。从"电路"实验开始,在各实验的实验预习或思考题环节,由浅入深地设置了基于Multisim 10.0软件的虚拟仿真实验,真正实现了虚拟仿真和实践教学的有机结合。学生通过完成虚拟仿真任务,就可以循序渐进地掌握好Multisim 10.0软件,并能体会到对于专业学习虚拟仿真的趣味性和重要性。

本书共有6章,包含多个实验,各院校可以根据实际情况为每个实验安排2~3学时的实验教学时间。

第1章　实验基础知识,介绍了实验的基本常识、规范化要求和实验所需具备的基本知识。包含实验的性质、任务和注意事项,实验数据的分析和处理,常用电子元器件的识别,电子制作手工焊接技术等4部分。

第2章　常用电子仪器简介,介绍了4门课程实验教学所需用到的仪器设备。包含示波器、低频函数信号发生器、交流毫伏表、数字万用表、高频函数信号发生器以及一个实验内容——常用电子仪器的使用。

第3章　电路实验,介绍了5个电路实验,分别是电路元件伏安特性的测绘,戴维南定理——有源二端网络等效参数的设定,叠加原理的验证,RC一阶电路的响应测试和RLC串联谐振电路的研究。

第4章　模拟电子技术实验,介绍了5个模拟电子技术实验,分别是晶体管共射极单管放大器,负反馈放大器,集成运算放大器的基本应用,RC正弦波振荡器和OTL功率放大器。

第 5 章　数字电子技术实验,介绍了 7 个数字电子技术实验,分别是 TTL 集成逻辑门的逻辑功能与参数测试,组合逻辑电路的设计与测试,译码器及其应用,触发器及其应用,任意进制计数器的实现,集成单元异步计数器和 555 集成定时器的应用。

第 6 章　高频电子线路实验,介绍了 5 个高频电子线路实验,分别是单调谐回路谐振放大器,高频谐振功率放大器,振幅调制器,振幅解调器和变容二极管调频器。

本书所有实验均经过验证测试,可作为电子类、物理类、光电类、自动化类本科基础教学实验教材。

全书由杨飒统稿,张辉审校,第 1 章和第 6 章由杨飒编写,第 2 章和第 4 章由樊亚妮编写,第 3 章和第 5 章由张辉编写,在本书编写过程中,得到了张德昌、何学良、谢庆文的帮助,同时本书的编写也援引了很多专家与学者的著作,在此深表感谢!

由于编者水平有限,书中难免存在疏漏之处,恳请广大读者和同行专家批评指正!

编　者

2017 年 8 月

于广州

目录
CONTENTS

实验基础知识

1.1 实验的性质、任务和注意事项

1.1.1 实验的性质和目的

实验是人类认识客观事物的重要手段。很多科学成果都是通过大量探索性实验而取得的。对于理工科专业而言,实验课程与课堂理论讲授一样,是教学中不可缺少的重要环节。本书中各课程涉及的实验项目,大部分为验证性实验,其内容是成熟的,目的是明确的,结果是可预知的,实验过程有老师的指导,虽然没有探索性实验那样复杂,但是对学生系统地获得有关实验的理论知识和培养实验的基本技能是必不可少的。实验作为一种实践性教学环节,其目的不仅是巩固和加深对所学理论知识的理解,更重要的是训练实验技能,让学生学会独立进行实验,树立工程实际观点和严谨的科学作风。

学生进行电类专业基础课程实验的目的主要是:

(1) 掌握常用电子仪器仪表的性能和使用方法,包括万用表、直流稳压电源、低频信号发生器、晶体管毫伏表、双踪示波器等。

(2) 学习查阅手册,了解常用的电子元器件的基本使用知识。

(3) 学习并掌握基本的测量方法,包括电流、电压、阻抗的测量,网络伏安特性的测量,网络频率特性的测量,网络动态特性的测量等。

(4) 初步掌握专业实验技能,包括正确选用仪器、仪表,合理制定实验方案,按电路图正确接线和排查故障,实验现象的观察和判断,实验数据的读取、处理和误差分析,实验报告的编写,电子元器件的手工焊接技术等。

1.1.2 实验的过程和任务

1. 实验过程

通常,一次完整的实验应包括以下几个过程。

(1) 设计——根据实验目的制定实验方案。

(2) 安装调试——创造实验方案设计的实验条件。

(3) 观测——定性的观察和定量的测量。做实验首先强调观察,集中精力于研究的对象,观察它的现象、它对某一些影响因素的响应、它的变化规律和性质等;同时对研究对象

本身的量值、它随外部条件而变化的程度等做数量上的测量和分析。

（4）整理和分析——对数据资料进行认真的整理和分析，对实验的现象和结果得出正确的理解和认识。

2. 实验各阶段的任务

在电类专业基础课程的配套实验课程中，要顺利圆满地完成每一个实验，必须分三个阶段，每个阶段的具体任务如下。

1）实验预习阶段

实验收获的多少和实验进行是否顺利，在很大程度上取决于学生事先预习、准备的情况。学生实验前必须做到：

（1）认真阅读实验指导教材，明确实验目的、原理及实验所用测量仪器的使用方法，回答预习思考题。

（2）预定实验操作步骤，明确要测量的数据和测量的方法。对验证性实验，预习时要进行电路仿真，通过虚拟仪器对待测量的数据进行仿真测量，仿真测量值作为硬件测量时的一个参考数据。对于设计性实验，预习时必须设计实验电路、拟定测试方案、选择测量仪器，同时要考虑仿真电路性能是否达到设计要求以及实验中可能出现的误差和问题。

（3）写预习报告。预习报告要包含实验名称、实验目的、实验原理、预习思考题回答、实验数据记录图表等。对验证性实验，可以将仿真结果进行列表说明。对设计性实验还应包含设计计算的主要公式和计算结果的列表说明。另外，还要准备实验记录纸，并画好记录实验数据的表格。对一些重要的数据，表格中还应该包含其估算值或仿真值，以便实验测量时选择量程和记录时对照。

2）实验操作阶段

实验操作可分为接线、查线、观测及数据测量、数据的检查与分析等几个阶段。

（1）接线：接线前应先熟悉本次实验所用的设备，合理安排位置，以方便接线、查线、现象的观察和数据的测量。

接线时要按一定次序，做到认真仔细。连线前应先判断连接线的导电性能是否完好。

连接仪表时要特别注意量程和极性。

电源总是在查线无误后再接入。红色线通常作为电源线，黑色线通常作为接地线。

同一插孔（或接线柱）上的连接导线一般不超过 3 根，以防松动或脱落。

（2）查线：按照接线同样的次序进行查线。先查线路的结构，再查元件的参数、仪表的量程等。经查线无误后，方可连接电源。

（3）观测及数据测量：连接电源后，不应急于读取和记录数据，应先进行调试，观察出现的各种现象。注意观察仪表的指示及测量数据的变化情况，与事先的估计值比较，若相差得很大，就有可能是电路发生故障，必须先排除故障。

调试正常后，就可进行测量，并记录数据及现象。测量时应合理选择仪表的量程，读取数值的有效数字位数应充分体现仪表的准确度等级。实验数据及现象记录在实验预习报告的相应栏目中。

（4）数据的检查与分析：观察和测量完毕后不应急于拆除线路，应该对测量数据进行检查。第 1 步是检查数据是否测试完全。第 2 步是检查测量点的间隔选择是否合适，在曲线的平滑部分可少测几个点，而在曲线的弯曲部分要多测几个点。第 3 步是检查测量的数据与事先估算的数据是否相符,如果相差很大,则应检查估算值是否正确,必要时需重做实验,排除可能出现的故障(可能存在的故障有仪器或线路故障、测试方法不对、测试点不对、读数错误等),并如实记录两次实验的结果,以备事后分析讨论。第 4 步是自查完毕,将实验预习报告交给指导老师检查,经指导老师对实验数据认可并在实验记录卡签字后方可结束实验。

实验完毕后应在实验预习报告上记下实验所用设备的名称、规格和编号,以备核查。

离开实验室前,应拆除实验线路,将仪器设备放回原位,并且填好仪器使用记录卡或实验室使用登记本。

3) 实验报告撰写阶段

在实验操作阶段完成了定性的观察和定量的测量并取得资料数据后,工作并未结束。实验的重要一环是对数据资料进行认真的整理和分析,写出实验报告。

实验报告是在实验预习报告的基础上完成的,实验报告一律采用规定的实验报告纸书写。实验报告的具体内容包括以下内容。

(1)实验目的。

(2)实验所用设备和元器件的名称、规格、编号和数量。

(3)实验数据及处理:根据实验预习报告记录的实验原始记录,整理实验数据,并按实验教材要求进行必要处理。

(4)讨论与总结:对实验结果进行充分分析后得出实验结论和对误差进行分析,对实验中出现的各种现象进行解释,提出自己的见解,说明心得体会、改进意见及遗留问题。

(5)回答问题:回答实验教材中提出的或老师指定的问题。

1.1.3　实验安全与实验规则

1. 实验安全

实验安全是实验的前提条件。首先是人身安全,人体接触电就有电流通过人体,通常情况下,人体通过的电流超过 10mA 时就有强烈麻电感觉,超过 30mA 时就有危险,超过 50mA 时可能致命。实验室使用的交流电源参数为 50Hz、220V,对人体显然是危险的,所以在使用交流电源时,要禁止用人体直接接触带电的裸露导体,接通开关通电前,要查看是否有人接触带电裸导体。学生一定要穿具有绝缘性能的鞋子进入实验室。对于 30V 以下的直流电源,一般情况下虽无致命危险,但也不要随便用身体接触带电裸导体,要养成良好的、文明的职业习惯。

其次是设备安全。要爱护国家财产,设备轻提轻放。要掌握设备的使用方法,正确选择量程,正确接线,正确操作。电路改变或测试点改变,要查看仪表量程或挡位是否相应改变。要禁止用电流表或万用表电流挡、欧姆挡测量电压。仪表指针的反偏转、超偏转,有时虽不致损坏,但往往会使仪表的准确度下降,也是要预防的。在实验过程中出现冒烟、火花、臭味、怪声等异常现象,应立即断电检查。

具体的安全技术与注意事项内容很多,学生要逐步掌握起来。每个实验项目进行时,教师应随时给予具体的、有针对性的安全指导。学生则应自始至终把安全看作保证实验顺利进行的先决条件,时时处处注意安全,不断学习与掌握安全技术技能,确保整个实验课程的安全,并把安全观念带到后续各专业课的实验中,以至今后的工作中。

2. 实验规则

学生在实验中要做到以下几点。

(1) 上课铃响前必须进入实验室。迟到 10 分钟以上者,教师可以根据实际情况允许或停止其进行实验及作旷课论处。实验课请假必须履行请假手续,并事先通知实验教师。

(2) 进入实验室前要做好实验预习工作,撰写规范的实验预习报告,否则指导教师有权停止其实验。

(3) 对待实验要严肃认真,保持安静、整洁的学习环境。严禁携带与实验无关的物品进入实验室。水杯、书包等不能搁置在实验台,需统一放到教师指定的位置。

(4) 实验中要以科学、严谨的态度将实验数据如实记录在实验预习报告的图表中,严禁抄袭他人数据或杜撰虚假数据。

(5) 实验完毕,先由本人检查实验数据是否符合要求,然后再把实验记录交给指导教师审阅并在实验登记卡上签字后,学生方可拆线,将实验器材复原并清点归类,整理好实验台,填写实验室使用登记本,经教师检查后方可离开实验室。

(6) 严禁带电接线、拆线或改接线路,禁止用电流表或万用表电流挡、欧姆挡测量电压。学生未经教师的允许,不得随意插拔芯片。秋冬季节人体静电对 CMOS 集成芯片影响比较大,在接触芯片引脚前,应该先释放自身静电。

(7) 接线完毕后,要认真复查,确信无误后,方可接通电源进行实验。对于特定实验项目,需经教师认可后,才能接通电源进行实验。

(8) 实验过程中如果发生事故,应立即关断电源,保持现场,报告指导教师。

(9) 室内仪器设备不准任意调换,非本次实验所用的仪器设备,未经教师允许不得使用。没有弄懂仪表、仪器及设备的使用方法前,不得贸然使用。若损坏仪器设备,必须立即报告教师,责任事故要酌情赔偿。因学生疏忽,非正常操作(如短接信号发生器输出端)损害仪器设备的要进行赔偿。

1.2 实验数据的分析和处理

由于实验方法和实验设备的不完善、周围环境的影响,以及人的观察力、测量程序等限制因素,实验观测值和真值之间,总是存在一定的差异。人们常用绝对误差、相对误差或有效数字来说明一个近似值的准确程度。为了评定实验数据的精确性或误差,认清误差的来源及其影响,需要对实验的误差进行分析和讨论,由此可以判定影响实验精确度的主要因素,在以后的实验中,可以进一步改进实验方案,缩小实验观测值和真值之间的差值,提高实验的精确性。

1.2.1 实验数据误差分析

1. 测量与误差

1) 测量

测量就是用计量仪器对被测物理量进行量度。

2) 测量值

测量值是指用测量仪器测定待测物理量所得的数值。

3）真值

任一物理量都有它的客观大小，这个客观量称为真值。

最理想的测量就是能够测得真值，但由于测量是利用仪器，在一定条件下通过人来完成的，受仪器的灵敏度和分辨能力的局限性、环境的不稳定性和人的精神状态等因素的影响，待测量的真值是不可测得的。

4）误差

测量值和真值之间总会存在或多或少的偏差，这种偏差就称为测量值的误差。设被测量的真值为 a_0，测量值为 x，则测量误差为 $\Delta x = x - a_0$。我们所测得的一切数据都毫无例外地包含一定的误差，因而误差存在于一切测量之中。

5）测量的任务

（1）设法使测量值中的误差减到最小。

（2）求出在测量条件下被测量的最近真值。

（3）估计最近真值的可靠程度。

2. 误差分类与消除

根据误差的性质和产生的原因，一般将误差分为三类。

1）系统误差

在同一条件下（观察方法、仪器、环境、观察者不变），多次测量同一物理量时，符号和绝对值保持不变的误差称为系统误差，又称常差。当条件发生变化时，系统误差也按一定规律变化。系统误差反映了多次测量总体平均值偏离真值的程度。

例如，用万用表测量电阻的阻值，当欧姆挡存在偏差时，测出的阻值总是偏大或偏小；再例如当我们的手表走得很慢时，测出每一天的时间总是小于 24 小时。

产生系统误差的主要原因包括以下几种。

（1）仪器误差：由测量仪器、装置自身机电性能的不完善而产生的误差。如刻度不准、仪表零点未校正或标准表本身存在偏差等。

（2）操作误差：在使用时对仪器的安装调节操作不当造成的误差。减小或消除操作误差的方法是严格按照仪器的技术规程操作使用，熟练掌握实验操作技巧。

（3）方法误差（理论误差）：由于测量中依据的理论不严密，或者不适当地简化测量计算公式所引起的误差。

（4）环境误差：由外界环境（如光照、压力、温度、湿度、电磁场等）超出仪器或实验允许的工作条件而引起的误差。

（5）人为误差：由于测量者个人的习惯、偏向以及由于个人的感觉器官不完善而造成的误差，如读数偏高或偏低等。为消除这类误差，要求实验者提高操作技巧，改善不良习惯。

系统误差是由仪器缺陷、方法（或理论）不完善、环境影响、个人偏向而产生的。在实验过程中不断积累经验，认真分析系统误差产生的原因，按原因采取相应的措施给予校正或用公式消除系统误差。

例如，用万用表测量 1kΩ 标准电阻的阻值，测量值为 998Ω，说明该万用表测电阻时存在 2Ω 的测量误差。在以后的测量值中可以加上 2Ω 的测量误差进行校正。

2）偶然误差

在同一条件下，多次测量同一物理量时，测量值总是有稍许差异而变化不定，这种绝对值和符号经常变化的误差称为偶然误差,也称为随机误差。偶然误差产生的原因不明,因而无法控制和补偿。但是,偶然误差完全服从统计规律,误差的大小或正负的出现完全由概率决定。

偶然误差的规律性主要如下。

(1) 绝对值相等的正的误差和负的误差出现的机会相同。

(2) 绝对值小的误差比绝对值大的误差出现的机会多。

(3) 超出一定范围的误差基本不出现。

在同一测量条件下,可以通过增加测量次数,通过求测量值的算术平均值使测量出现的正负偏差相互抵消,从而减小偶然误差。因此,可以取多次测量值的算术平均值为直接测量的最近真值(最佳值)。

设 $x_1,x_2,\cdots,x_n$ 为各次测量值,n 代表测量次数,算术平均值 $\bar{x}$ 定义为

$$\bar{x} = \frac{x_1 + x_2 + \cdots + x_n}{n} = \frac{\sum\limits_{i=1}^{n} x_i}{n} \tag{1-1}$$

3) 过失误差

由仪器故障、测量者错误操作、看错读数、记录错误或存在不能容许的干扰导致的误差,是一种显然与事实不符的误差,又称粗差。这种误差通常很大,明显超过正常条件下的系统误差或偶然误差。它往往是由实验人员粗心大意、对实验原理不熟悉、过度疲劳和操作不正确等原因引起的。此类误差无规律可循,只要加强责任感、多方警惕、细心操作,过失误差是可以避免的。

如果要消除过失误差,应该对确认为存在过失误差的测量值,在整理数据时直接加以剔除。

3. 精密度、准确度和精确度

反映测量结果与真实值接近程度的量,称为精度(也称精确度)。它与误差大小相对应,测量的精度越高,其测量误差就越小。"精度"应包括精密度和准确度两层含义。

1) 精密度

精密度是指对同一被测量作多次重复测量时,各次测量值之间彼此接近或分散的程度。它是对偶然误差的描述,反映偶然误差对测量的影响程度。偶然误差小,测量的精密度就高。

2) 准确度

准确度是指被测量值的算术平均值与其真值接近或偏离的程度。它是对系统误差的描述,反映系统误差对测量的影响程度。系统误差小,测量的准确度就高。

3) 精确度(精度)

准确度是指各测量值之间的接近程度和其算术平均值对真值的接近程度。它包括精密度和准确度两方面的含义。它反映偶然误差和系统误差对测量的综合影响程度。

在一组测量中,精密度高的准确度不一定高,准确度高的精密度也不一定高,但精确度高,则精密度和准确度都高。图 1-1 说明了精密度与准确度的区别。

学生在实验过程中,往往满足于实验数据的重现性,而忽略了数据测量值的准确程度。绝对真值是不可知的,人们只能制定出一些国际标准作为测量仪表准确性的参考标准。随着人类认识运动的推移和发展,测量值可以逐步逼近绝对真值。

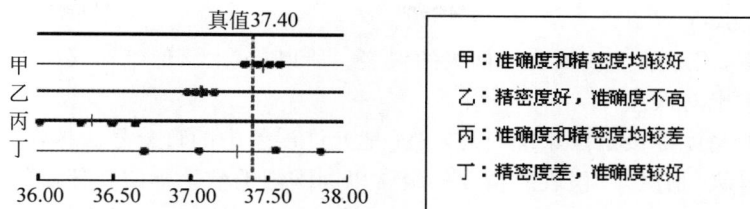

图 1-1 精密度和准确度的关系

4. 误差的表示方法

利用任何量具或仪器进行测量时,都存在误差,测量质量的评价以测量精确度为指标,测量精确度用测量误差的大小来估计。测量结果的误差越小,测量就越精确。

1)绝对误差

测量值 x 和真值 a_0 之差为绝对误差,通常称为测量误差,也简称误差。记为

$$d = x - a_0 \tag{1-2}$$

由于真值 a_0 一般无法求得,因而式(1-2)只有理论意义。常用高一级标准仪器的示值 a 代替真值 a_0,或者用多次测量的算术平均值 $\bar{x}$ 代替真值 a_0。

2)相对误差

衡量某一测量值的准确程度,一般用相对误差来衡量某一测量值的准确程度。绝对误差 d 与被测量的真值 a_0 的百分比值称为相对误差。记为

$$\delta = \frac{d}{a_0} \times 100\% \tag{1-3}$$

3)算术平均误差

算术平均误差是各测量点的误差的平均值。

$$\bar{d} = \frac{\sum |d_i|}{n}, \quad i = 1, 2, \cdots, n \tag{1-4}$$

其中,n 为测量次数;d_i 为第 i 次测量的绝对误差。

4)标准误差(均方误差)

标准误差也称为均方根误差,其定义为

$$\sigma = \sqrt{\frac{\sum d_i^2}{n-1}}, \quad i = 1, 2, \cdots, n \tag{1-5}$$

标准误差是目前最常用的一种表示精确度的方法,它不但与一系列测量值中的每个数据有关,而且对其中较大的误差或较小的误差敏感性很强,能较好地反映实验数据的精确度,实验越精确,其标准误差越小。

1.2.2 测量仪表精确度

测量仪表的精确等级是用最大引用误差(又称允许误差)来标明的。它等于仪表示值中的最大绝对误差与仪表的量程范围之比的百分数,即

$$\delta_{max} = \frac{最大示值绝对误差}{量程范围} \times 100\% = \frac{d_{max}}{X_n} \times 100\% \tag{1-6}$$

其中,δ_{max} 为仪表的最大引用误差;d_{max} 为仪表的最大示值绝对误差;X_n 为量程范围,即

标尺上限值～标尺下限值。

通常情况下,用标准仪表校验较低级的仪表。所以,最大示值绝对误差就是被校表与标准表之间的最大绝对误差。

测量仪表的精度等级是国家统一规定的,把允许误差中的百分号去掉,剩下的数字就称为仪表的精度等级(精度)。仪表的精度等级常以圆圈内的数字标明在仪表的面板上。例如某台电流表的允许误差为 1.5%,这台电流表的精度等级就是 1.5,通常简称 1.5 级仪表。

仪表的精度等级为 a,它表明仪表在正常工作条件下,其最大引用误差的绝对值 $\delta_{\max}$ 不能超过的界限,即

$$\delta_{\max} = \frac{d_{\max}}{X_n} \times 100\% \leqslant a\% \tag{1-7}$$

由式(1-7)可知,在应用仪表进行测量时所能产生的绝对误差(简称误差限)为

$$d \leqslant a\% \times X_n \tag{1-8}$$

而用仪表测量 X 时的相对误差为

$$\delta = \frac{d}{X} \leqslant a\% \times \frac{X_n}{X} \tag{1-9}$$

在实际测量中为可靠起见,可用下式对仪表测量的相对误差进行估计,即

$$\delta = a\% \times \frac{X_n}{X} \tag{1-10}$$

【例 1-1】 用量限为 5A,精度为 0.5 级的电流表,分别测量两个电流,$I_1 = 5A$,$I_2 = 2.5A$,试求测量 I_1 和 I_2 的相对误差为多少?

$$\delta_1 = a\% \times \frac{I_n}{I_1} = 0.5\% \times \frac{5}{5} = 0.5\%$$

$$\delta_2 = a\% \times \frac{I_n}{I_2} = 0.5\% \times \frac{5}{2.5} = 1.0\%$$

由此可见,当仪表的精度等级选定时,所选仪表的测量上限越接近被测量的值,则测量误差的绝对值越小。

【例 1-2】 欲测量约 90V 的电压,实验室现有 0.5 级 0～300V 和 1.0 级 0～100V 的电压表。问选用哪一种电压表进行测量较好?

用 0.5 级 0～300V 的电压表测量 90V 的相对误差为

$$\delta_{0.5} = a_1\% \times \frac{U_n}{U} = 0.5\% \times \frac{300}{90} = 1.7\%$$

用 1.0 级 0～100V 的电压表测量 90V 的相对误差为

$$\delta_{1.0} = a_2\% \times \frac{U_n}{U} = 1.0\% \times \frac{100}{90} = 1.1\%$$

例 1-2 说明,如果选择得当,用量程范围适当的 1.0 级仪表进行测量,能得到比用量程范围大的 0.5 级仪表更准确的结果。因此,在选用仪表时,应根据被测量值的大小,在满足被测量数值范围的前提下,尽可能选择量程小的仪表,并使测量值大于所选仪表满刻度的三分之二,即

$$x > \frac{2X_n}{3}$$

这样就可以满足测量误差要求,又可以选择精度等级较低的测量仪表,从而降低仪表的成本。

1.2.3 实验数据的有效数字与记数法

任何测量结果或计算的量,总是表现为数字,而这些数字就代表了欲测量的近似值。这些近似值的位数应根据测量仪表的精度来确定,记录到仪表最小刻度的十分之一位为宜。

1. 有效数字

一般要求测试数据有效数字为 4 位。如测流体阻力所用的 U 形管压差计,最小刻度是 1mm,但我们可以读到 0.1mm,如 342.4mmHg。又如二等标准温度计最小刻度为 0.1℃,我们可以读到 0.01℃,如 15.16℃,此时有效数字为 4 位,而可靠数字只有 3 位,最后 1 位是不可靠的,称为可疑数字。记录测量数值时只保留 1 位可疑数字。注意:一个数据,其中除了起定位作用的"0"外,其他数都是有效数字。如 0.0037 只有 2 位有效数字,而 370.0 则有 4 位有效数字。

2. 科学记数法

在科学与工程中,为了清楚地表达有效数或数据的精度,通常将有效数写出并在第一位数后加小数点,而数值的数量级由 10 的整数幂来确定,这种以 10 的整数幂来记数的方法称为科学记数法。

例如:

75 200   有效数字为 4 位时,记为 7.520×10^4;

     有效数字为 3 位时,记为 7.52×10^4;

     有效数字为 2 位时,记为 7.5×10^4。

0.004 78   有效数字为 4 位时,记为 4.780×10^{-3};

     有效数字为 3 位时,记为 4.78×10^{-3};

     有效数字为 2 位时,记为 4.7×10^{-3}。

3. 有效数字运算规则

(1) 记录测量数值时,只保留一位可疑数字。

(2) 当有效数字位数确定后,其余数字一律舍弃。舍弃办法是四舍六入,即末位有效数字后边第一位小于 5,则舍弃不计;大于 5 则在前一位数上增 1;等于 5 时,前一位为奇数,则进 1 为偶数,前一位为偶数,则舍弃不计。这种舍入原则可简述为:"小则舍,大则入,正好等于奇变偶"。

例如:保留 4 位有效数字

3.717 29→3.717;

5.142 85→5.143;

7.623 56→7.624;

9.376 56→9.376。

(3) 在加减计算中,各数所保留的位数应与各数中小数点后位数最少的相同。

例如,将 24.65、0.0082、1.632 三个数字相加时,应写为 24.65+0.01+1.63=26.29。

(4) 在乘除运算中,各数所保留的位数以各数中有效数字位数最少的那个数为准,其结果的有效数字位数也应与原来各数中有效数字最少的那个数相同。例如,0.0121、25.64 和

1.05782 三个数字相乘时,应写成 0.0121×25.6×1.06=0.328。上例说明,虽然这三个数的乘积为 0.328 345 6,但只应取其积为 0.328。

(5) 在对数计算中,其有效数字的位数与真数的有效数字位数相同或多取 1 位。

1.2.4　实验数据的基本处理方法

数据处理是指从获得数据开始到得出最后结论的整个加工过程,包括数据记录、整理、计算、分析和绘制图表等。数据处理是实验工作的重要内容,涉及的内容很多,这里仅介绍一些基本的数据处理方法。

1. 列表法

对一个物理量进行多次测量或研究几个量之间的关系时,往往要借助列表法把实验数据列成表格。其优点是,使大量数据表达清晰醒目、条理化,易于检查数据和发现问题,避免差错,同时有助于反映出物理量之间的对应关系。所以,设计一个简明醒目、合理美观的数据表格,是每个同学都要掌握的基本技能。

列表没有统一的格式,但所设计的表格要能充分反映上述优点,应注意以下几点。

(1) 各栏目均应注明所记录的物理量的名称(符号)和单位。

(2) 栏目的顺序应充分注意数据间的联系和计算顺序,力求简明、齐全、有条理。

(3) 表中的原始测量数据应正确反映有效数字,数据不应随便涂改,如果要修改数据,应将原来数据画线进行标注,以备随时查验。

(4) 包含函数关系的数据表格,应按自变量由小到大或由大到小的顺序排列,以便于判断和处理。

2. 作图法

图线能够直观地表示实验数据间的关系,有助于找出物理规律,因此作图法是数据处理的重要方法之一。采用作图法处理数据,首先要画出合乎规范的图线,其要点如下。

1) 选择图纸

图纸有直角坐标纸(即毫米方格纸)、对数坐标纸和极坐标纸等,根据作图需要选择。在物理实验中比较常用的是毫米方格纸,其规格多为 17cm×25cm。

2) 曲线改直

由于直线最易描绘,且直线方程的两个参数(斜率和截距)也较易算得,所以对于两个变量之间的函数关系是非线性的情形,在用作图法时应尽可能通过变量代换将非线性的函数曲线转变为线性函数的直线。下面为几种常用的变换方法。

(1) $xy=c$(c 为常数)。令 $z=\dfrac{1}{x}$,则 $y=cz$,即 y 与 z 为线性关系。

(2) $x=c\sqrt{y}$(c 为常数)。令 $z=x^2$,则 $y=\dfrac{1}{c^2}z$,即 y 与 z 为线性关系。

(3) $y=ax^b$(a 和 b 为常数)。等式两边取对数得 $\lg y=\lg a+b\lg x$。于是,$\lg y$ 与 $\lg x$ 为线性关系,b 为斜率,$\lg a$ 为截距。

(4) $y=ae^{bx}$(a 和 b 为常数)。等式两边取自然对数得 $\ln y=\ln a+bx$。于是,$\ln y$ 与 x 为线性关系,b 为斜率,$\ln a$ 为截距。

3）确定坐标比例与标度

合理选择坐标比例是作图法的关键所在。作图时通常以自变量作横坐标（x 轴），因变量作纵坐标（y 轴）。坐标轴确定后，用粗实线在坐标纸上描出坐标轴，并注明坐标轴所代表物理量的符号和单位。

坐标比例是指坐标轴上单位长度（通常为 1cm）所代表的物理量大小。坐标比例的选取应注意以下几点。

（1）原则上，数据中的可靠数字在图上应是可靠的，即坐标轴上的最小分度（1mm）对应实验数据的最后一位准确数字。坐标比例选得过大会损害数据的准确度。

（2）坐标比例的选取应以便于读数为原则，常用的比例为"1∶1""1∶2""1∶5"（包括"1∶0.1""1∶10"，…），即每厘米代表"1、2、5"倍率单位的物理量。切勿采用复杂的比例关系，如"1∶3""1∶7""1∶9"等。这样不但不易绘图，而且读数困难。

坐标比例确定后，应对坐标轴进行标度，即在坐标轴上均匀地（一般每隔 2cm）标出所代表物理量的整齐数值，标记所用的有效数字位数应与实验数据的有效数字位数相同。标度不一定从零开始，一般用小于实验数据最小值的某一数作为坐标轴的起始点，用大于实验数据最大值的某一数作为终点，这样图纸可以被充分利用。

4）数据点的标出

实验数据点在图纸上用＋符号标出，符号的交叉点正是数据点的位置。若在同一张图上作几条实验曲线，各条曲线的实验数据点应该用不同符号（如×、⊙等）标出，以示区别。

5）曲线的描绘

由实验数据点描绘出平滑的实验曲线，连线要用透明直尺或三角板、曲线板等拟合。根据随机误差理论，实验数据应均匀分布在曲线两侧，与曲线的距离尽可能小。个别偏离曲线较远的点，应检查标点是否错误，若无误表明该点可能是错误数据，在连线时不予考虑。对于仪器仪表的校准曲线和定标曲线，连接时应将相邻的两点连成直线，整个曲线呈折线形状。

6）注解与说明

在图纸上要写明图线的名称、坐标比例及必要的说明（主要指实验条件），并在恰当位置注明作者姓名、日期等。

7）直线图解法求待定常数

直线图解法首先是求出斜率和截距，进而得出完整的线性方程，其步骤如下。

（1）选点：在直线上紧靠实验数据两个端点内侧取两点 $A(x_1, y_1)$、$B(x_2, y_2)$，并用不同于实验数据的符号标明，在符号旁边注明其坐标值（注意有效数字）。若选取的两点距离较近，计算斜率时会减少有效数字的位数。不能在实验数据范围以外取点，因为它已无实验根据，也不能直接使用原始测量数据点计算斜率。

（2）求斜率：设直线方程为 $y = a + bx$，则斜率为

$$b = \frac{y_2 - y_1}{x_2 - x_1} \tag{1-11}$$

（3）求截距：截距的计算公式为

$$a = y_1 - bx_1 \tag{1-12}$$

3. 逐差法

在两个变量之间存在线性关系，且自变量为等差级数变化的情况下，用逐差法处理数据，既能充分利用实验数据，又具有减小误差的效果。具体做法是将测量得到的偶数组数据

分成前后两组,将对应项分别相减,然后再求平均值。

例如,在弹性限度内,弹簧的伸长量 x 与所受的载荷(拉力)F 满足线性关系 $F=kx$,实验时等差地改变载荷,测得一组实验数据如表 1-1 所示,求每增加 1kg 砝码弹簧的平均伸长量 Δx。

表 1-1 弹簧的伸长量与所受的载荷(拉力)关系

砝码质量/kg	1.000	2.000	3.000	4.000	5.000	6.000	7.000	8.000
弹簧伸长位置/cm	x_1	x_2	x_3	x_4	x_5	x_6	x_7	x_8

若不加思考进行逐项相减,很自然会采用下列公式计算

$$\Delta x = \frac{1}{7}\left[(x_2-x_1)+(x_3-x_2)+\cdots+(x_8-x_7)\right]=\frac{1}{7}(x_8-x_1)$$

结果发现除 x_1 和 x_8 外,其他中间测量值都未使用,它与一次增加 7 个砝码的单次测量等价。若用多项间隔逐差,即将上述数据分成前后两组,前一组 (x_1,x_2,x_3,x_4),后一组 (x_5,x_6,x_7,x_8),然后对应项相减求平均,即

$$\Delta x = \frac{1}{4\times 4}\left[(x_5-x_1)+(x_6-x_2)+(x_7-x_3)+(x_8-x_4)\right]$$

这样全部测量数据都使用了,保持了多次测量的优点,减少了随机误差,计算结果比前面的更准确。逐差法计算简便,特别是在检查具有线性关系的数据时,可随时"逐差验证",及时发现数据规律或错误数据。

4. 最小二乘法

由一组实验数据拟合出一条最佳直线,常用的方法是最小二乘法。设物理量 y 和 x 之间满足线性关系,则函数形式为 $y=a+bx$,最小二乘法就是要用实验数据来确定方程中的待定常数 a 和 b,即直线的斜率和截距。

我们讨论最简单的情况,即每个测量值都是等精度的,且假定 x 和 y 值中只有 y 有明显的测量随机误差。如果 x 和 y 均有误差,只要把误差相对较小的变量作为 x 即可。由实验测量得到一组数据为 $(x_i,y_i; \ i=1,2,\cdots,n)$,其中 $x=x_i$ 对应 $y=y_i$。由于测量总是有误差的,我们将这些误差归结为 y_i 的测量偏差,并记为 $\varepsilon_1,\varepsilon_2,\cdots,\varepsilon_n$,如图 1-2 所示。这样,将实验数据 (x_i,y_i) 代入方程 $y=a+bx$ 后,得到

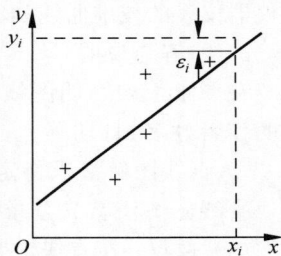

图 1-2 y_i 的测量偏差

$$\left.\begin{array}{l} y_1-(a+bx_1)=\varepsilon_1 \\ y_2-(a+bx_2)=\varepsilon_2 \\ \qquad\vdots \\ y_n-(a+bx_n)=\varepsilon_n \end{array}\right\}$$

利用上述的方程组可以确定 a 和 b,那么 a 和 b 要满足什么要求呢? 显然,比较合理的 a 和 b 是使 $\varepsilon_1,\varepsilon_2,\cdots,\varepsilon_r$ 数值上都比较小。但是,每次测量的误差不会相同,即 $\varepsilon_1,\varepsilon_2,\cdots,\varepsilon_n$ 数值上大小不一,而且符号也不尽相同,所以只能要求总的偏差最小,即

$$\sum_{i=1}^{n}\varepsilon_i^2 \to \min$$

令

$$S = \sum_{i=1}^{n} \varepsilon_i^2 = \sum_{i=1}^{n} (y_i - a - b x_i)^2 \tag{1-13}$$

使 S 为最小的条件是

$$\frac{\partial S}{\partial a} = 0, \quad \frac{\partial S}{\partial b} = 0, \quad \frac{\partial^2 S}{\partial a^2} > 0, \quad \frac{\partial^2 S}{\partial b^2} > 0$$

由一阶微商为零得

$$\left. \begin{array}{l} \dfrac{\partial S}{\partial a} = -2 \sum\limits_{i=1}^{n} (y_i - a - b x_i) = 0 \\[3mm] \dfrac{\partial S}{\partial b} = -2 \sum\limits_{i=1}^{n} (y_i - a - b x_i) x_i = 0 \end{array} \right\}$$

解得

$$a = \frac{\sum\limits_{i=1}^{n} x_i \sum\limits_{i=1}^{n} (x_i y_i) - \sum\limits_{i=1}^{n} x_i^2 \sum\limits_{i=1}^{n} y_i}{\left(\sum\limits_{i=1}^{n} x_i\right)^2 - n \sum\limits_{i=1}^{n} x_i^2} \tag{1-14}$$

$$b = \frac{\sum\limits_{i=1}^{n} x_i \sum\limits_{i=1}^{n} y_i - n \sum\limits_{i=1}^{n} (x_i y_i)}{\left(\sum\limits_{i=1}^{n} x_i\right)^2 - n \sum\limits_{i=1}^{n} x_i^2} \tag{1-15}$$

令 $\bar{x} = \dfrac{1}{n} \sum\limits_{i=1}^{n} x_i$，$\bar{y} = \dfrac{1}{n} \sum\limits_{i=1}^{n} y_i$，$\bar{x}^2 = \left(\dfrac{1}{n} \sum\limits_{i=1}^{n} x_i\right)^2$，$\overline{x^2} = \dfrac{1}{n} \sum\limits_{i=1}^{n} x_i^2$，$\overline{xy} = \dfrac{1}{n} \sum\limits_{i=1}^{n} (x_i y_i)$，则

$$a = \bar{y} - b \bar{x} \tag{1-16}$$

$$b = \frac{\bar{x} \cdot \bar{y} - \overline{xy}}{\bar{x}^2 - \overline{x^2}} \tag{1-17}$$

如果实验是在已知 y 和 x 满足线性关系下进行的,那么用上述最小二乘法线性拟合（又称一元线性回归）可解得斜率 a 和截距 b,从而得出回归方程 $y = a + bx$。如果实验是要通过对 x、y 的测量来寻找经验公式,则还应判断由上述一元线性拟合所确定的线性回归方程是否恰当。可用下列相关系数 r 来判断:

$$r = \frac{\overline{xy} - \bar{x} \cdot \bar{y}}{\sqrt{(\overline{x^2} - \bar{x}^2)(\overline{y^2} - \bar{y}^2)}} \tag{1-18}$$

其中, $\bar{y}^2 = \left(\dfrac{1}{n} \sum\limits_{i=1}^{n} y_i\right)^2$，$\overline{y^2} = \dfrac{1}{n} \sum\limits_{i=1}^{n} y_i^2$。

可以证明, $|r|$ 总是在 0 和 1 之间。$|r|$ 越接近 1,说明实验数据点密集地分布在所拟合的直线的近旁,用线性函数进行回归是合适的。$|r| = 1$ 表示变量 x、y 完全线性相关,拟合直线通过全部实验数据点。$|r|$ 越小变量间线性关系越差,一般 $|r| \geqslant 0.9$ 时可认为两个物理量之间存在较密切的线性关系,此时用最小二乘法直线拟合才有实际意义。

1.3 常用电子元器件的识别

电子元器件是电子电路中具有独立电气功能的基本单元,常用的电子元器件有电阻器、电容器、电感器、二极管、三极管、可控硅、轻触开关、蜂鸣器、各种传感器、芯片、保险丝、接插件、电机、天线、显示器件等。在实践操作中,除需掌握电子元器件的原理、性能和特点外,还应该懂得如何选择和使用各类电子元器件,学会电子元器件的识别和性能好坏的判断,这对电路读图、电路设计、故障分析极为重要。本书仅对常用电子元器件进行简单介绍,在实际中用到的其他电子元器件可查找相关资料。

首先对电子电路的常用术语进行介绍,见表 1-2;在此基础上对常用电子元器件进行介绍,见表 1-3。

表 1-2　电子电路的常用术语

术　语	术 语 解 释	术　语	术 语 解 释
PTH	通孔直插式元件(引脚能穿过 PCB 的元件)的统称,包括 DIP、PICC、PTH 等	SMD	表面贴装元件
SIP	单列直插(一排引脚)	DIP	双列直插(两面引脚)
轴向元件	同一轴线两端引出引脚的元器件,如色环电阻	径向元件	同一截面同一方向上引出引脚的元件,如铝电解电容
PCB	印制电路板	PBA	成品电路板
单面板	电路板上只有一面用金属处理	双面板	上下两面都有线路的电路板
元件面	电路板上插元件的一面	焊接面	PCB 上用来焊接元件引脚或金属端的金属部分
层板	除上下两面都有线路外,在电路板内层也有线路	引脚	元件的一部分,用于把元件焊在电路板上
金属化孔 (PTH)	在做板的第一道工序中就钻上孔,而孔内因后续工序影响,孔壁内会上铜(即金属化孔)	非金属化孔	仅在板子成品后工序中,单纯钻个孔而已,这个孔一样可以有孔盘或其他,但是孔的内壁一定没有铜(金属)
空焊、假焊	空焊为零件脚(引线脚)与锡垫间没有锡,假焊为锡垫的锡量太少,造成没有结合	冷焊	锡或锡膏在回风炉汽化后,在锡垫上仍有模糊的粒状附着物
连锡	有脚零件脚与脚之间焊锡连接短路	错件	零件放置的规格和种类与作业规定不符
缺件	应放置零件的位置,因不正常的缘故而产生空缺	折脚	零件引脚打折未插入孔内形成折脚
极性元件	插入电路板时必须定向	极性标志	印制电路板上,极性元件的位置印有极性标志

表 1-3　常用电子元器件特性一览表

字母标志	元器件名称	特　　性	极性或方向	计量单位	功　　能
R (RN/RP)	电阻器	有色环,有 SIP/DIP/ SMD 封装	SIP/DIP 有方向	欧(Ω)	限制电流
C	电容器	色彩明亮、标有 DC/ VDC/pF/μF 等	电解电容、钽电容有方向	法(F)	存储电荷,阻直流通交流
L	电感器	单线圈	无	亨(H)	存储磁能,阻直流通交流

续表

字母标志	元器件名称	特　性	极性或方向	计量单位	功　能
T	变压器	两个或以上线圈	有	匝比数	调节交流电压与电流
D 或 CR	二极管	一条色环,常标记为 1Nxxx/LED	有		允许电流单向流动
Q	三极管	三只引脚,常标记为 2Nxxx/DIP/SOT	有	放大倍数	用作放大器或开关
U	集成电路		有		多种电路的集合
X 或 Y	晶振	金属体	四脚晶振有方向	赫(Hz)	产生振荡频率
F	保险丝		无	安(A)	电路过载保护
S 或 SW	开关	有触发式、按键式及旋转式,通常为 DIP	有	触点数	通断电路
J 或 P	连接器		有	引脚数	连接电路板
B 或 BT	电池	正负极、电压	有	伏(安)	提供直通电流

1.3.1　电阻器

导电体对电流的阻碍作用称为电阻,用符号 R 表示,单位有欧［姆］(Ω)、千欧(kΩ)、兆欧(MΩ)。电阻器在电路图中的常用符号如图 1-3 所示。

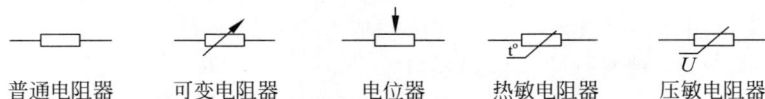

普通电阻器　　可变电阻器　　电位器　　热敏电阻器　　压敏电阻器

图 1-3　常用电阻器符号

1. 电阻器的型号命名方法

国产电阻器的型号由 4 部分组成(不适用敏感电阻),见表 1-4。

表 1-4　电阻器、电位器的型号命名法

第 一 部 分		第 二 部 分		第 三 部 分		第 四 部 分
用字母表示主称		用字母表示材料		用数字或字母表示特征		用数字表示序号
符号	意义	符号	意义	符号	意义	
R	电阻器	T	碳膜	1	普通	
		P	硼碳膜	2	普通	
		U	硅碳膜	3	超高频	
		C	沉积膜	4	高阻	
		H	合成膜	5	高温	
		I	玻璃釉膜	7	精密	
		J	金属膜	8	高压* 特殊函数	包括:额定功率 　　　　阻值 　　　允许偏差 　　　精度等级
		Y	氧化膜	9	特殊	
		S	有机实芯	G	高功率	
W	电位器	N	无机实芯	T	可调	
		X	线绕	X	小型	
		R	热敏	L	测量用	
		G	光敏	W	微调	
		M	压敏	D	多圈	

* 第三部分数字 8,对于电阻器来说,表示"高压";对于电位器来说,表示"特殊函数"。

示例：RJ71-0.125-5.1kI 型的命名含义：R——电阻器，J——金属膜，7——精密，1——序号，0.125——额定功率，5.1k——标称阻值，I——误差等级为 5%。

2. 电阻器的分类

电阻器有很多分类方法，按结构形式可分为一般电阻器、片形电阻器和可变电阻器（电位器）。按材料可分为合金型、薄膜型和合成型。按用途可分为普通型，其允许误差为 +5%、+10%、±20% 等；精密型，其允许误差为 ±2%～+0.001%；高频型，亦称无感电阻，功率可达 100W；高压型，额定电压可达 35kV；高阻型，阻值为 10～100MΩ；敏感型，阻值对温度、压力、气体等很敏感，会根据这些参数的变化而变化；熔断型，亦称保险丝电阻器。

下面介绍部分类型电阻器。

（1）电位器（W）：电位器是一种机电元件，靠电刷在电阻体上的滑动，取得与电刷位移呈一定关系的输出电压。通常分为合成碳膜电位器、有机实心电位器、金属玻璃釉电位器、绕线电位器、金属膜电位器、导电塑料电位器、带开关的电位器、预调式电位器、直滑式电位器、双连电位器和无触点电位器等。

（2）薄膜类电阻器：在玻璃或陶瓷基体上沉积一层碳膜、金属膜、金属氧化膜等形成电阻薄膜，膜的厚度一般在几微米以下。通常包括金属膜电阻器（RJ）、金属氧化膜电阻器（RY）和碳膜电阻器（RT）等。

（3）合金类电阻器：用块状电阻合金拉制成合金线或碾压成合金箔制成电阻器，通常包括线绕电阻器（RX）、精密合金箔电阻器（RJ）等。

（4）合成类电阻器：将导电材料与非导电材料按一定比例混合成不同电阻率的材料后制成的电阻器。该电阻器的最突出的优点是可靠性高，但电特性能比较差，常在某些特殊的领域内使用（如航空航天工业、海底电缆等）。合成类电阻器种类比较多，按用途可分为通用型、高阻型和高压型等，如金属玻璃釉电阻器（RI）、实芯电阻器（RS）、合成膜电阻器（RH）等。

（5）敏感类电阻器：敏感类电阻器是指器件特性对温度、电压、湿度、光照、气体、磁场、压力等作用敏感的电阻器。敏感类电阻器的符号是在普通电阻的符号中加一斜线，并在旁标注敏感类电阻器的类型，如 t 或 v 等。通常分为压敏电阻器、湿敏电阻器、光敏电阻器、气敏电阻器、力敏电阻器和热敏电阻器。热敏电阻器按照温度系数的不同分为正温度系数热敏电阻器（简称 PTC 热敏电阻器）和负温度系数热敏电阻器（简称 NTC 热敏电阻器）。

（6）表面安装电阻器：又称无引线电阻器、片状电阻器、贴片电阻器、SMT 电阻器。表面安装电阻器主要有矩形和圆柱形两种形状。矩形表面安装电阻器主要由陶瓷基片、电阻膜、保护层、金属端头电极四大部分组成。圆柱形表面安装电阻器是在高铝陶瓷基体上涂上金属或碳质电阻膜，而后在两端压上金属电极帽，经过刻螺纹槽的方法确定电阻后再刷一层耐热绝缘漆并在表面喷上色码标志而成。具有体积小，精度高，稳定性好，高频性能好的特点。

（7）水泥电阻器：一种陶瓷绝缘功率型线绕电阻器，它将电阻线绕在耐热瓷件上，外面加上耐热、耐湿及耐腐蚀材料保护固定而成。水泥电阻器通常把电阻体放入方形瓷器框内，用特殊不燃性耐热水泥充填密封而成，由于其外形像一个白色长方形水泥块，故称水泥电阻器。其性能特点是稳定性好、过载能力强、绝缘电阻高（可达 100MΩ 以上）、散热好、功率大、具有阻燃防爆特性等，广泛应用于计算机、电视机、仪器仪表中。

（8）保险电阻器：又称熔断电阻器，兼备电阻器与保险丝二者的功能，平时可当作电阻器使用，一旦电流异常时就发挥其保险丝的作用来保护机器设备。主要应用在电源输出电路中。保险电阻器的阻值一般较小(几欧姆至几十欧姆),功率也较小(1/8~1W)。电路负载发生短路故障,出现过流时,保险电阻器的温度在很短的时间内就会升高到 500℃~600℃,这时电阻层便受热剥落而熔断,起到保险丝的作用,达到提高整机安全性的目的。

(9)网路电阻器:又称排阻,是将多个电阻器集中封装在一起,组合制成的一种复合电阻器。网路电阻器具有装配方便、安装密度高等优点,目前已大量应用于电子电路中。

常见的电阻器外形见图 1-4。

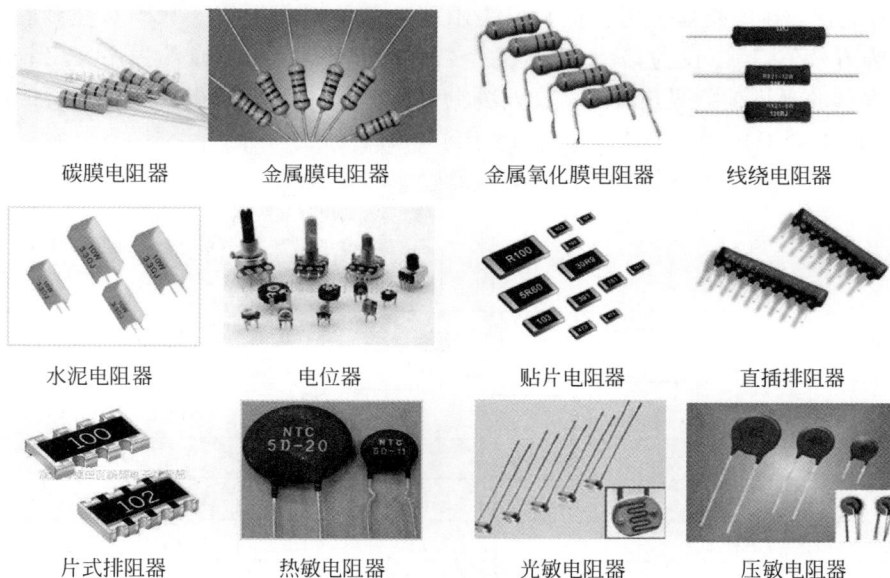

| 碳膜电阻器 | 金属膜电阻器 | 金属氧化膜电阻器 | 线绕电阻器 |

| 水泥电阻器 | 电位器 | 贴片电阻器 | 直插排阻器 |

| 片式排阻器 | 热敏电阻器 | 光敏电阻器 | 压敏电阻器 |

图 1-4 常见的电阻器外形

3. 电阻器主要特性参数

(1)标称阻值:电阻器上面所标示的阻值。

(2)允许误差:标称阻值与实际阻值的差值跟标称阻值之比的百分数称阻值偏差,它表示电阻器的精度。允许误差与精度等级对应关系如下:±0.5%对应精度 0.05 等级,±1%对应精度 0.1(或 00)等级,±2%对应精度 0.2(或 0)等级,±5%对应精度 I 等级,±10%对应精度 II 等级,±20%对应精度 III 等级。

(3)额定功率:在正常大气压力 90~106.6kPa 及环境温度为 -55℃~+70℃ 的条件下,电阻器长期工作所允许耗散的最大功率。

线绕电阻器额定功率(W)为 1/20、1/8、1/4、1/2、1、2、4、8、10、16、25、40、50、75、100、150、250、500。

非线绕电阻器额定功率(W)为 1/20、1/8、1/4、1/2、1、2、5、10、25、50、100。

(4)额定电压:由阻值和额定功率换算出的电压。

(5)最高工作电压:允许的最大连续工作电压。在低气压工作时,最高工作电压较低。

(6)温度系数:温度每变化 1℃ 所引起的电阻值的相对变化。温度系数越小,电阻器的稳定性越好。阻值随温度升高而增大,则称之为正温度系数,反之为负温度系数。

(7)老化系数:电阻器在额定功率长期负荷下,阻值相对变化的百分数。它是表示电阻器寿命长短的参数。

(8) 电压系数：在规定的电压范围内,电压每变化 1V,电阻器的相对变化量。

(9) 噪声：产生于电阻器中的一种不规则的电压起伏,包括热噪声和电流噪声两部分。热噪声是由于导体内部不规则的电子自由运动,引起的导体任意两点的电压不规则变化。

4. 电阻器阻值标示方法

(1) 直标法：用数字和单位符号在电阻器表面标出阻值,其允许误差直接用百分数表示,若电阻上未标注偏差,则均为±20%。

(2) 数码法：在电阻器上用三位数码表示标称值的标志方法。数码从左到右,第一位和第二位为有效值,第三位为倍率,即零的个数,单位为 Ω。偏差通常采用文字符号表示。文字符号表示的允许偏差见图 1-5。数码法主要用于贴片等小体积的电阻器,如 472 表示 $47 \times 10^2 \, \Omega$(即 $4.7\mathrm{k}\Omega$)；104 则表示 $10 \times 10^4 = 100\mathrm{k}\Omega$。

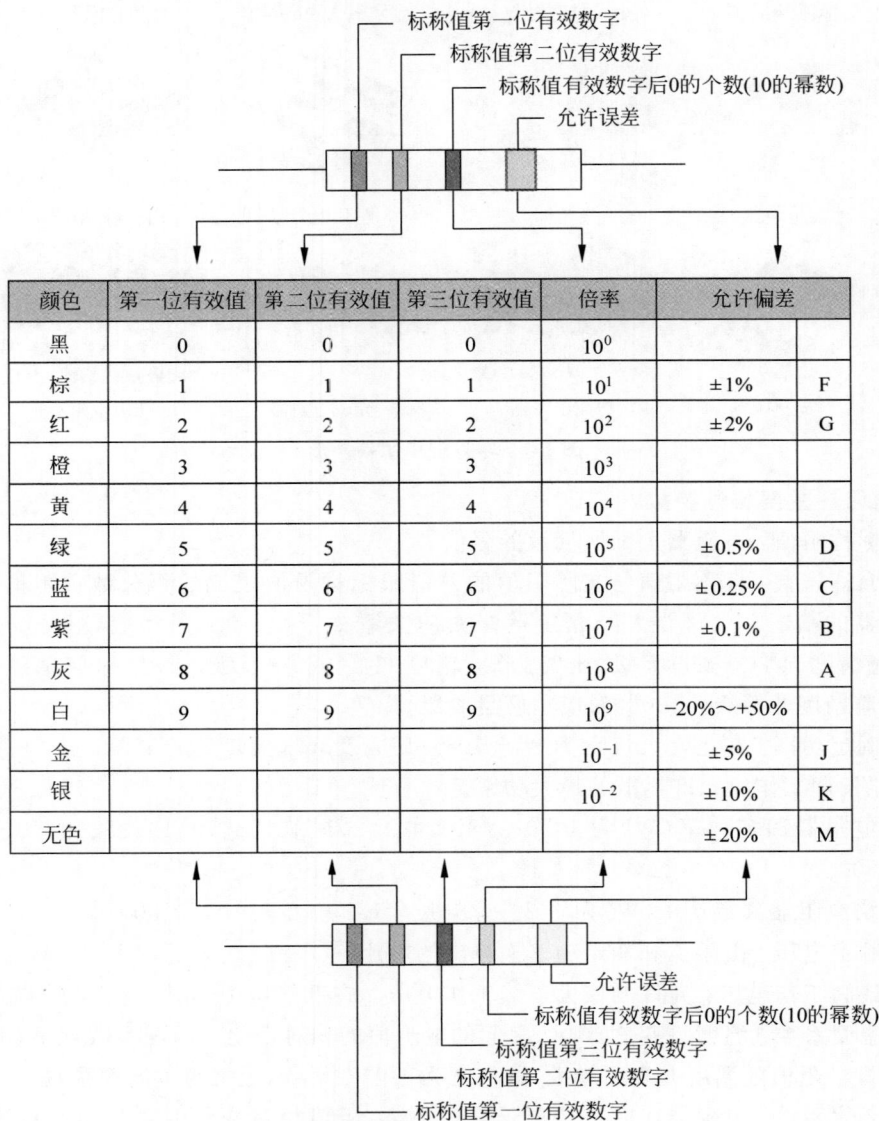

颜色	第一位有效值	第二位有效值	第三位有效值	倍率	允许偏差	
黑	0	0	0	10^0		
棕	1	1	1	10^1	±1%	F
红	2	2	2	10^2	±2%	G
橙	3	3	3	10^3		
黄	4	4	4	10^4		
绿	5	5	5	10^5	±0.5%	D
蓝	6	6	6	10^6	±0.25%	C
紫	7	7	7	10^7	±0.1%	B
灰	8	8	8	10^8		A
白	9	9	9	10^9	−20%~+50%	
金				10^{-1}	±5%	J
银				10^{-2}	±10%	K
无色					±20%	M

图 1-5 色环电阻器的色环表示法

（3）色标法：普通的色环电阻器用四环表示，精密电阻器用五环表示。紧靠电阻体一端的色环为第一环，露着电阻体本色较多的另一端为末环。如果色环电阻器用四环表示，前面两环表示有效数字，第三环是 10 的幂数，第四环是色环电阻器的误差范围。如果色环电阻器用五环表示，前面三环是有效数字，第四环是 10 的幂数，第五环是色环电阻器的误差范围。色环电阻器的读法见图 1-5。还有一种六环电阻器，其前五环按照五位色环电阻器的读法读出来，第六环表示温度系数。

（4）SMT 贴片电阻器阻值表示法：SMT 电阻器的尺寸用长和宽表示，通常有 0201、0603、0805、1206 等型号，如 0201 表示长为 0.02 英寸，宽为 0.01 英寸。SMT 贴片电阻器阻值表示法一般分为三类。

第一类是 2 位数字和 1 位字母表示，两位数字是有效数字，字母表示 10 的幂数，但是要根据实际情况在精密电阻查询表中查找。精密电阻器的查询表见表 1-5 和表 1-6。如 27E 为 $187 \times 10^4 = 1.87 \text{M}\Omega$。

表 1-5　SMT 贴片电阻器阻值表示法

代码	阻值	代码	阻值	代码	阻值	代码	阻值	代码	阻值
1	100	21	162	41	261	61	422	81	681
2	102	22	165	42	267	62	432	82	698
3	105	23	169	43	274	63	442	83	715
4	107	24	174	44	280	64	453	84	732
5	110	25	178	45	287	65	464	85	750
6	113	26	182	46	294	66	475	86	768
7	115	27	187	47	301	67	487	87	787
8	118	28	191	48	309	68	499	88	806
9	121	29	196	49	316	69	511	89	825
10	124	30	200	50	324	70	523	90	845
11	127	31	205	51	332	71	536	91	866
12	130	32	210	52	340	72	549	92	887
13	133	33	215	53	348	73	562	93	909
14	137	34	221	54	357	74	576	94	931
15	140	35	226	55	365	75	590	95	953
16	143	36	232	56	374	76	604	96	976
17	147	37	237	57	383/388	77	619		
18	150	38	243	58	392	78	634		
19	154	39	249	59	402	79	649		
20	158	40	255	60	412	80	665		

表 1-6　SMT 贴片电阻器倍率表示法

字母	A	B	C	D	E	F	G	H	X	Y	Z
倍率	10^0	10^1	10^2	10^3	10^4	10^5	10^6	10^7	10^{-1}	10^{-2}	10^{-3}

第二类是 3 位数字表示,前两位数字代表电阻值的有效数字,第 3 位数字表示在有效数字后面应添加 0 的个数。当电阻器小于 10Ω 时,在代码中用 R 表示电阻值小数点的位置,这种表示法通常用于阻值误差为 5% 的电阻器系列中。例如,330 表示 33Ω,221 表示 220Ω,683 表示 68kΩ,6R2 表示 6.2Ω。

第三类是 4 位数字表示,前 3 位数字代表电阻值的有效数字,第 4 位表示在有效数字后面应添加 0 的个数。当电阻器小于 10Ω 时,代码中仍用 R 表示电阻值小数点的位置,这种表示方法通常用于阻值误差为 1% 的精密电阻器系列中。比如,0100 表示 10Ω,4992 表示 49.9kΩ,0R56 表示 0.56Ω。

5. 电阻器的检测

(1) 用指针万用表判定电阻器的好坏:首先选择测量挡位,再将倍率挡旋钮置于适当的挡位,一般 100Ω 以下电阻器可选 R×1 挡,100～1000Ω 的电阻器可选 R×10 挡,1～10kΩ 电阻器可选 R×100 挡,10～100kΩ 的电阻器可选 R×1k 挡,100kΩ 以上的电阻器可选 R×10k 挡。

(2) 测量挡位确定后,对万用表电阻挡进行校 0,即将万用表两表笔金属棒短接,观察指针有无到 0 的位置,如果不在 0 位置,调整调零旋钮使表针指向电阻器刻度的 0 位置。

(3) 将万用表的两表笔分别和电阻器的两端相接,表针应指在相应的阻值刻度上,如果表针不动或指示不稳定或指示值与电阻器上的标示值相差很大,则说明该电阻器已损坏。

(4) 用数字万用表判定电阻器的好坏:首先将万用表的挡位旋钮调到欧姆挡的适当挡位,一般 200Ω 以下电阻器可选 200 挡,200～2000Ω 电阻器可选 2k 挡,2～20kΩ 可选 20k 挡,20～200kΩ 的电阻器可选 200k 挡,200kΩ～200MΩ 的电阻器选择 2M 挡,2～20MΩ 的电阻器选择 20M 挡,20MΩ 以上的电阻器选择 200M 挡。

1.3.2　电容器

电容器由两个金属电极中间夹一层电介质构成,是一种储能元件,它在电路中多用于隔直、耦合、旁路、滤波、调谐回路、能量转换、控制电路等。电容器用符号 C 表示,单位有法(F)、微法(μF)、皮法(pF)($1F = 10^6 \mu F = 10^{12} pF$)。电容器在电路图中的常用符号如图 1-6 所示。

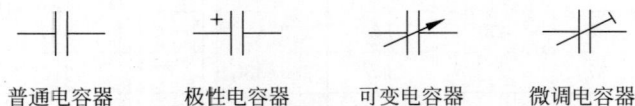

普通电容器　　极性电容器　　可变电容器　　微调电容器

图 1-6　电容器的电路符号

1. 电容器的型号命名方法

国产电容器的型号一般由 4 部分组成(不适用于压敏、可变、真空电容器),第一部分字母 C 代表电容器,第二部分代表介质材料,第三部分表示结构类型和特征,第四部分为序号。具体参见表 1-7 和表 1-8。

表 1-7　电容器的型号命名

第一部分	第二部分介质材料		第三部分结构类型		第四部分序号
	符号	意义	符号	意义	
主称 C	C	高频瓷	G	高功率	一般用数字表示序号，以区别电容器的外形尺寸及性能指标
	T	低频瓷	W	微调	
	I	玻璃釉	J	金属化	
	O	玻璃膜	Y	高压	
	Y	云母	1		
	Z	纸介质	2		
	J	金属化纸介质	3		
	B	聚苯乙烯等非极性有机薄膜	4		
	L	涤纶等有极性有机薄膜	5		
	Q	漆膜	6		
	H	纸膜复合介质	7		
	D	铝电解电容	8		
	A	钽电解电容	9		
	N	铌电解电容			
	G	金属电解电容			
	E	其他材料电解电容			
	V	云母纸			

表 1-8　电容器型号第三部分数字的含义

名　称	数　字							
	1	2	3	4	5	6	8	9
瓷介电容器	圆片	管形	叠片	独石	穿心	支柱管	高压	
云母电容器	非密封	非密封	密封	密封			高压	
有机电容器	非密封	非密封	密封	密封	穿心		高压	特殊
电解电容器	箔式	箔式	烧结粉液体	烧结粉固体		无极性		特殊

示例：CD11 为箔式铝电解电容器，CZJX 为纸介金属膜电容器，CC11 为圆片瓷介电容器。

2. 电容器的分类

电容器的种类较多，分类方法也各不相同。按结构可分为固定电容器、可变电容器和微调电容器三种。按介质不同可分为纸介电容器、有机介质电容器、无机介质电容器、气体介质电容器、有机薄膜电容器、电解电容器等几种。按用途可分为高频旁路、低频旁路、滤波、调谐、高频耦合、低频耦合等。按极性分为有极性电容器和无极性电容器。

有机介质电容器分为玻璃釉电容器、云母电容器、瓷介电容器等。

电解电容器分为铝电解电容器、钽电解电容器、铌电解电容器等。

气体介质电容器分为空气电容器、真空电容器、充气式电容器等。

可变电容器分为空气介质、塑膜介质和其他介质可变电容器等。

微调电容器分为陶瓷介质、云母介质、有机薄膜介质微调电容器等。

图 1-7 为常见的电容器外形。

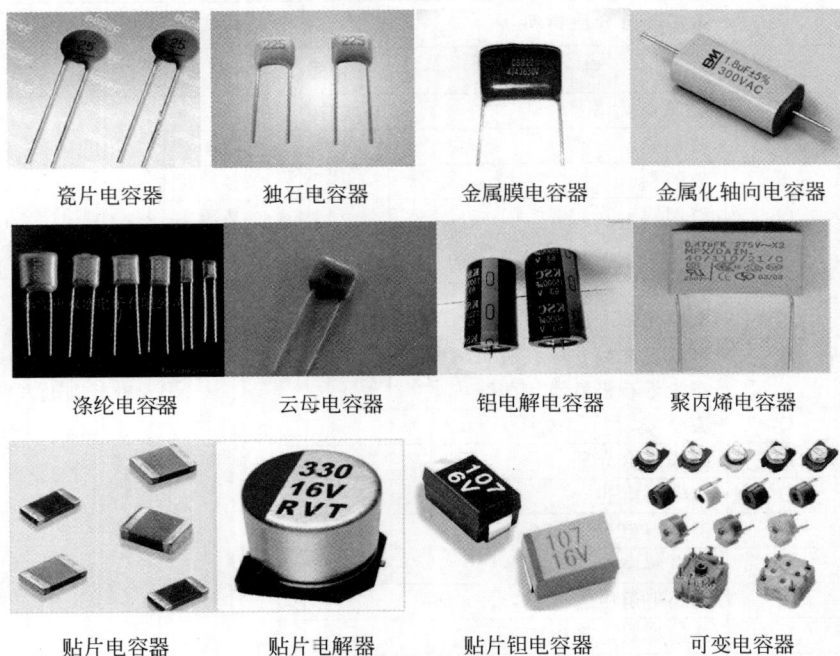

瓷片电容器　　　独石电容器　　　金属膜电容器　　　金属化轴向电容器

涤纶电容器　　　云母电容器　　　铝电解电容器　　　聚丙烯电容器

贴片电容器　　　贴片电解器　　　贴片钽电容器　　　可变电容器

图 1-7　常见的电容器外形

3. 电容器的主要特性参数

(1) 标称容量：电容器上标有的电容数值就是电容器的标称容量。

(2) 容许误差：又称允许偏差，电容器的准确度直接以允许偏差的百分数表示。常用固定电容器的容许误差等级见表 1-9。一般电容器常分成Ⅰ、Ⅱ、Ⅲ级，电解电容器则分成Ⅳ、Ⅴ、Ⅵ级，根据用途选取。

表 1-9　电容器的容许误差等级

容许误差	±0.5%	±1%	±2%	±5%	±10%	±20%	±30%	+20% -10%	+30% -20%	+50% -10%
级别	005	01	02	Ⅰ	Ⅱ	Ⅲ		Ⅳ	Ⅴ	Ⅵ
文字符号		F	G	J	K	M	N			

(3) 工作电压：又称电容器的耐压值，是指按技术指标规定的温度长期工作时，电容器两端所能承受的最大安全工作直流电压。一般直接标注在电容器外壳上，如果工作电压超过电容器的耐压，电容器就会被击穿，造成不可修复的永久损坏。

(4) 绝缘电阻：直流电压加在电容器上，并产生漏电电流，两者之比称为绝缘电阻，又叫漏电电阻。电容器的绝缘电阻取决于所用介质的质量和厚度。绝缘电阻下降会使漏电流增加，引起温度升高，最终导致热击穿。

(5) 损耗：电容器在电场作用下，单位时间内因发热所消耗的能量叫作损耗。各类电容器都规定了其在一定频率范围内的损耗允许值，电容器的损耗主要由介质损耗、电导损耗和电容器所有金属部分的电阻引起。

(6) 频率特性：随着频率的上升，一般电容器的电容量呈现下降的趋势。

4. 电容器容量的标示方法

（1）直标法：用数字和单位符号直接标出。如 $0.01\mu F$，有些电容用 R 表示小数点，如 R56 表示 $0.56\mu F$。

（2）文字符号法：文字符号法是采用数字或字母与数字混合的方法标注电容器的主要参数。

数字标注法：一般是用 3 位数字表示电容器的容量。其中前两位为有效值数字，第三位为倍率（即表示有效值后有多少个 0），但第三位数字是 9 时，则对有效数字乘以 0.1，单位为 pF。如 104 表示 100 000pF，223 表示 22 000pF，479 表示 4.7pF。这种表示法比较常见，也经常用于电位器的阻值表示。

字母与数字混合标注法：用 2～4 位数字表示有效值，用 p、n、M、μ、G、m 等字母表示有效数后面的量级。进口电容器在标注数值时不用小数点，而是将整数部分写在字母之前，将小数部分写在字母后面。如 4P7 表示 4.7pF，3m3 表示 3300μF(3.3mF)，47n 表示 47nF 等。

（3）色标法：这种表示法与电阻器的色环表示法类似，颜色涂在电容器的一端或从顶端向另一侧排列。前两位为有效数字，第三位为倍率，单位为 pF。有时色环较宽，如红-红-橙，两个红色环将被涂成一个宽的红色环，表示 22 000pF。

国外电容器的耐压值采用数字加字母来表示，字母表示基数，常见的字母和基数对应关系见表 1-10。字母前面的数表示 10 的幂数，如 2A，即为 $10^2 \times 1.0V = 100V$，2C 为 $10^2 \times 1.6V = 160V$。

表 1-10 电容器耐压值代码和基数的对应关系

字母	A	B	C	D	E·	F	G	H	J	K	Z
基数	1.0	1.25	1.6	2.0	2.5	3.15	4.0	5.0	6.3	8.0	9.0

示例：2A823J 即 82 000pF±5%，耐压 100V。104K 表示容量 100 000pF＝0.1μF，容量允许偏差为±10%。

5. 电容器的检测

（1）根据电解电容器容量大小，通常选用万用表的 R×10、R×100、R×1k 挡进行测试判断。红、黑表笔分别接电容器的正负极（每次测试前，需将电容器放电），由表针的偏摆来判断电容器质量。若表针迅速向右摆起，然后慢慢向左退回原位，一般来说电容器是好的。如果表针摆起后不再回转，说明电容器已经被击穿。如果表针摆起后逐渐退回到某一位置停位，则说明电容器已经漏电。如果表针摆不起来，说明电容器电解质已经干涸，电容器失去容量。

（2）有些漏电的电容器，用上述方法不易准确判断出好坏。当电容器的耐压值大于万用表内电池电压值时，根据电解电容器正向充电时漏电电流小，反向充电时漏电电流大的特点，可采用 R×10k 挡，对电容器进行反向充电，观察表针停留处是否稳定（即反向漏电电流是否恒定），由此判断电容器质量较好，准确度较高。黑表笔接电容器的负极，红表笔接电容器的正极，表针迅速摆起，然后逐渐退至某处停留不动，则说明电容器是好的；若出现表针在某一位置停留不稳或停留后又逐渐慢慢向右移动的现象，则说明电容器已经漏电，不能继续使用了。表针一般停留并稳定在 50～200k 刻度范围内。

（3）线路通电状态时检测，若怀疑电解电容器只在通电状态下才存在击穿故障，可以给电路通电,然后用万用表直流挡测量该电容器两端的直流电压,如果电压很低或为0V,则该电容器已被击穿。

1.3.3　电感器

电感器是由导线一圈一圈地绕在绝缘管上制成的,导线彼此互相绝缘,绝缘管可以是空心的,也可以包含铁芯或磁粉芯。它是一种储存磁场能量的元件,可用于调谐、振荡、耦合、滤波等电路中。电感器又称为电感,用L表示。单位有亨利(H)、毫亨利(mH)、微亨利(μH),$1H = 10^3 mH = 10^6 \mu H$。电感器在电路图中的常用符号如图1-8所示。

空心电感器　　可调电感器　　带磁芯电感器　　带磁芯可调电感器　加屏蔽的有芯电感器

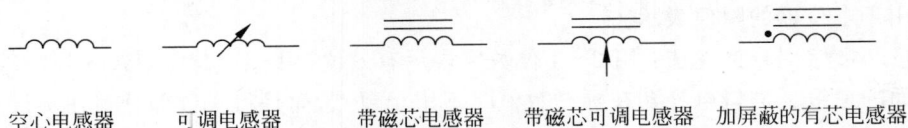

图1-8　电感器的符号

1. 电感器的型号命名方法

目前固定电感线圈的型号命名方法,各生产厂有所不同,尚无统一的标准。下面是两种常用的方法。

(1) 电感器的型号一般由4部分组成。第一部分:主称,用字母表示,其中L代表电感线圈,ZL代表阻流圈;第二部分:特征,用字母表示,其中G代表高频;第三部分:型号,用字母表示,其中X代表小型;第四部分:区别代号,用数字或字母表示。例如,LGX型为小型高频电感线圈。

(2) 第一部分用字母表示主称为电感线圈;第二部分用字母与数字混合或数字表示电感量;第三部分用字母表示误差范围。具体参见表1-11。

表1-11　电感器的型号命名

第一部分:主称		第二部分:电感量			第三部分:误差范围	
字母	含义	数字与字母	数字	含义	字母	含义
L 或 PL	电感线圈	2R2	2.2	$2.2\mu H$	J	$\pm 5\%$
		100	10	$10\mu H$	K	$\pm 10\%$
		101	100	$100\mu H$	M	$\pm 20\%$
		102	1000	$1mH$		
		103	10000	$10mH$		

2. 电感器的分类

电感器的种类较多,分类方法也各不相同。按结构的不同可分为线绕式电感器和非线绕式电感器,也可分为固定式电感器和可调式电感器;按贴装方式可分为贴片式电感器和插件式电感器;按是否有外部屏蔽分为屏蔽电感器和非屏蔽电感器,按用途可分为振荡电感器、校正电感器、显像管偏转电感器、阻流电感器、滤波电感器、隔离电感器、补偿电感器等;按工作频率可分为高频电感器、中频电感器和低频电感器,空心电感器、磁心电感器和铜心电感器一般为中频或高频电感器,而铁心电感器多数为低频电感器。

固定式电感器可分为空心电子表电感器、磁心电感器、铁心电感器等。还可根据其结构外形和引脚方式分为立式同向引脚电感器、卧式轴向引脚电感器、大中型电感器、小巧玲珑型电感器和片状电感器等。

可调式电感器可分为磁心可调电感器、铜心可调电感器、滑动接点可调电感器、串联互感可调电感器和多抽头可调电感器等。

阻流电感器(也称阻流圈)可分为高频阻流圈、低频阻流圈、电子镇流器用阻流圈、电视机行频阻流圈和电视机场频阻流圈等。

滤波电感器可分为电源(工频)滤波电感器和高频滤波电感器等。

图 1-9 为常见的电感器外形。

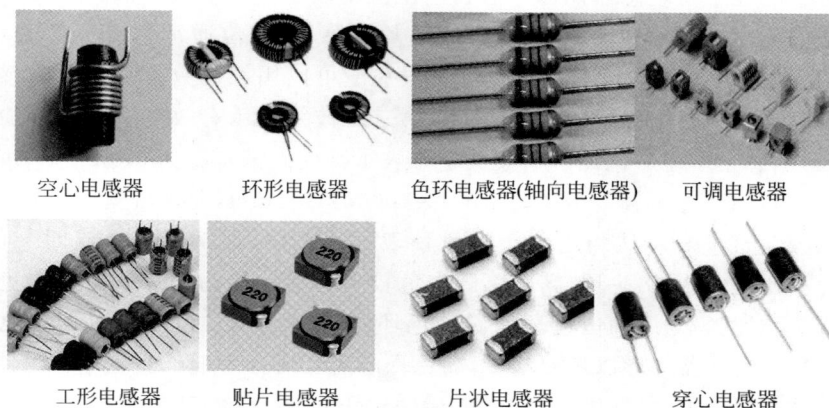

空心电感器　　环形电感器　　色环电感器(轴向电感器)　　可调电感器

工形电感器　　贴片电感器　　片状电感器　　穿心电感器

图 1-9　常见的电感器外形

3. 电感器的主要特性参数

(1) 电感量 L：表示线圈本身固有特性，与电流大小无关。除专门的电感线圈(色码电感)外，电感量一般不专门标注在线圈上，而以特定的名称标注。

(2) 允许偏差：指电感器上标称的电感量与实际电感的允许误差值。一般用于振荡或滤波等电路中的电感器精度要求较高，允许偏差为 $\pm0.2\%\sim\pm0.5\%$；而用于耦合、高频阻流等电路中的电感器精度要求不高，允许偏差为 $\pm10\%\sim\pm15\%$。

(3) 品质因数 Q：品质因数 Q 是表示线圈质量的一个物理量，Q 为感抗 XL 与其等效的电阻的比值，即 $Q=XL/R$。线圈的 Q 值越高，回路的损耗越小。线圈的 Q 值与导线的直流电阻、骨架的介质损耗、屏蔽罩或铁芯引起的损耗、高频趋肤效应的影响等因素有关。线圈的 Q 值通常为几十到几百。

(4) 分布电容：线圈匝与匝间、线圈与屏蔽罩间、线圈与底版间存在的电容称为分布电容。分布电容的存在使线圈的 Q 值减小，稳定性变差，因而线圈的分布电容越小越好。

(5) 额定电流：指电感器在允许的工作环境下能承受的最大电流值。若工作电流超过额定电流，则电感器的性能参数就会因发热而发生改变，电感器甚至还会因过流而烧毁。

4. 电感器电感量的标示方法

电感器的电感量标示方法有直标法、文字符号法、色标法及数码标示法。

(1) 直标法：将电感器的标称电感量用数字和文字符号直接标在电感器外壁上。电感量单位后面用一个英文字母表示其允许偏差。各字母代表的允许偏差见表 1-12。

表 1-12　英文字母与允许偏差的对照表

英文字母	Y	X	E	L	P
允许偏差(±%)	±0.001	±0.002	±0.005	±0.01	±0.02
英文字母	W	B	C	D	F
允许偏差(±%)	±0.05	±0.1	±0.25	±0.5	±1
英文字母	G	J	K	M	N
允许偏差(±%)	±2	±5	±10	±20	±30

(2) 文字符号法：将电感器的标称值和偏差值用数字和文字符号法按一定的规律组合标示在电感体上。通常用于小功率电感器或贴片电感器,单位通常为 μH,R 表示小数点,仅用 N 表示小数点时,单位为 nH。文字符号法一般可以用三位数字来表示电感器电感量的标称值,在三位数字中,前两位为有效数字,第三位数字表示有效数字后面所加 0 的个数(单位为 μH),电感量单位后面用一个英文字母表示其允许偏差。如 6R8B＝6.8μH,4N7＝4.7nH,470K＝47μH,允许偏差±10％,102J＝1000μH＝1mH,允许偏差±5％。

(3) 色标法：这种表示法与电阻器的色环表示法类似,通常用三个或四个色环表示。紧靠电感体一端的色环为第一环,露电感体本色较多的另一端为末环。前两位色环为有效数字,第三位色环为倍率,第四位色环为误差色环,单位为 μH。色环电感器与色环电阻器的外形相近,色环电感器外形以短粗居多,而色环电阻器通常为细长。色环电阻器的本色一般是米黄色、蓝色和灰色,色环电容器本色一般是浅白绿色,色环电感器本色一般是绿色。

5. 电感器的检测

(1) 外观测量。首先检测电感器的外表是否完好,磁性是否缺损、裂缝,金属部分是否腐蚀氧化,标志是否完整清晰,接线是否断裂和拆伤等。

(2) 指针式万用表检测：普通的指针式万用表不具备专门测试电感器的挡位,我们使用这种万用表只能大致测量电感器的好坏。用指针式万用表的 R×1Ω 挡测量电感器的阻值,测其电阻值极小(一般为 0)则说明电感器基本正常；若测量电阻为∞,则说明电感器已经开路损坏。对于具有金属外壳的电感器(如中周),若检测到振荡线圈的外壳(屏蔽罩)与各管脚之间的阻值不是∞,而是有一定电阻值或为 0,则说明该电感器存在问题。

(3) 具有电感挡的数字万用表检测：将数字万用表量程开关拨至合适的电感挡,然后将电感器两个引脚与两个表笔相连即可从显示屏上显示出该电感器的电感量。在检测电感器时,数字万用表的量程选择很重要,最好选择接近标称电感量的量程去测量,否则,测试的结果将会与实际值有很大的误差。

1.3.4　变压器

变压器是变换交流电压、电流和阻抗的器件,用符号 T 表示,当初级线圈中通有交流电流时,铁芯(或磁芯)中便产生交流磁通,使次级线圈中感应出电压(或电流)。变压器由铁芯(或磁芯)和线圈组成,线圈有两个或两个以上的绕组,其中接电源的绕组叫初级线圈,其余的绕组叫次级线圈。变压器在电路图中的常用符号如图 1-10 所示。

1. 变压器的分类

按冷却方式分类,可分为干式(自冷)变压器、油浸(自冷)变压器、氟化物(蒸发冷却)变压器。

按防潮方式分类,可分为开放式变压器、灌封式变压器、密封式变压器。

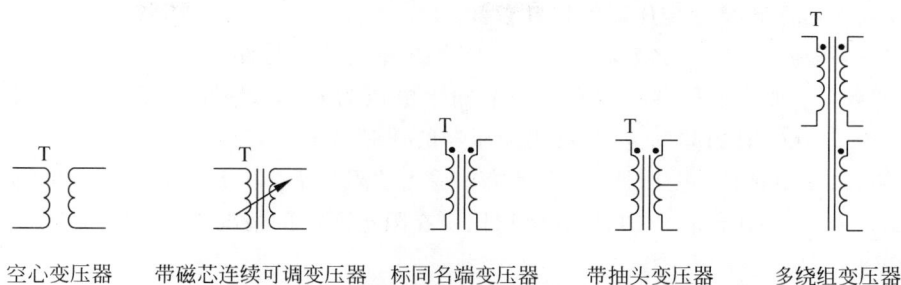

空心变压器　　带磁芯连续可调变压器　　标同名端变压器　　带抽头变压器　　多绕组变压器

图 1-10　变压器的常用电路符号

按铁芯或线圈结构分类,可分为芯式变压器(插片铁芯、C 型铁芯、铁氧体铁芯)、壳式变压器(插片铁芯、C 型铁芯、铁氧体铁芯)、环形变压器、金属箔变压器。

按电源相数分类,可分为单相变压器、三相变压器、多相变压器。

按用途分类,可分为电源变压器、调压变压器、音频变压器、中频变压器、高频变压器、脉冲变压器。

图 1-11 为部分变压器的外形图。

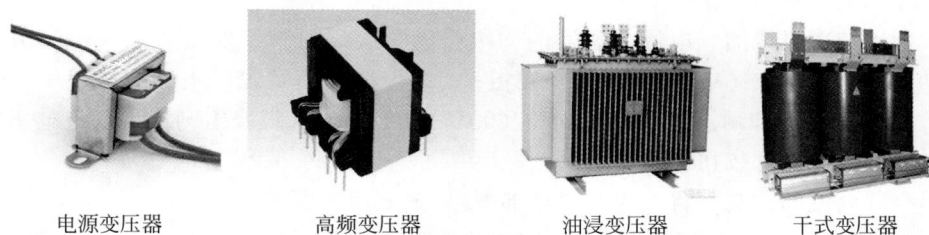

电源变压器　　　　高频变压器　　　　油浸变压器　　　　干式变压器

图 1-11　部分变压器的外形图

2. 电源变压器的主要特性参数

(1) 工作频率:变压器铁芯损耗与频率关系很大,故应根据使用频率来设计和使用变压器,此频率称为工作频率。

(2) 额定功率:在规定的频率和电压下,变压器能长期工作,而不超过规定温度的输出功率。

(3) 额定电压:在变压器的线圈上允许施加的电压,工作时不得大于此规定值。

(4) 电压比:变压器初级电压和次级电压的比值,有空载电压比和负载电压比的区别。

(5) 空载电流:变压器次级开路时,初级仍有一定的电流,这部分电流称为空载电流。空载电流由磁化电流(产生磁通)和铁损电流(由铁芯损耗引起)组成。对于 50Hz 电源变压器而言,空载电流基本上等于磁化电流。

(6) 空载损耗:指变压器次级开路时,在初级测得功率损耗。空载损耗的主要损耗是铁芯损耗,其次是空载电流在初级线圈铜阻上产生的损耗(铜损),这部分损耗很小。

(7) 效率:指次级功率 P_2 与初级功率 P_1 比值的百分比。通常变压器的额定功率越大,效率就越高。

(8) 绝缘电阻:表示变压器各线圈之间、各线圈与铁芯之间的绝缘性能。绝缘电阻的高低与所使用的绝缘材料性能、温度高低和潮湿程度有关。

3. 音频变压器和高频变压器的特性参数

(1) 频率响应：变压器次级输出电压随工作频率变化的特性。

(2) 通频带：如果变压器在中间频率的输出电压为 U_0，当输出电压(输入电压保持不变)下降到 $0.707U_0$ 时的频率范围，称为变压器的通频带 B。

(3) 初、次级阻抗比：变压器初、次级接入适当的阻抗 R_0 和 R_i，使变压器初、次级阻抗匹配，则 R_0 和 R_i 的比值称为初、次级阻抗比。在阻抗匹配的情况下，变压器工作在最佳状态，传输效率最高。

4. 变压器的简单检测

(1) 通过观察变压器的外观来检查是否有明显异常现象。如线圈引线是否断裂、脱焊，绝缘材料是否有烧焦痕迹，标签贴纸是否符合工程要求等。

(2) 绝缘性测试。用万用表 R×10k 挡分别测试铁芯与初级、初级与各次级、铁芯与各次级、次级各绕组之间的阻值，万用表指针均应指在 ∞ 位置不动。否则，说明变压器绝缘性能不够，有漏电可能。

(3) 线圈通断的检测。将万用表置于 R×1 挡，测试中，若某个绕组的电阻值为无穷大，则说明此绕组有开路(断路)性故障。

(4) 判别初次级线圈。电源变压器的初级引脚与次级引脚一般是分别从两侧引出的，并且初级绕组多标有 220V 字样，且线径较粗；初级引线必须是双层绝缘的双皮线，在线皮上有 UL 认证及耐压和耐温字样，如 300V/600V 105℃ 等。次级绕组则标有额定电压值，如 15V、24V 等，线径通常较初级小号。

(5) 空载电流的检测。将次级绕组全部开路，把万用表置于交流电流 500mA 挡串入初级绕组，当初级绕组的插头插入 220V 市电时，万用表所指示的电流值便是空载静态电流值，此值不应大于变压器满载电流的 10%～20%，一般小于 30mA，变压器越大静态电流相应有所增大。如果超出太多，则说明变压器内部有短路或匝间短路故障。

(6) 空载电压的检测。将电源变压器的初级接 220V 市电，用万用表交流电压挡依次测出各绕组的空载电压值。空载电压应符合要求，允许误差范围一般为：高压绕组为小于 10%，低压绕组小于 5%，带中心抽头的两组对称电压差为小于 2%。

1.3.5 继电器

继电器是一种电子控制器件，用符号 K 或 J 表示，它具有控制系统(又称输入回路)和被控制系统(又称输出回路)，通常应用于自动控制电路中，它实际上是一种用较小的电流去控制较大电流的"自动开关"，在电路中起着自动调节、安全保护、转换电路等作用。继电器在电路图中的常用符号如图 1-12 所示。

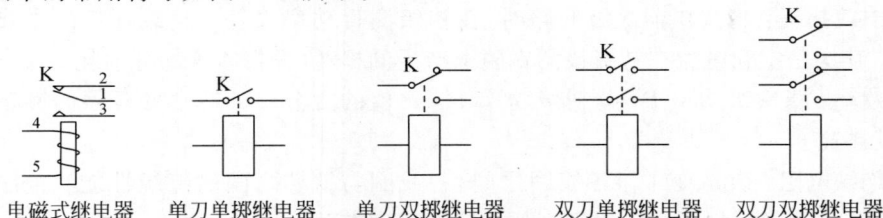

电磁式继电器　　单刀单掷继电器　　单刀双掷继电器　　双刀单掷继电器　　双刀双掷继电器

图 1-12　继电器的常用电路符号

1. 继电器的型号命名方法

一般国产继电器的规格号由型号和规格序号两部分组成。型号与规格序号之间用斜线分隔,规格序号不能单独使用,型号一般由主称代号、外形符号、短画线、序号和防护特征符号组成,规格序号须根据形成其系列的主要特征(线圈额定电压、安装方式、引出端形式或触点组数等)进行编制,如表 1-13 所示。

表 1-13　各类继电器的型号和规格序号组成

分类号	名　　称	型　　号					斜线	规格序号
		第一部分	第二部分	第三部分	第四部分	第五部分		
		主称	外形符号	短画线	序号	防护特征		
1	直流电磁继电器		W(微型) C(超小型) X(小型)	-		M(密封) F(封闭)	/	
	微功率	JW						
	弱功率	JR						
	中功率	JZ						
	大功率	JQ						
2	交流电磁继电器	JL						
3	磁保持继电器	JM						
4	混合式继电器	见注						
5	固态继电器	JG					/	
6	高频继电器	JP						
7	同轴继电器	JPT						
8	真空继电器	JPK		-				
9	温度继电器	JU						
10	电热式继电器	JE						
11	光电继电器	JF						
12	特种继电器	JT						
13	极化继电器	JH						
14	电子时间继电器	JSB						

注:混合式继电器的型号是在被组合的电磁继电器型号中的外形符号之后加标字母 H(混)。

2. 继电器的分类

继电器的分类方法较多,可以按工作原理或结构特征、外形尺寸、继电器的负载、防护特征、动作原理、反应的物理量、继电器在保护回路中所起的作用、有无触点等分类。

(1) 按工作原理或结构特征分类,可分为电磁继电器、固体继电器、温度继电器、舌簧继电器、时间继电器、高频继电器、极化继电器、光继电器、声继电器、热继电器、仪表式继电器、霍尔效应继电器、差动继电器等。

(2) 按外形尺寸分类,可分为微型继电器、小型微型继电器、超小型微型继电器。

(3) 按继电器的负载分类,可分为微功率继电器、弱功率继电器、中功率继电器、大功率继电器、节能功率继电器。

(4) 按防护特征分类,可分为密封继电器、封闭式继电器、敞开式继电器。

(5) 按动作原理分类,可分为电磁型继电器、感应型继电器、整流型继电器、电子型继电器和数字型继电器等。

(6) 按反应的物理量分类,可分为电流继电器、电压继电器、功率方向继电器、阻抗继电器、频率继电器、气体(瓦斯)继电器等。

(7) 按继电器在保护回路中所起的作用分类,可分为启动继电器、量度继电器、时间继电器、中间继电器、信号继电器、出口继电器等。

(8) 按有无触点分类,可分为无触点继电器和有触点继电器。

图 1-13 为部分继电器的外形图。

电磁式继电器　　热继电器　　固态继电器　　时间继电器　　启动继电器

图 1-13　部分继电器的外形图

3. 继电器的主要特征参数

(1) 额定工作电压:是指继电器正常工作时线圈所需要的电压。根据继电器的型号不同,可以是交流电压,也可以是直流电压。

(2) 直流电阻:是指继电器中线圈的直流电阻,可以通过万能表测量。

(3) 吸合电流:是指继电器能够产生吸合动作的最小电流。在正常使用时,给定的电流必须略大于吸合电流,这样继电器才能稳定地工作。而对于线圈所加的工作电压,一般不超过额定工作电压的 1.5 倍,否则会产生较大的电流导致线圈被烧毁。

(4) 释放电流:是指继电器产生释放动作的最大电流。当继电器吸合状态的电流减小到一定程度时,继电器就会恢复到未通电的释放状态。这时的电流远小于吸合电流。

(5) 触点切换电压和电流:是指继电器允许加载的电压和电流。它决定了继电器能控制电压和电流的大小,使用时不能超过此值,否则很容易损坏继电器的触点。

4. 继电器的测试

(1) 测触点电阻:用万能表的电阻挡,测量常闭触点与动点电阻,其阻值应为 0,而常开触点与动点的阻值就为无穷大。由此可以区别出哪个是常闭触点,哪个是常开触点。

(2) 测线圈电阻:可用万能表 $R \times 10\Omega$ 挡测量继电器线圈的阻值,从而判断该线圈是否存在着开路现象。

(3) 测量吸合电压和吸合电流:找来可调稳压电源和电流表,给继电器输入一组电压,且在供电回路中串入电流表进行监测。慢慢调高电源电压,听到继电器吸合声时,记下该吸合电压和吸合电流。为求准确,可以多测试几次求平均值。

(4) 测量释放电压和释放电流:也是像上述那样连接测试,当继电器发生吸合后,再逐渐降低供电电压,当听到继电器再次发出释放声音时,记下此时的电压和电流,亦可尝试多测试几次取得平均的释放电压和释放电流。一般情况下,继电器的释放电压为吸合电压的 10%~50%,如果释放电压太小(小于 1/10 的吸合电压),则不能正常使用了,因为这样会对电路的稳定性造成威胁,工作不可靠。

1.3.6　集成电路

集成电路是一种微型电子器件或部件。采用一定的工艺,把一个电路中所需的晶体管、二极管、电阻、电容和电感等元器件及布线相互连接,制作在一小块或几小块半导体晶片或介质基片上,封装在一个管壳内,成为具有所需电路功能的微型结构。其中所有元器件在结构上已组成一个整体,使电子元器件向微小型化、低功耗和高可靠性方面迈进了一大步。它在电路中用字母 IC 表示。

1. 集成电路的型号命名方法

集成电路的品种型号繁多,至今国际上对集成电路型号的命名尚无统一标准,各生产厂都按自己规定的方法对集成电路进行命名。一般情况下,国外许多集成电路制造公司将自己公司名称的缩写字母或者公司的产品代号放在型号的开头,然后是器件编号、封装形式和工作温度范围。例如,日立集成电路用 H 开头,三菱集成电路用 M 开头。

现行国家标准对集成电路型号的规定,是完全参照世界上通行的型号制定的,除第一部分和第二部分外,其后的部分则与国际通用型号一致,其功能、引出端排列和电特性均与国外同类产品一致。

国标(GB 3430—89)集成电路型号命名由 5 部分组成,各部分的含义见表 1-14。

表 1-14　国标集成电路型号命名及含义

第一部分: 国标		第二部分: 电路类型		第三部分: 电路系列 和代号	第四部分: 温度范围		第五部分: 封装形式	
字母	含义	字母	含义		字母	含义	字母	含义
C	中国制造	B	非线性电路	用数字或数字与字母的混合表示集成电路系列和代号,如74:民用;54:军用;H:高速;L:低速;LS:低功耗	C	0~70℃	B	塑料扁平
		C	CMOS 电路				C	陶瓷芯片载体封装
		D	音响、电视电路		G	−25~70℃	D	多层陶瓷双列直插
		E	ECL 电路				E	塑料芯片载体封装
		F	线性放大器				F	多层陶瓷扁平
		H	HTL 电路		L	−25~85℃	G	网络阵列封装
		J	接口电路				H	黑瓷扁平
		M	存储器		E	−40~85℃	J	黑瓷双列直插封装
		W	稳压器				K	金属菱形封装
		T	TTL 电路				P	塑料双列直插
		μ	微型机电路		R	−55~85℃		
		AD	A/D 转换器				S	塑料单列直插
		D/A	D/A 转换器		M	−55~125℃		
		SC	通信专用电路				T	金属圆形封装
		SS	敏感电路					
		SW	钟表电路					

第一部分用字母 C 表示该集成电路为中国制造,符合国家标准。

第二部分用字母表示集成电路的类型。

第三部分用数字或数字与字母的混合表示集成电路的系列和品种代号。

第四部分用字母表示电路的工作温度范围。

第五部分用字母表示集成电路的封装形式。

例如,CT74LS160CJ 表示:国产,TTL 集成电路,民用低功耗十进制计数器,工作温度为 0~70℃,黑瓷双列直插封装。

2．集成电路的分类

（1）按功能结构分类，可分为模拟集成电路、数字集成电路和数/模混合集成电路。

（2）按制作工艺分类，可分为半导体集成电路和膜集成电路。膜集成电路又分为厚膜集成电路和薄膜集成电路。

（3）按集成度高低分类，可分为小规模集成电路（SSI）、中规模集成电路（MSI）、大规模集成电路（LSI）、超大规模集成电路（VLSI）、特大规模集成电路（USI）和巨大规模集成电路（GSI）。

（4）按导电类型不同分类，可分为双极型集成电路和单极型集成电路。

（5）按用途分类，可分为电视机用集成电路、音响用集成电路、影碟机用集成电路、录像机用集成电路、电脑（微机）用集成电路、电子琴用集成电路、通信用集成电路、照相机用集成电路、遥控集成电路、语言集成电路、报警器用集成电路及各种专用集成电路。

（6）按应用领域分类，可分为标准通用集成电路和专用集成电路。

（7）按外形分类，可分为金属壳圆形封装、单列直插式封装、扁平封装及双列直插式封装4类。

3．集成电路的封装

封装是指安装半导体集成电路芯片用的外壳，它不仅起着安放、固定、密封、保护芯片和增强电热性能的作用，而且还是沟通芯片内部世界与外部电路的桥梁，芯片上的接点用导线连接到封装外壳的引脚上，这些引脚又通过印制电路板上的导线与其他器件建立连接。新一代CPU的出现常常伴随着新的封装形式的使用。

封装大致经过了如下发展进程。

（1）结构方面：TO（晶体管外形封装）→IP（直插封装）→LCC（有引脚芯片载体封装）→QFP（翼型四面扁平封装）→小尺寸封装（SOP）→BGA（球栅阵列封装）/PGA（格栅阵列封装）→CSP（芯片尺寸封装）→多芯片组件封装（MCM）→3D封装技术。

（2）材料方面：金属、陶瓷→陶瓷、塑料→塑料。

（3）引脚形状：长引线直插→短引线或无引线贴装→球状凸点。

（4）装配方式：通孔插装→表面组装→直接安装。

图1-14为部分集成电路的封装形式。

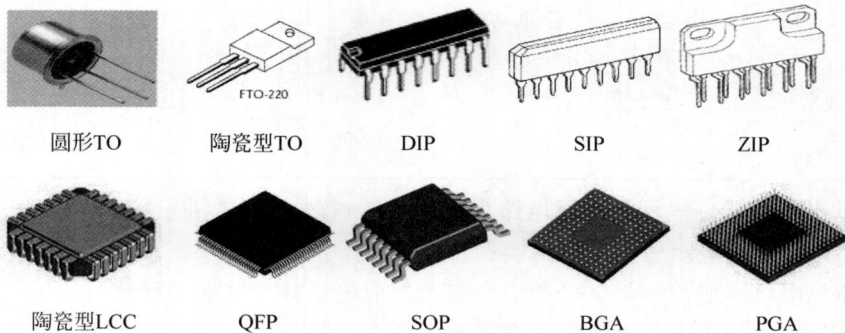

圆形TO　　　　陶瓷型TO　　　　DIP　　　　SIP　　　　ZIP

陶瓷型LCC　　　QFP　　　　SOP　　　　BGA　　　　PGA

图 1-14　部分集成电路的封装形式

4．集成电路的脚位判别

使用集成电路前，必须认真检查和识别集成电路的引脚，确认电源、地、输入、输出及控制等相应的引脚号,以免因错接而损坏器件。引脚排列的一般规律如下。

(1)圆形集成电路:识别时,面向引脚正视,从定位销顺时针方向依次为 1,2,3,4,…圆形多用于模拟集成电路。

(2)扁平和双列直插型集成电路:识别时,将文字符号标记正放(一般集成电路上有一个缺口,将缺口或圆点或有颜色标示处置于左方),由顶部俯视,从左下脚起,按逆时针方向,依次为 1,2,3,…

(3)BGA 封装:在打点或是有颜色标示处逆时针开始,用英文字母表示 A,B,C,D,E,…(其中 I,O 基本不用),顺时针用数字表示 1,2,3,4,5,6,…其中字母为横坐标,数字为纵坐标,如 A1、A2。

5. 集成电路的检测方法

(1)非在线测量:在集成电路未焊入电路时,通过测量各引脚之间的直流电阻值与已知正常同型号集成电路各引脚之间的直流电阻值进行对比,确定其是否正常。

(2)在线测量:利用电压测量法、电阻测量法及电流测量法等,在电路上测量集成电路的各引脚电压值、电阻值和电流值是否正常,判断该集成电路是否损坏。

(3)代换法:用已知完好的同型号、同规格集成电路来代换被测集成电路,可以判断该集成电路是否损坏。

1.3.7 晶振

晶振是无源晶振(crystal)和有源晶振(oscillator)的统称。无源晶振需要借助时钟电路才能产生振荡信号,其自身无法振荡起来;有源晶振是一个完整的谐振振荡器。晶振在电路中提供基准时钟,产生原始的时钟频率信号。

晶振按材质封装分为金属封装和陶瓷封装;按贴装方式分为直插封装和贴片封装;按产品类型分为无源晶体、有源晶振(SPXO、VCXO、TCXO、VC-TCXO)、晶体滤波器和水晶振动子。

晶振的主要特征参数有标称频率、调整频差、温度频差、负载电容、工作温度、工作电压、总频差、基准温度等。

图 1-15 为部分晶振的外形图。

图 1-15 部分晶振的外形

1.3.8 保险丝

保险丝也称为熔断器,是一种安装在电路中,保证电路安全运行的电器元件,广泛用于电力系统、各种电工设备、家用电器和控制系统中,主要进行短路保护或严重过载保护。熔断器主要由熔体、外壳和支座 3 部分组成,其中熔体是控制熔断特性的关键元件。熔体的材料、尺寸和形状决定了保险丝熔断特性。

保险丝按保护形式可分为过电流保护和过热保护;按使用范围可分为电力保险丝、机床保险丝、电器仪表保险丝(电子保险丝)和汽车保险丝等；按体积可分为大型、中型、小型及微型保险丝；按额定电压可分为高压保险丝、低压保险丝和安全电压保险丝；按分断能力可分为高、低分断能力保险丝；按形状可分为平头管状保险丝、尖头管状保险丝、铡刀式保险丝、螺旋式保险丝、插片式保险丝、平板式保险丝、裹敷式保险丝、贴片式保险丝等；按熔断速度可分为特慢速保险丝(TT)、慢速保险丝(T)、中速保险丝(M)、快速保险丝(F)、特快速保险丝(FF)；按标准可分为欧规保险丝、美规保险丝和日规保险丝等；按类型可分为电流保险丝(贴片保险丝、微型保险丝、插片保险丝、管状保险丝)、温度保险丝(RH[方块型]、RP[电阻型]、RY[金属壳])、自恢复保险丝(插件、叠片、贴片)等。

　　保险丝的主要特征参数有额定电流、额定电压、温度折减曲线、电压降/冷电阻、熔断特性(时间-电流特性曲线和时间-电流特性表)、熔化热能值、耐久性/寿命、结构特征、安装形式、安全认证等。

　　图1-16为保险丝的电路符号。

普通保险丝　　　　　　普通保险丝　　　　　　温度保险丝

图 1-16　保险丝的电路符号

图1-17为部分保险丝的外形图。

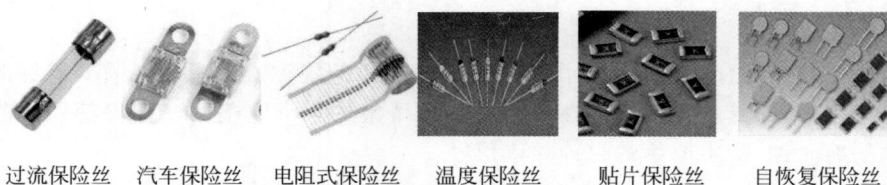

过流保险丝　汽车保险丝　电阻式保险丝　温度保险丝　贴片保险丝　自恢复保险丝

图 1-17　部分保险丝的外形

1.3.9　开关

　　开关是一个可以使电路开路、使电流中断或使其流到其他电路的电子元器件，用"S"或"WS"表示。最简单的开关包含两片名为"触点"的金属，两个触点接触时使电流形成回路，两个触点不接触时电流开路。开关中除了接点之外，也会有可动件使接点导通或不导通，根据可动件的不同开关分为杠杆开关、按键开关、船型开关等，而可动件也可以是其他形式的机械连杆。开关的种类很多，下面介绍几种常用的开关。

　　延时开关是将继电器安装在开关中，延时控制电路通断的一种开关。延时开关又分为声控延时开关、光控延时开关、触摸式延时开关等。

　　轻触开关使用时轻轻点按开关按钮就可使开关接通，当松开手时开关即断开，其内部结构是靠金属弹片受力弹动来实现通断的。轻触开关因具有体积小、重量轻的优势，在电器方面得到广泛的应用，如影音产品、数码产品、遥控器、通信产品、家用电器、安防产品、玩具、电脑产品、医疗器材、汽车按键等。

　　光电开关是传感器大家族中的成员，它把发射端和接收端之间光的强弱变化转换为电流的变化以达到探测目的。由于光电开关输出回路和输入回路是电隔离的(即电绝缘)，所以它适用于多个场合中。

接近开关又称无触点行程开关,它除了可以完成行程控制和限位保护外,还是一种非接触型的检测装置,可用于检测零件尺寸和测速等,也可用于变频计数器、变频脉冲发生器、液面控制和加工程序的自动衔接等。

图 1-18 为常用的开关的电路符号。

| 单刀开关 | 单刀双向开关 | 双刀单向开关 | 双刀双向开关 | 按键开关 |

图 1-18 常用开关的电路符号

图 1-19 为部分开关的外形图。

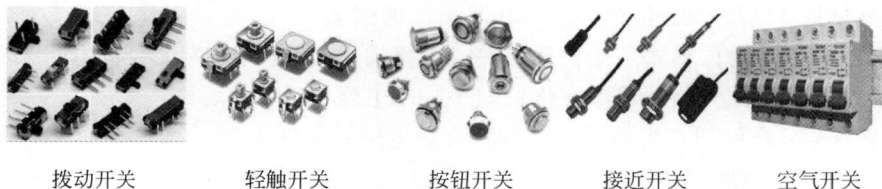

| 拨动开关 | 轻触开关 | 按钮开关 | 接近开关 | 空气开关 |

图 1-19 部分开关的外形

1.3.10 蜂鸣器

蜂鸣器是一种一体化结构的电子讯响器,采用直流电压供电,作为发声器件广泛应用于计算机、打印机、复印机、报警器、电子玩具、汽车电子设备、电话机、定时器等电子产品中。蜂鸣器在电路中用字母 H 或 HA 表示。蜂鸣器的电路符号为 。

蜂鸣器按制作材料分为电磁式和压电式两类,电磁式蜂鸣器主要由线圈、铁心、振动簧片、支架等组成,压电式蜂鸣器主要由电路和压电式喇叭组成。按驱动方式分为直流蜂鸣器和交流蜂鸣器,直流蜂鸣器要区分方向,交流蜂鸣器不用区分方向。按加电后能否自行发声分为有源和无源两种,有源蜂鸣器方向不能插反。

图 1-20 为部分蜂鸣器的外形图。

| 电磁式蜂鸣器 | 压电式蜂鸣器 | 有源蜂鸣器 | 贴片式蜂鸣器 | 防爆蜂鸣器 |

图 1-20 部分蜂鸣器的外形

半导体二极管、三极管、数码管等电子元器件的原理、主要参数、型号选择和测试等资料可以查阅相关课程教材。

1.4 电子制作手工焊接技术

焊接在电子产品制作中是一项重要的技术,它在电子产品实验、调试和生产中,应用非常广泛,而且工作量相当大,焊接质量的好坏,将直接影响产品的质量。电子产品的故障除元器件原因外,也可能有因焊接质量不佳而造成的。因此,焊接技术是电子产品制作的基本功,正确运用焊接工具与材料,掌握电烙铁、导线、元器件引线的上锡及焊接方法,才能保证电子产品的制作质量。

焊接的种类很多,本节主要阐述应用广泛的手工锡焊技术。

1.4.1　手工焊接的工具

任何电子产品,从几个零件构成的整流器到成千上万个零部件组成的计算机系统,都是由电子元器件,按电路工作原理,用一定的工艺方法连接而成的。虽然连接方法有多种(绕接、压接、粘接等),但使用最广泛的方法是锡焊。

1. 手工焊接的工具

(1) 电烙铁:电烙铁是电子制作和电器维修的必备工具,主要用途是焊接元器件及导线,按机械结构可分为内热式电烙铁和外热式电烙铁,按功能可分为无吸锡电烙铁和吸锡式电烙铁,根据用途不同分为大功率电烙铁和小功率电烙铁。

(2) 烙铁架:烙铁架在焊接时用于搁置发热电烙铁的架子。

图 1-21 是常用的手工焊接工具。

外热式电烙铁　　　内热式电烙铁　　　烙铁架　　　　焊锡丝

图 1-21　常用的手工焊接工具

2. 锡焊条件

为了提高焊接质量,必须注意掌握以下锡焊的条件。

(1) 被焊件必须具备可焊性。

(2) 被焊金属表面应保持清洁。

(3) 使用合适的助焊剂。

(4) 具有适当的焊接温度。

(5) 具有合适的焊接时间。

1.4.2　焊料与助焊剂

1. 焊接材料

凡是用来熔合两种或两种以上的金属面,使之成为一个整体的金属或合金都叫焊料。这里所说的焊料只针对锡焊所用焊料。

常用锡焊材料有管状焊锡丝、抗氧化焊锡、含银的焊锡和焊膏等。

2. 助焊剂

在焊接过程中,金属在加热的情况下会产生一薄层氧化膜,这将阻碍焊锡的浸润,影响焊接点合金的形成,容易出现虚焊、假焊现象,此时使用助焊剂可改善焊接性能。助焊剂有松香、松香溶液、焊膏焊油等,可根据不同的焊接对象合理选用。焊膏焊油等具有一定的腐蚀性,不可用于焊接电子元器件和电路板,焊接完毕应将焊接处残留的焊膏焊油擦拭干净。

元器件引脚镀锡时应选用松香作助焊剂。印制电路板上已涂有松香溶液的,元器件焊入时不必再用助焊剂。

1.4.3 手工焊接的注意事项

手工锡焊接技术是一项基本功,就是在大规模生产的情况下,维护和维修也必须使用手工焊接,因此,需要通过学习和实践操作练习来熟练掌握这项技能。手工焊接注意事项如下。

1. 手握烙铁的姿势

掌握正确的操作姿势,可以保证操作者的身心健康,减轻劳动伤害。为减少焊剂加热时挥发出的化学物质对人的危害,减少人对有害气体的吸入量,一般情况下,烙铁到鼻子的距离应该不少于20cm,通常以30cm为宜。

电烙铁有三种握法,如图1-22所示。

反握法的动作稳定,长时间操作不易疲劳,适于大功率烙铁的操作;正握法适于中功率烙铁或带弯头电烙铁的操作;一般在操作台上焊接印制电路板等焊件时,多采用握笔法。

2. 焊锡丝的拿法

焊锡丝一般有两种拿法,如图1-23所示。由于焊锡丝中含有一定比例的铅,而铅是对人体有害的一种重金属,因此操作时应该戴手套或在操作后洗手,避免食入铅尘。

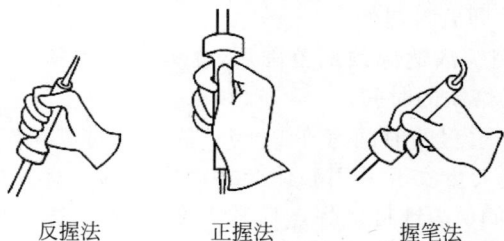

反握法　　　　正握法　　　　握笔法

图1-22 握电烙铁的手法示意

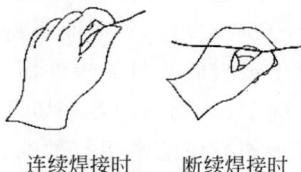

连续焊接时　　断续焊接时

图1-23 焊锡丝的拿法

3. 电烙铁的放置

电烙铁使用后,一定要稳妥地插放在烙铁架上,并注意导线等其他杂物不要碰到烙铁头,以免烫伤导线,造成漏电等事故。

1.4.4 手工焊接操作的基本步骤

掌握好电烙铁的温度和焊接时间,选择恰当的烙铁头和焊点的接触位置,才可能得到良好的焊点。正确的手工焊接操作过程可以分成五个步骤,如图1-24所示。

1. 基本操作步骤

步骤一:准备施焊,左手拿焊丝,右手握烙铁,进入备焊状态。要求烙铁头保持干净,无焊渣等氧化物,并在表面镀有一层焊锡。

步骤二:加热焊件,烙铁头靠在两个焊件的连接处,加热整个焊件,时间为1~2s。对于在印制电路板上焊接元器件来说,要注意使烙铁头同时接触两个被焊接物。例如,图1-24步骤二中的导线与接线柱、元器件引线与焊盘要同时均匀受热。

步骤三:送入焊丝,焊件的焊接面被加热到一定温度时,焊锡丝从烙铁对面接触焊件。

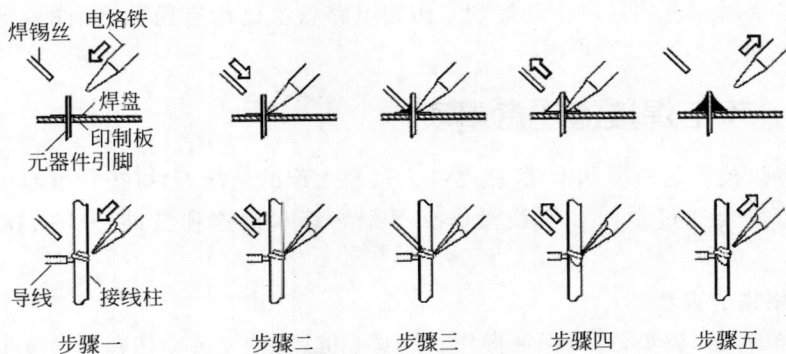

图 1-24　手工焊接步骤

注意：不要把焊锡丝送到烙铁头上。

步骤四：移开焊丝，当焊丝熔化一定量后，立即向左上 45°方向移开焊丝。

步骤五：移开烙铁，焊锡浸润焊盘和焊件的施焊部位以后，向右上 45°方向移开烙铁，结束焊接。从步骤三开始到步骤五结束，时间也是 1～2s。

2．锡焊三步操作法

对于热容量小的焊件，例如印制电路板上较细导线的连接，可以简化为三步操作。

（1）准备：同以上步骤一。

（2）加热与送丝：烙铁头放在焊件上后即放入焊丝。

（3）去丝移烙铁：焊锡在焊接面上浸润扩散达到预期范围后，立即拿开焊丝并移开烙铁，并注意移去焊丝的时间不得滞后于移开烙铁的时间。

对于吸收低热量的焊件而言，上述整个过程的时间宜在 2～4s，各步骤的节奏控制、顺序的准确掌握、动作的熟练协调都是要通过大量实践并用心体会才能实现的。有人总结出了在五步骤操作法中用数秒的办法控制时间：烙铁接触焊点后数 1、2（约 2s），送入焊丝后数 3、4，移开烙铁，焊丝熔化量要靠观察决定。此办法可以参考，但由于烙铁功率、焊点热容量的差别等因素，实际掌握焊接火候并无定章可循，必须具体条件具体对待。试想，对于一个热容量较大的焊点，若使用功率较小的烙铁焊接，在上述时间内，可能加热温度还不能使焊锡熔化，焊接就无从谈起。

1.4.5　手工焊接操作的具体手法

在保证得到优质焊点的前提下，具体的焊接操作手法可以有所不同，但下面这些方法，对初学者的指导作用是不可忽略的。

1．保持烙铁头的清洁

焊接时，烙铁头长期处于高温状态，又接触助焊剂等弱酸性物质，其表面很容易氧化腐蚀并沾上一层黑色杂质。这些杂质形成隔热层，妨碍了烙铁头与焊件之间的热传导。因此，要注意用一块湿布或湿的木质纤维海绵随时擦拭烙铁头。对于普通烙铁头，在腐蚀污染严重时可以使用锉刀去除表面氧化层；但对于长寿命烙铁头，就绝对不能使用这种方法了。

2．靠增加接触面积来加快传热

加热时，应该让焊件上需要焊锡浸润的各部分均匀受热，而不是仅仅加热焊件的一部分，更不要采用烙铁对焊件增加压力的办法，以免造成损坏或不易觉察的隐患。部分初学者用烙铁头对焊接面施加压力,企图加快焊接,这是错误的。正确的方法是,要根据焊件的形状选用不同的烙铁头,或者自己修整烙铁头,让烙铁头与焊件形成面的接触而不是点或线的接触,这样,就能大幅提高传热效率。

3. 加热要靠焊锡桥

在非流水线作业中,焊接的焊点形状是多种多样的,不大可能不断更换烙铁头。要提高加热的效率,需要有进行热量传递的焊锡桥。所谓焊锡桥,就是把烙铁头上保留的少量焊锡作为加热时烙铁头与焊件之间传热的桥梁。由于金属熔液的导热效率远高于空气,所以焊件很快就被加热到焊接温度。应该注意,作为焊锡桥的锡量不可保留过多,这不仅是因为长时间存留在烙铁头上的焊料处于过热状态,实际已经降低了质量,还因为锡量过多可能造成焊点之间误连短路。

4. 烙铁撤离有讲究

烙铁的撤离要及时,而且撤离时的角度和方向与焊点的形成有关。图 1-25 所示为烙铁不同的撤离方向对焊点锡量的影响。

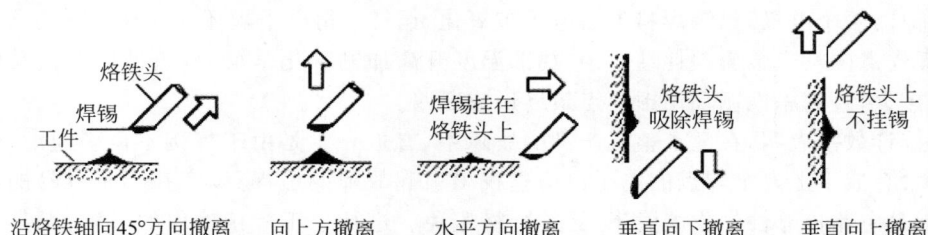

图 1-25　烙铁撤离方向和焊点锡量的关系

（1）在焊锡凝固之前不能动：切勿使焊件移动或受到振动,特别是用镊子夹住焊件时,一定要等焊锡凝固后再移走镊子,否则极易造成焊点结构疏松或虚焊。

（2）焊锡用量要适中：手工焊接常使用的管状焊锡丝,内部已经装有由松香和活化剂制成的助焊剂。焊锡丝的直径有 0.5mm,0.8mm,1.0mm,…,5.0mm 等多种规格,要根据焊点的大小选用。一般情况下,应使焊锡丝的直径略小于焊盘的直径。如图 1-26 所示,过量的焊锡不但造成了浪费,而且还增加了焊接时间,降低了工作速度,更为严重的是,过量的焊锡很容易造成不易觉察的短路故障。焊锡过少也不能形成牢固的结合,同样是不妥的,特别是焊接印制电路板引出导线时,焊锡用量不足,极容易造成导线脱落。

图 1-26　锡量与焊点

（3）不要使用烙铁头作为运送焊锡的工具：有人习惯到焊接面上进行焊接,结果造成焊料的氧化。因为烙铁尖的温度一般都在 300℃ 以上,焊锡丝中的助焊剂在高温时容易分解失效,焊锡也处于过热的低质量状态。特别应该指出的是,在一些资料中还介绍过用烙铁头运送焊锡的方法,请读者注意鉴别。

1.4.6 焊点质量及检查

对焊点的质量要求,应该包括电气接触良好、机械结合牢固和美观三方面。保证焊点质量最重要的一点,就是必须避免虚焊。

1. 虚焊产生的原因及其危害

虚焊主要是由待焊金属表面的氧化物和污垢造成的,它使焊点成为有接触电阻的连接状态,导致电路工作不正常,出现连接时好时坏的不稳定现象,噪声增加而没有规律性,给电路的调试、使用和维护带来重大隐患。此外,也有一部分虚焊点在电路开始工作的一段较长时间内保持接触尚好,因此不容易发现,但在温度、湿度和振动等环境条件的作用下,接触表面逐步被氧化,接触慢慢地变得不完全起来,虚焊点的接触电阻会引起局部发热,局部温度升高又促使不完全接触的焊点情况进一步恶化,最终甚至使焊点脱落,电路完全不能正常工作。这一过程有时可长达一两年,其原理可以用"原电池"的概念来解释:当焊点受潮使水汽渗入间隙后,水分子溶解金属氧化物和污垢形成电解液,虚焊点两侧的铜和铅锡焊料相当于原电池的两个电极,铅锡焊料失去电子被氧化,铜材获得电子被还原。在这样的原电池结构中,虚焊点内发生金属损耗性腐蚀,局部温度升高加剧了化学反应,机械振动让其中的间隙不断扩大,直到恶性循环使虚焊点最终形成断路。

据统计数字表明,在电子整机产品的故障中,有近一半是由于焊接不良引起的。然而,要从一台有成千上万个焊点的电子设备里找出引起故障的虚焊点,实在不是容易的事。所以,虚焊是电路可靠性的重大隐患,必须严格避免。进行手工焊接操作的时候,尤其要加以注意。

一般来说,造成虚焊的主要原因是:焊锡质量差;助焊剂的还原性不良或用量不够;被焊接处表面未预先清洁好,镀锡不牢;烙铁头的温度过高或过低,表面有氧化层;焊接时间掌握不好,太长或太短;焊接中焊锡尚未凝固时,焊接元器件松动。

2. 对焊点的要求

(1) 可靠的电气连接。

(2) 足够的机械强度。

(3) 光洁、整齐的外观。

3. 典型焊点的形成及其外观

在单面和双面(多层)印制电路板上,焊点的形成是有区别的:在单面板上,焊点仅形成在焊接面的焊盘上方;但在双面板或多层板上,熔融的焊料不仅浸润焊盘上方,同时由于毛细作用,渗透到金属化孔内,焊点形成的区域包括焊接面的焊盘上方、金属化孔内和元件面上的部分焊盘,如图 1-27 所示。

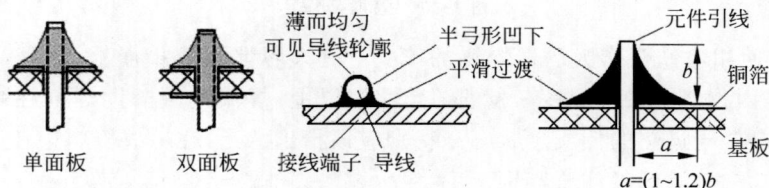

图 1-27 典型焊点的外观

从外表直观看典型焊点,对它的要求如下。

(1) 形状为近似圆锥而表面稍微凹陷,呈漫坡状,以焊接导线为中心,对称呈裙形展开。虚焊点的表面往往向外凸出,可以鉴别出来。

(2) 焊点上,焊料的连接面呈凹形自然过渡,焊锡和焊件交界处平滑,接触角尽可能小。

(3) 表面平滑,有金属光泽。

(4) 无裂纹、针孔、夹渣。

(5) 焊点锡量要适中。

(6) 焊剂用量要适中。

适量的助焊剂对焊接非常有利。过量使用松香焊剂,焊接以后必须擦除多余的焊剂,并且延长了加热时间,降低了工作效率。当加热时间不足时,又容易形成"夹渣"的缺陷。焊接开关、接插件时,过量的焊剂容易流到触点上,会造成接触不良。合适的焊剂量,应该是松香水仅能浸湿将要形成焊点的部位,不会透过印制电路板上的通孔流走。对使用松香芯焊丝的焊接来说,基本上不需要再涂助焊剂。目前,印制电路板生产厂在电路板出厂前大多进行过松香水喷涂处理,无须再加助焊剂。

1.4.7　电烙铁的使用要求

1. 新烙铁在使用前的处理

一把新烙铁不能拿来就用,必须先对烙铁头进行处理后才能正常使用,也就是在使用前先给烙铁头镀上一层焊锡。具体的方法是:首先用锉把烙铁头按需要锉成一定的形状,然后接上电源,当烙铁头温度升至能熔锡时,将松香涂在烙铁头上,等松香冒烟后再涂上一层焊锡,如此进行2~3次。当烙铁使用一段时间后烙铁头的刃面及其周围就会产生氧化层,这样便产生"吃锡"困难的现象,此时可锉去氧化层,重新镀上焊锡。

2. 烙铁头长度的调整

焊接集成电路与晶体管时,烙铁头的温度不能太高,且焊接时间不能过长,因此烙铁头插在烙铁芯上的长度必须进行适当的调整,进而控制烙铁头的温度。

3. 不同烙铁的使用

烙铁头有直头和弯头两种,当采用握笔法时,直烙铁头的电烙铁使用起来比较灵活,适合在元器件较多的电路中进行焊接。弯烙铁头的电烙铁用正握法比较合适,多用于线路板垂直桌面情况下的焊接。

4. 电烙铁使用时长

电烙铁不宜长时间通电而不使用,因为这样容易使电烙铁芯加速氧化而烧断,同时烙铁头将因长时间加热而氧化,甚至被烧"死"不再"吃锡"。

5. 更换烙铁芯

更换烙铁芯时要注意引线不要接错,因为电烙铁有三个接线柱,而其中一个是接地的,另外两个是接烙铁芯两根引线的(这两个接线柱通过电源线直接与220V交流电源相接)。如果将220V交流电源线错接到接地线的接线柱上,则电烙铁外壳要带电,被焊件也要带电,这样就会发生触电事故。

1.4.8　电烙铁的保养

(1) 烙铁应放在烙铁架上,应轻拿轻放,决不要将烙铁上的锡乱甩。

（2）第一次使用时，必须让烙铁嘴"吃锡"，平时不用烙铁的时候，要让烙铁嘴上保持有一定量的锡，不可把烙铁嘴在海绵上清洁后存放于烙铁架上。

（3）电烙铁使用一段时间后，可能在烙铁头部留有锡垢，在烙铁加热的条件下，我们可以用湿布轻擦。如出现凹坑或氧化块，应用细纹锉刀修复或者直接更换烙铁头。

（4）电烙铁通电后温度高达250℃，不用时应放在烙铁架上，但较长时间不用时应切断电源，防止高温"烧死"烙铁头（被氧化）。要防止电烙铁烫坏其他元器件，尤其是电源线，若其绝缘层被烙铁烧坏而不注意便容易引发安全事故。

（5）海绵需有一定量水分，保持海绵一整天湿润。

（6）拿起烙铁开始使用时，需清洁烙铁嘴，但在使用过程中无须将烙铁嘴拿到海绵上清洁，只需将烙铁嘴上的锡搁入集锡硬纸盒内，这样可以保证烙铁嘴的温度不会急速下降，若元器件引脚上尚有锡且提取困难，再加一些锡上去（因锡丝中含有助焊剂），就可以轻松地提取多余的锡。

（7）烙铁温度在300℃～350℃为正常情况，部分敏感元件只可接受240℃～280℃的焊接温度。

（8）烙铁嘴发黑，不可用刀片之类的金属器件处理，而是要用松香或锡丝来解决。

（9）不要对电烙铁猛力敲打。

（10）每天用完后，先清洁，再加足锡，然后马上切断电源。

第 2 章

常用电子仪器简介

在电工和电子电路实验中,经常使用的电子仪器有示波器、函数信号发生器、直流稳压电源、交流毫伏表、万用表及频率计等。通过这些仪器,完成对电路的静态和动态各种参数的测试。

2.1 示波器

示波器是一种用途很广的电子测量仪器,它既能直接显示电信号的波形,又能对电信号进行各种参数的测量。从设计原理上示波器分为模拟示波器和数字示波器两种。

2.1.1 模拟示波器基本原理

模拟示波器种类繁多,但是它们都包含如图 2-1 所示的基本组成部分。

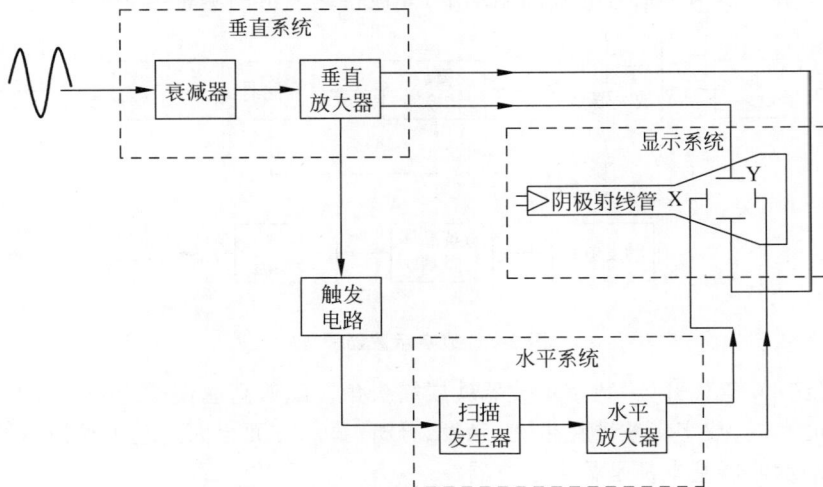

图 2-1 模拟示波器的基本组成

1. 显示系统

显示系统包括阴极射线管及其所需的各种直流供电电路,在面板上的控制旋钮有辉度、聚焦、水平移位和垂直移位等。

2. 垂直系统

垂直系统控制电子束按被测信号的幅值大小在垂直方向上的偏移。

（1）衰减器：由于实际的被测信号幅度变化范围很大，所以要先经过衰减器获得适合观察的不同幅度的被测信号。

（2）垂直放大器：通常阴极射线管的偏转灵敏度比较低，因此在一般情况下，被测信号需要通过放大器后加载到垂直偏转板上，才能在屏幕上显示出一定幅度的波形。

3. 水平系统

水平系统主要控制电子束按时序在水平方向上偏移。

模拟示波器内部通过触发电路、扫描发生器和水平放大器将周期性的锯齿波信号加载到水平偏转板上，用于控制电子束的水平偏移。被测的信号经过垂直放大后加载到垂直偏转板上，用于控制电子束的垂直偏移。这样在显示器上就可以看到清楚的波形。

2.1.2　数字示波器基本原理

模拟示波器非常实用，信号波形不会丢失，但是显示画面无法"固定"，不能自动执行波形测量。与模拟示波器相比，数字示波器利用数字电路和微处理器来增强对信号的处理能力、显示能力，它还具备模拟示波器没有的存储能力。数字示波器工作原理如图 2-2 所示。当信号通过垂直输入衰减和放大器后，到达模-数转换器（ADC）。ADC 将模拟输入信号的电平转换成数字量，并将其输入到存储器中（存储速度由触发电路和石英晶振时基信号决定）。然后，数字示波器的微处理器将存储的信号读出并同时对其进行数字信号处理，将处理过的信号送到数-模转换器（DAC），然后 DAC 的输出信号去驱动垂直偏转放大器。DAC也需要一个数字信号存储的时钟，并用此驱动水平偏转放大器。与模拟示波器类似，在垂直放大器和水平放大器两个信号的共同驱动下，完成待测波形的测量结果显示。

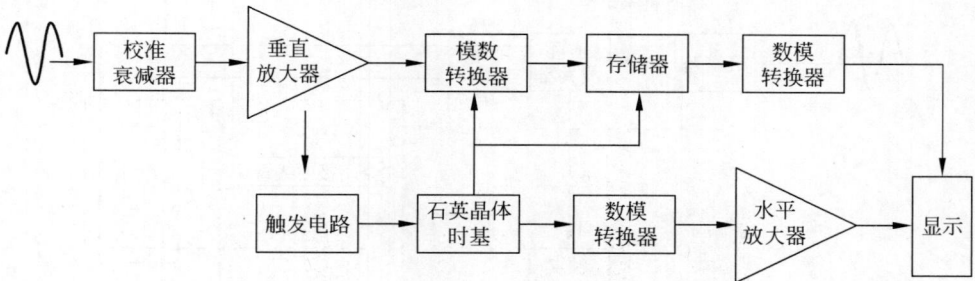

图 2-2　数字示波器原理

从 20 世纪 80 年代开始，数字示波器就崭露头角。随着高速模-数转换（ADC）芯片和数字处理技术的发展，数字示波器在带宽、触发、分析、显示方面全面超越了模拟示波器。现在市面上在售的示波器基本都是数字示波器。

2.1.3　DS1602E 数字示波器

1. 概述

DS1602E 系列数字示波器是双通道输入加一个外部触发输入通道的数字示波器。其前面板设计清晰、直观，符合传统仪器习惯，方便操作。为加速调整，便于测量，可以直接使用 AUTO 键，立即就可以获得适合的波形显示和挡位设置。此外，高达 1GSa/s 的实时采样、25GSa/s 的等效采样率及强大的触发和分析能力，可以方便更快、更细致地观察、捕获和分析波形。

2. 控制面板

DS1602E 系列数字示波器的前面板如图 2-3 所示，面板上包括旋钮和功能按键。旋钮的功能与其他示波器类似。显示屏右侧的一列 5 个灰色按键为菜单操作键（自上而下定义为 1 号至 5 号），通过它们，可以设置当前菜单的不同选项。其他按键为功能键，通过它们，可以进入不同的功能菜单或直接获得特定的功能应用。

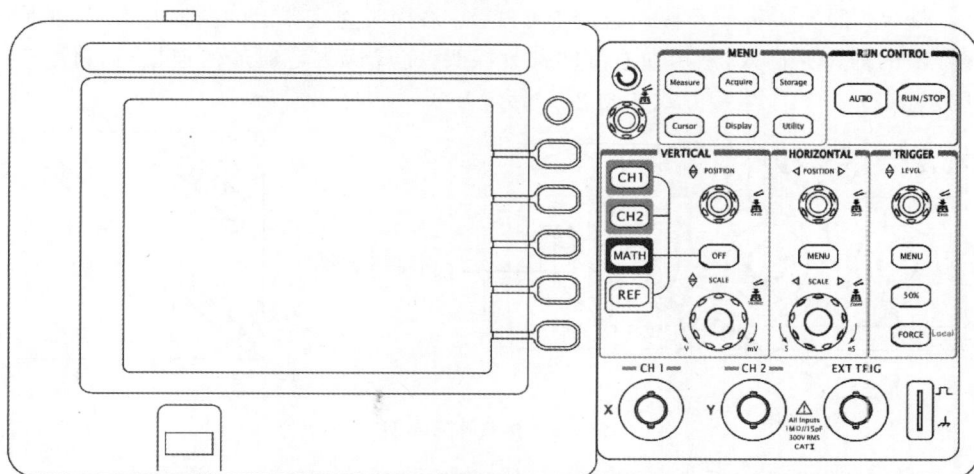

图 2-3　DS1602E 示波器的前面板图

3. 显示界面

仅打开模拟通道的示波器显示界面如图 2-4 所示。

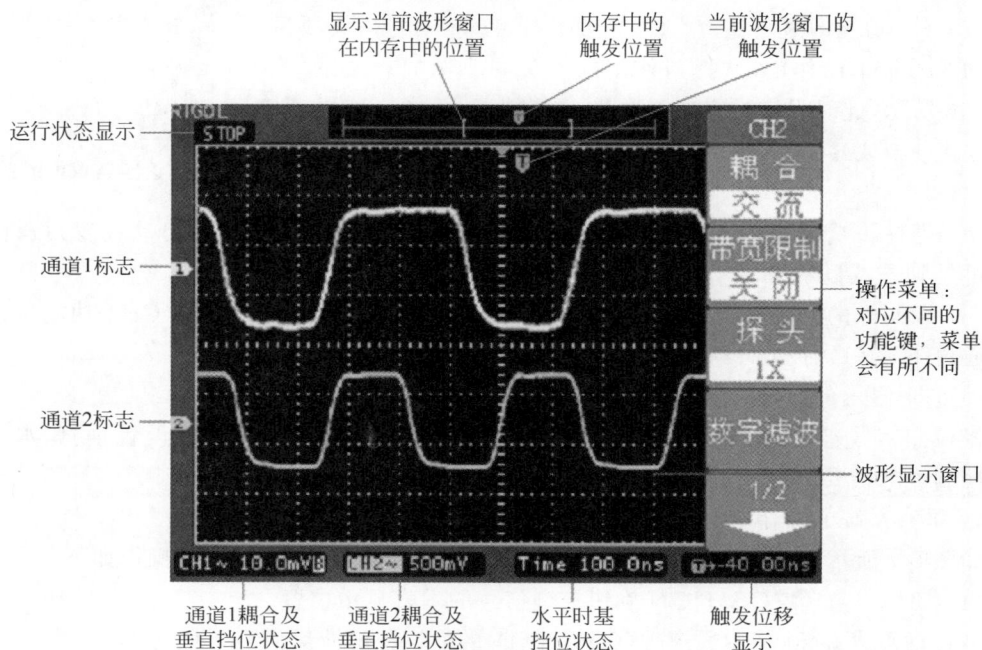

图 2-4　示波器显示界面

4. 操作方法

1) 接通仪器电源

接通电源。电源的供电电压为 $100\sim240\mathrm{V}$ 交流电,频率为 $45\sim440\mathrm{Hz}$。

2) 一般功能检查

(1) 接通电源后,仪器将执行所有自检项目,自检通过后出现开机画面。按 Storage 按键,选择"存储类型",旋转多功能旋钮选中"出厂设置"菜单并按下多功能旋钮,此时按"调出"菜单即可。

(2) 用示波器探头将信号接入通道 1(CH1):将探头连接器上的插槽对准 CH1 同轴电缆插接件上的插口并插入,然后向右旋转拧紧探头,完成探头与通道的连接后,将数字探头上的开关设定为×10。连接方式如图 2-5 所示。

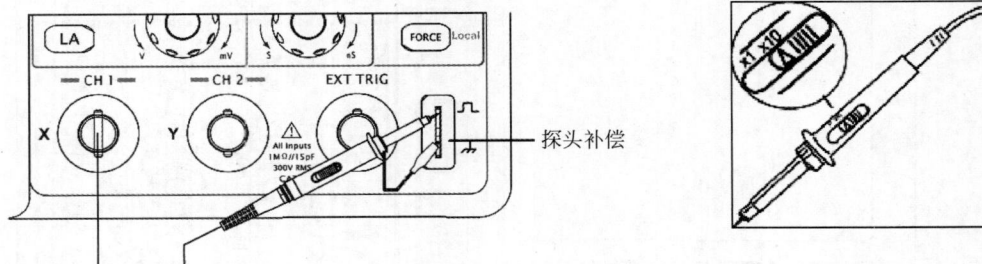

图 2-5　探头补偿连接

(3) 在示波器中输入探头衰减系数。此衰减系数将改变仪器的垂直挡位比例,使得测量结果正确反映被测信号的电平,默认的探头菜单衰减系数设定值为 $1\times$,设置探头衰减系数的方法如下。

按 CH1 功能键显示通道 CH1 的操作菜单,应用与探头项目平行的 3 号菜单操作键,选择与使用的探头同比例的衰减系数。如图 2-6 所示,此时设定的衰减系数为 $10\times$。

注意:示波器探头菜单衰减系数与探头的开关设定要保持一致。

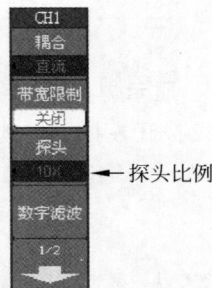

图 2-6　设定菜单中的系数

(4) 把探头端部和接地夹接到探头补偿器的连接器上,按 AUTO(自动设置)按键,几秒内可见到方波显示。

(5) 以同样的方法检查通道 2(CH2)。按 OFF 功能按键或再次按下 CH1 功能按键以关闭通道 1(CH1),按 CH2 功能按键以打开通道 2(CH2),重复步骤 2~4。

3) 波形显示的自动设置

将被测信号连接到信号输入通道,按下 AUTO 按键,示波器将自动设置垂直、水平和触发控制。如需要,可手动调整这些控制使波形显示达到最佳。

4) 垂直系统的操作

如图 2-7 所示,在垂直控制区(VERTICAL)有一系列的按键、旋钮。操作如下。

(1) 使用垂直 ⊙POSITION 旋钮控制信号的垂直显示位置。

当转动垂直旋钮,指示通道地(GROUND)的标识跟随波形而上下移动。

转动垂直 ⊙POSITION 旋钮不但可以改变通道的垂直显示位置，更可以将该旋钮设置为通道垂直显示位置恢复到零点的快捷键。

（2）改变垂直设置，并观察因此导致的状态信息变化。

通过波形窗口下方的状态栏显示的信息，确定任何垂直挡位的变化。转动垂直 ⊙SCALE 旋钮改变"Volt/div(伏/格)"垂直挡位，可以发现状态栏对应通道的挡位显示发生了相应的变化。

按 CH1、CH2、MATH、REF，屏幕显示对应通道的操作菜单、标志、波形和挡位状态信息，按 OFF 按键关闭当前选择的通道。

5）水平系统的操作

如图 2-8 所示，在水平控制区（HORIZONTAL）有一个按键、两个旋钮。操作如下。

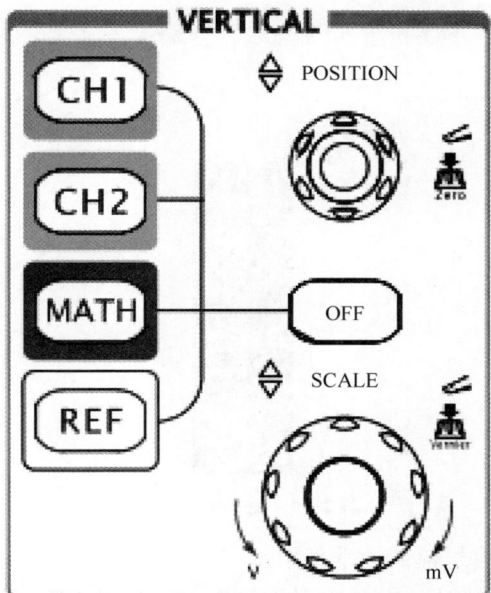

图 2-7　垂直控制系统　　　　　　　图 2-8　水平控制区

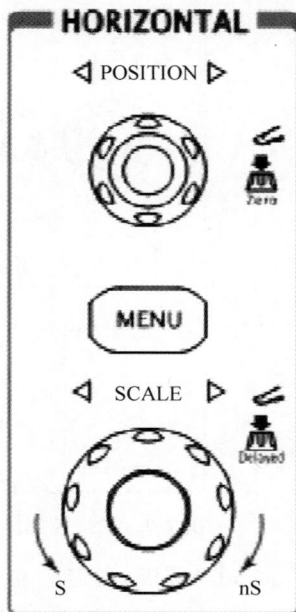

（1）使用水平 ⊙SCALE 旋钮改变水平挡位设置，并观察因此导致的状态信息变化。转动水平 ⊙SCALE 旋钮改变"s/div(秒/格)"水平挡位，可以发现状态栏对应通道的挡位显示发生了相应的变化。水平扫描速度为 2ns～50s，以 1—2—5 的形式步进。

（2）使用水平 ⊙POSITION 旋钮调整信号在波形窗口的水平位置。当转动水平 ⊙POSITION 旋钮调节触发位移时，可以观察到波形随旋钮水平移动。

（3）按 MENU 按键，显示 TIME 菜单。在此菜单下，可以开启/关闭延迟扫描或切换 Y－T、X－Y 和 ROLL 模式，还可以将水平触发位移复位。

6）触发系统的操作

如图 2-9 所示，在触发控制区（TRIGGER）有一个旋钮、三个按键。操作如下。

（1）使用 ⊙LEVEL 旋钮改变触发电平设置。转动 ⊙LEVEL 旋钮，可以发现屏幕上出现一条橘红色的触发线以及触发标志，图像随旋钮转动而上下移动。停止转动旋钮，此触发线和触发标志会在约 5s 后消失。在移动触发线的同时，可以观察到屏幕上触发电平的数值发生了变化。

（2）按 MENU 按键调出触发操作菜单(见图 2-10)，改变触发的设置，观察由此造成的状态变化。

- 按 1 号菜单操作按键，选择"触发模式"为"边沿触发"。
- 按 2 号菜单操作按键，选择"信源选择"为 CH1。
- 按 3 号菜单操作按键，设置"边沿类型"为" ▟ "。
- 按 4 号菜单操作按键，设置"触发方式"为"自动"。
- 按 5 号菜单操作按键，进入"触发设置"二级菜单，对触发的耦合方式、触发灵敏度和触发释抑时间进行设置。

（注：改变前三项的设置会导致屏幕右上角状态栏的变化。）

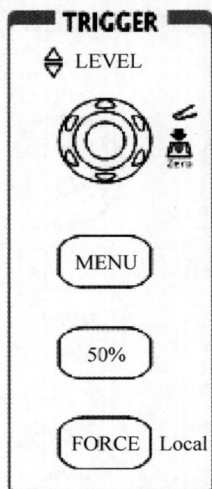

图 2-9　触发控制区

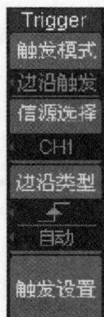

图 2-10　触发操作菜单

（3）按 50% 按键，设定触发电平在触发信号幅值的垂直中点。

（4）按 FORCE 按键，强制产生一个触发信号，主要应用于触发方式中的"普通"和"单次"模式。

7）自动测量

如图 2-11 所示，在 MENU 控制区中，Measure 为自动测量功能按键，按下该键后，系统将显示自动测量操作菜单。

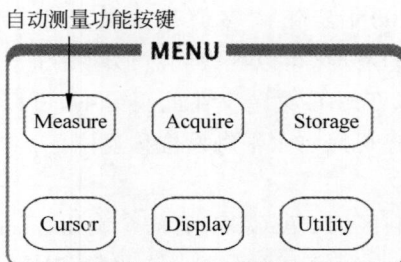

图 2-11　自动测量功能按键

DS1602E 系列数字示波器具有强大的测量功能,该系列示波器提供 22 种自动测量的波形参数,包括 10 种电压参数和 12 种时间参数:峰-峰值、最大值、最小值、顶端值、底端值、幅值、平均值、均方根值、过冲、预冲、频率、周期、上升时间、下降时间、正占空比、负占空比、延迟 $1 \to 2f$、延迟 $1 \to 2t$、相位 $1 \to 2f$、相位 $1 \to 2t$、正脉宽和负脉宽。

DS1602E 系列数字示波器的操作说明如下。

(1) 选择被测信号通道:根据信号输入通道不同,选择 CH1 或 CH2。按键操作顺序为 Measure→"信源选择"→CH1 或 CH2。

(2) 获得全部测量数值:如图 2-12 菜单所示,按 5 号菜单操作键,设置"全部测量"项状态为打开。18 种测量参数(不包括"延迟 $1 \to 2f$"和"延迟 $1 \to 2t$"参数)值显示在屏幕下方。

(3) 选择参数测量:按 2 号或 3 号菜单操作键选择测量类型,查找感兴趣的参数所在的分页。按键操作顺序为 Measure→"电压测量""时间测量"→"最大值""最小值"……

(4) 获得测量数值:按 2、3、4、5 号菜单操作键选择参数类型,并在屏幕下方直接读取显示的数据。若显示的数据为 *****,表明在当前的设置下,此参数不可测。

清除显示的测量参数
按5号操作键显示/关闭全部测量参数

图 2-12 打开/关闭测量参数

(5) 清除测量数值:如图 2-12 菜单所示,按 4 号菜单操作键选择"清除测量"。此时,所有屏幕下端的自动测量参数(不包括"全部测量"参数)从屏幕消失。

8) 操作举例:观测电路中的一个未知信号,迅速显示和测量信号的频率和峰-峰值。

(1) 欲迅速显示该信号,按如下步骤操作:①将探头菜单衰减系数设定为 $10 \times$,并将探头上的开关设定为 $\times 10$;②将通道 1(CH1)的探头连接到电路被测点;③按下 AUTO(自动设置)按键。示波器将自动设置,使波形显示达到最佳状态。在此基础上,进一步调节垂直、水平挡位,直至波形的显示符合要求。

(2) 进行自动测量,示波器可对大多数显示信号进行自动测量。欲测量信号频率和峰-峰值,按如下步骤操作:①测量峰-峰值,按下 Measure 按键以显示自动测量菜单。按下 1 号菜单操作键选择信源 CH1。按下 2 号菜单操作键选择测量类型:"电压测量"。在电压测量弹出菜单中选择测量参数:"峰-峰值"。此时,可以在屏幕左下角发现峰-峰值的显示;②测量频率,按下 3 号菜单操作键选择测量类型:"时间测量"。在时间测量弹出菜单中选择测量参数:"频率"。此时,在屏幕下方发现频率的显示。

注意:测量结果在屏幕上的显示会因为被测信号的变化而改变。

2.1.4 DS1104Z 数字示波器

1. 控制面板

DS1104Z 数字示波器的控制面板如图 2-13 所示,面板上的旋钮、接口和功能键说明见表 2-1。

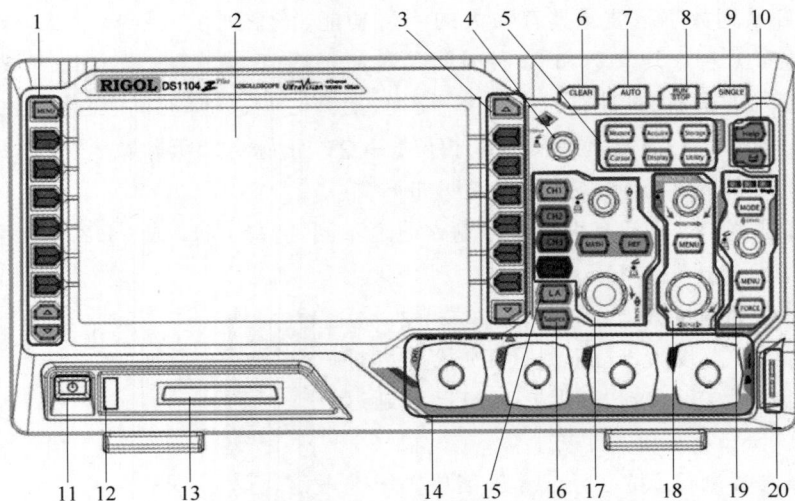

图 2-13　DS1104Z 数字示波器控制面板

表 2-1　DS1104Z 数字示波器控制面板说明

编　号	说　　明	编　号	说　　明
1	测量菜单操作键	11	电源键
2	液晶显示屏	12	USB Host 接口
3	功能菜单操作键	13	数字通道输入
4	多功能旋钮	14	模拟通道输入
5	常用操作键	15	逻辑分析仪操作键
6	全部清除键	16	信号源操作键
7	波形自动显示	17	垂直控制
8	运行/停止可控制键	18	水平控制
9	单次触发控制键	19	触发控制
10	内置帮助/打印键	20	探头补偿信号输出端/接地端

注：编号 13、15 和 16 不适用于 DS1104Z 型号的示波器。

2. 使用前准备

1) 开机检查

接通电源,电源供电规格为 $100\sim240\text{V}$,$45\sim440\text{Hz}$。按下控制面板左下角的电源键即可启动示波器。开机过程中,示波器执行一系列自检,自检结束后出现开机画面。

2) 功能检查

(1) 按下常用操作键中的 **Storage** →默认设置,将示波器恢复为默认设置。

(2) 将探头的 BNC 端连接至示波器的通道 1(CH1)输入端,如图 2-14 所示;将探头的接地鳄鱼夹连接至图 2-15 所示的"接地端",然后将探针连接到如图 2-15 所示的"补偿信号输出端"。

(3) 将探头衰减比设定为×10,然后按下 **AUTO** 按键

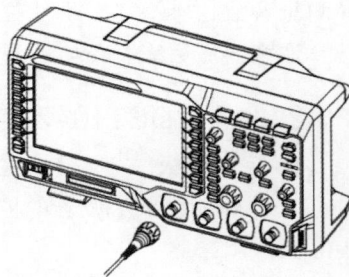

图 2-14　连接探头

（示波器的探头菜单衰减系数默认设置为 10×）。

（4）观察示波器显示屏上的波形，正常情况下应显示图 2-16 所示的方波。

图 2-15　使用补偿信号

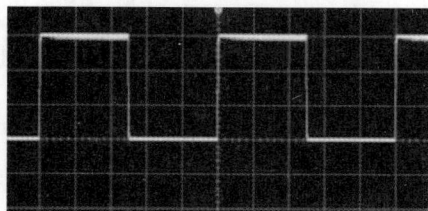

图 2-16　方波信号

（5）用同样的方法检查其他通道。如实际显示的方波形状与图 2-16 所示不相符，执行"探头补偿"。

3）探头补偿

首次使用探头时，应进行探头补偿调节，使探头与示波器输入通道匹配。未经补偿或者补偿偏差的探头会导致测量误差或错误。探头补偿步骤如下。

（1）执行"功能检查"中的（1）～（3）。

（2）检查所显示的波形形状与图 2-17 对比。

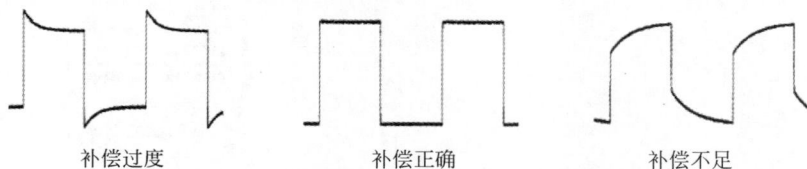

补偿过度　　　　　　　　　　补偿正确　　　　　　　　　　补偿不足

图 2-17　探头补偿

（3）用金属质地的改锥调整探头上的低频补偿调节孔，直到显示的波形为如图 2-17 所示的"补偿正确"。

3. 控制面板的功能

1）垂直控制

示波器控制界面如图 2-18 所示。

（1）**CH1**、**CH2**、**CH3**、**CH4**：模拟通道设置键。4 个通道标签用不同颜色识别，并且屏幕中的波形和通道输入连接器的颜色也与之对应。按下任一按键打开相应通道菜单，再次按下关闭通道。

（2）**MATH**：按 **MATH** → **Math** 可打开 A＋B、A－B、A×B、A/B、FFT、A&&B、A||B、A^B、!A、Intg、Diff、Sqrt、Lg、Ln、Exp 和 Abs 等多种运算。

（3）**REF**：按下该键打开参考波形功能。可将实测波形和参考波形比较。

（4）垂直 **POSITION**：修改当前通道波形的垂直位移。顺时针转动增大位移，逆时针转动减小位移。修改过程中波形会上下移动，同时屏幕左下角弹出的位移信

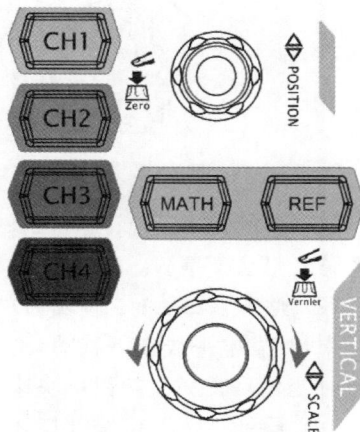

图 2-18　垂直控制

息(如 `POS: 216.0mV`)实时变化。按下该按键可快速将垂直位移归零。

（5）垂直◎ **SCALE**：修改当前通道的垂直挡位。顺时针转到减小挡位,逆时针转动增大挡位。修改过程中波形显示幅度会增大或减小,同时屏幕左下方的挡位信息(如 `1 = 200mV`)实时变化。按下该按键可快速将垂直挡位调节方式切换为"粗调"或者"微调"。

2）水平控制

示波器控制界面如图 2-19 所示。

（1）水平◎ **POSITION**：修改水平位移。转动旋钮时触发点相对屏幕中心左右移动。修改过程中,所有通道的波形左右移动,同时屏幕右上角的水平位移信息(如 `D -200.000000ns`)实时变化。转动该旋钮可快速复位水平位移(或延迟扫描位移)。

（2） **MENU** ：按下该按键打开水平控制菜单。可开关延迟扫描功能,切换不同的时基模式。

（3）水平◎ **SCALE**：修改水平时基。顺时针转动减小时基,逆时针转动增大时基。修改过程中,所有通道的波形被扩展或压缩显示,同时屏幕上方的时基信息(如 `H 500ns`)实时变化。转动该旋钮可快速切换至延迟扫描状态。

3）触发控制

示波器触发控制界面如图 2-20 所示。

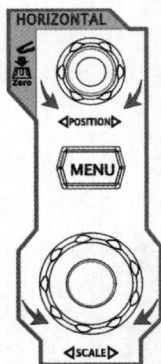

图 2-19　水平控制　　　　　图 2-20　触发控制

（1） **MODE** ：按下该按键触发方式切换为 Auto、Normal 或 Single,当前触发方式对应的状态背光灯会变亮。

（2）触发◎ **LEVEL**：修改触发电平。顺时针转动增大电平,逆时针转动减小电平。修改过程中,触发电平线上下移动,同时屏幕左下角的触发电平消息框(如 `Trig Level : 428mV`)中的值实时变化。转动该旋钮可快速将触发电平恢复至零点。

（3） **MENU** ：按下该按键打开触发操作菜单。

（4） **FORCE** ：按下该按键强制产生一个触发信号。

4）全部清除

按下 [CLEAR] 键清除屏幕上所有的波形。如果示波器处于 RUN 状态,则继续显示新波形。

5）波形自动显示

按下 [AUTO] 键启用波形自动设置功能。示波器将根据输入信号自动调整垂直挡位、水平时基以及触发方式,使波形显示达到最佳状态。应用波形自动设置功能时,若被测信号为正弦波,要求其频率不小于 41Hz；若被测信号为方波,则要求其占空比大于 1% 且幅度不小于 $20mV_{P-P}$。如果不满足此参数条件,则波形自动设置功能可能无效,且菜单显示的快速参数测量功能不可用。

6）运行控制

按下 [RUN/STOP] 键可以"运行"或"停止"波形采样。运行状态下,该键黄色背光灯点亮；停止状态下,该键红色背光灯点亮。

7）单次触发

按下 [SINGLE] 键将示波器的触发方式设置为 Single。单次触发方式下,按 **FORCE** 键立即产生一个触发信号。

8）多功能旋钮

示波器的多功能旋钮控制界面如图 2-21 所示。

（1）调节波形亮度：非操作时,转动该旋钮可调整波形显示的亮度。亮度可调节范围为 0～100%。顺时针转动增大波形亮度,逆时针转动减小波形亮度。按下旋钮将波形亮度恢复至 60%。也可按 **Display**→波形亮度,使用该旋钮调节波形亮度。

（2）多功能：菜单操作时,该旋钮背光灯变亮,按下某个菜单软键后,转动该旋钮可选择该菜单下的子菜单,然后按下旋钮可选中当前选择的子菜单。

9）功能菜单

示波器的功能菜单控制界面如图 2-22 所示。

图 2-21 多功能旋钮

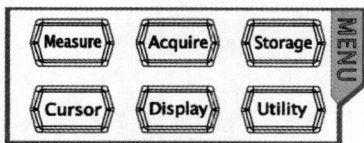

图 2-22 功能菜单

（1）**Measure**：按下该按键进入测量设置菜单。可设置测量信源、打开或关闭频率计、统计功能等。按下屏幕左侧的 **MENU** 键,可打开 37 种波形参数测量菜单,然后按下相应的菜单键快速实现"一键"测量,测量结果将显示在屏幕底部。

（2）**Acquire**：按下该按键进入采样设置菜单。可设置示波器的获取方式、$Sin(x)/x$ 和存储深度。

（3）**Storage**：按下该按键进入文件存储和调用界面。可存储的文件类型包括图像存储、轨迹存储、波形存储、设置存储、CSV 存储和参数存储。支持内、外部存储和磁盘管理。

（4）**Cursor**：按下该按键进入光标测量菜单。示波器提供手动、追踪、自动和 XY 4 种光标模式。其中,XY 模式仅在时基模式为 XY 时有效。

(5) Display:按下该按键进入显示设置菜单。设置波形显示类型、余辉时间、波形亮度、屏幕网格和网格亮度。

(6) Utility:按下该按键进入系统功能设置菜单。设置系统相关功能或参数,例如接口、声音、语言等。此外,还支持一些高级功能,例如通过/失败测试、波形录制等。

4. 显示界面

示波器显示界面如图 2-23 所示。

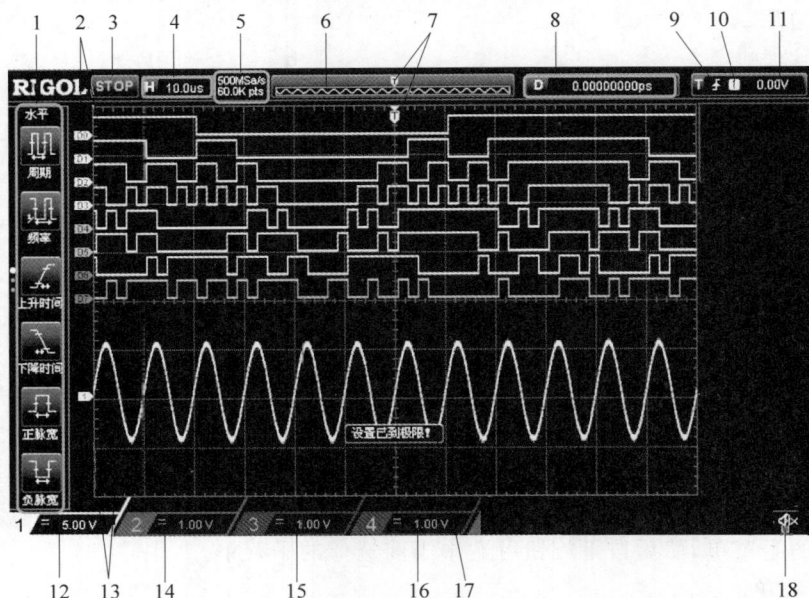

图 2-23   示波器显示界面

示波器显示界面说明如下。

(1) 自动测量选项:提供 20 种水平(HORIZONTAL)测量参数和 17 种垂直(VERTICAL)测量参数。按下屏幕左侧的软键即可打开相应的测量项。连续按下 MENU 键,可切换水平和垂直测量参数。

(2) 数字通道标记/波形:DS1104Z 示波器不具备该功能。

(3) 运行状态:可能的状态包括 RUN(运行)、STOP(停止)、TD(已触发)、WAIT(等待)和 AUTO(自动)。

(4) 水平时基:表示屏幕水平轴上每格所代表的时间长度。使用水平 ◎ SCALE 可以修改该参数,可设置范围为 5ns~50s。

(5) 采样率/存储深度:显示当前示波器使用的采样率以及存储深度。采样率和存储深度会随着水平时基的变化而改变。

(6) 波形存储器:提供当前屏幕中的波形在存储器中的位置,如图 2-24 所示。

(7) 触发位置:显示波形存储器和屏幕中波形的触发位置。

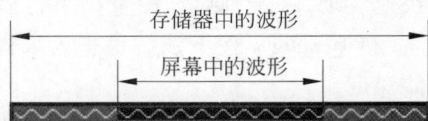

图 2-24   波形存储示意图

（8）水平位移：使用水平 ⊙ **POSITION** 可以调节该参数；按下旋钮时参数自动设置为 0。

（9）触发类型：显示当前选择的触发类型及触发条件设置。选择不同触发类型时显示不同的标识。例如，▲ 表示在"边沿触发"的上升沿处触发。

（10）触发信源：显示当前选择的触发信源（CH1～CH4）。选择不同触发信源时，显示不同的标识，并改变触发参数区的颜色。例如，**1** 表示选择 CH1 作为触发信源。

（11）触发电平：触发信源选择模拟通道时，需要设置合适的触发电平。

（12）CH1 垂直挡位：显示屏幕垂直方向 CH1 每格波形所代表的电压。按 **CH1** 键选中 CH1 通道后，使用垂直 ⊙ **SCALE** 可以修改该参数。

（13）模拟通道标记/波形：不同通道用不同的颜色表示，通道标记和波形的颜色一致。

（14）CH2 垂直挡位：显示屏幕垂直方向 CH2 每格波形所代表的电压。按 **CH2** 键选中 CH2 通道后，使用垂直 ⊙ **SCALE** 可以修改该参数。

（15）CH3 垂直挡位：显示屏幕垂直方向 CH3 每格波形所代表的电压。按 **CH3** 键选中 CH3 通道后，使用垂直 ⊙ **SCALE** 可以修改该参数。

（16）CH4 垂直挡位：显示屏幕垂直方向 CH4 每格波形所代表的电压。按 **CH4** 键选中 CH4 通道后，使用垂直 ⊙ **SCALE** 可以修改该参数。

（17）消息框：显示提示信息。

（18）通知区域：显示声音图标。按 **Utility** → **声音** 键可以打开或关闭声音。声音打开时，该区域显示 ◀️ ；声音关闭时，显示 ◀️。

5. 示波器常见电压参数说明

示波器常用电压参数测量含义如图 2-25 所示。

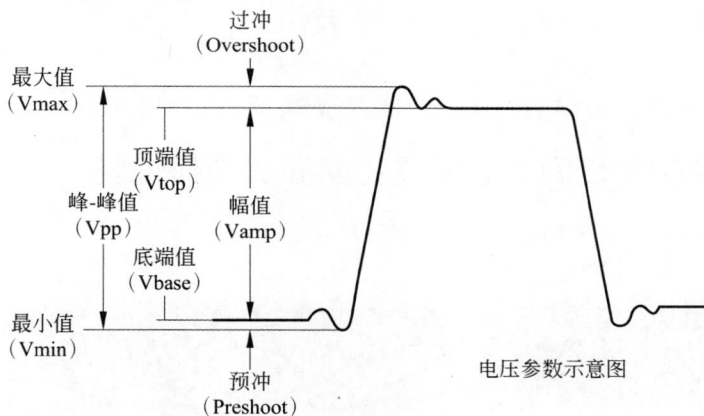

图 2-25　常用电压参数测量含义

2.2　函数信号发生器（低频）

2.2.1　工作原理

函数信号发生器的结构如图 2-26 所示，其由控制单元、信号单元、放大单元、计数单元、电源单元等组成。

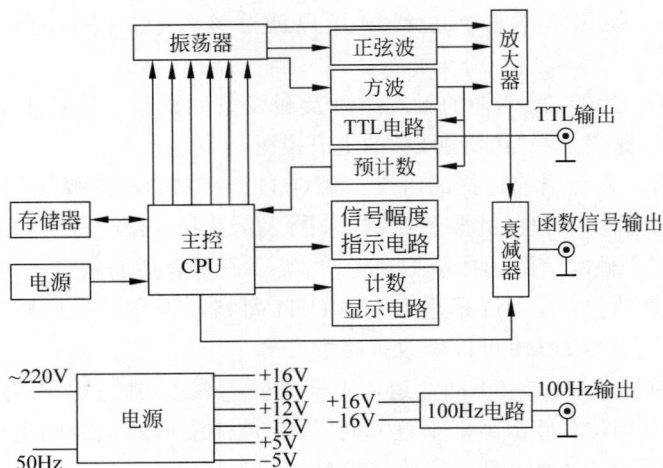

图 2-26 函数信号发生器结构

　　函数信号发生器可以输出正弦波、方波、三角波三种信号波形。输出电压最大可达
20V$_{P-P}$。通过输出衰减开关和输出幅度调节旋钮,可使输出电压在毫伏级到伏级范围内连
续调节。函数信号发生器的输出信号频率可以通过频率分挡开关进行调节。函数信号发生
器作为信号源,它的输出端不允许短路。

2.2.2 AS101E 函数信号发生器性能和特点

AS101E 函数信号发生器性能指标包括以下几部分。
(1) 输出波形：0.3Hz～5MHz 的正弦波、方波、三角波、TTL；
(2) 频率调谐器采用舒缓的慢转机构,调节精细；
(3) 数显：输出频率(5 位)；
(4) 输出电压峰-峰值(3 位)：1mV～20V,衰减量 dB(2 位)。

2.2.3 AS101E 函数信号发生器面板操作说明

AS101E 函数信号发生器面板如图 2-27 所示。

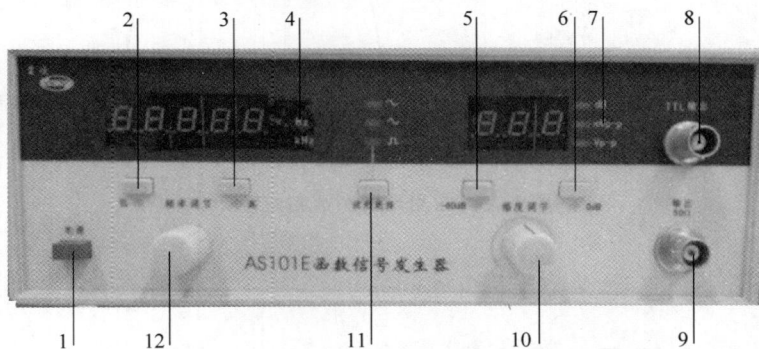

图 2-27 AS101E 函数信号发生器面板

1—电源；2—频段递减选择按键；3—频段递增选择按键；4—频率单位显示；5—输出幅度固定衰减
器衰减递增选择按键；6—输出幅度固定衰减器衰减递减选择按键；7—输出幅度显示；8—逻辑电平
输出(TTL)；9—信号输出端；10—输出幅度调节；11—函数波形选择按键；12—频率调节旋钮

面板操作说明如下。

（1）电源开关。

（2）频段递减选择按键：每按一次按键，转换至较低频率，依次为 500kHz→5MHz→50kHz→500kHz→5kHz→50kHz→500Hz→5kHz→50Hz→500Hz→5Hz→50Hz→0.5Hz→5Hz。

（3）频段递增选择按键：每按一次按键，转换至较高频率。

（4）频率单位显示：五位数码管显示，频率为 Hz 或 kHz。

（5）输出幅度固定衰减器衰减递增选择按键：每按一次按键，增加衰减量 20dB，依次为 $-20dB$、40dB、20dB。

（6）输出幅度固定衰减器衰减递减选择按键：每按一次按键，衰减量减少 20dB，依次为 60dB，$-40dB$，$-60dB$。每次按下按键（$-60dB$）、（0dB）一次，显示三位数码管将改为显示固定衰减器衰减的 dB 数，数秒后，再自动切换回电压峰-峰值显示。

（7）输出幅度显示：三位数码管显示输出幅度峰-峰值或 dB 值。

（8）逻辑电平输出（TTL）：逻辑电平输出端。

（9）信号输出端：本机信号由此输出，输出阻抗为 50Ω。

（10）输出幅度调节：该旋钮顺时针方向旋转，输出幅度加大，反之减少，总的调节幅度为 20dB。

（11）函数波形选择按键：每按一次按键转换一个波形，依次为正弦波→方波→三角波。

（12）频率调节旋钮：先选择好频段，该旋钮可以频率微调至所需频率点。

2.2.4　AS1637 函数信号发生器

1. AS1637 函数信号发生器技术性能简介

1）频率范围

AS1637 函数信号发生器（高频）在 $0.2Hz\sim20MHz$ 分 8 个频段（AS1637、AS1637P）：

（1）频段 1：$0.2Hz\sim2Hz$；

（2）频段 2：$2Hz\sim20Hz$；

（3）频段 3：$20Hz\sim200Hz$；

（4）频段 4：$200Hz\sim2kHz$；

（5）频段 5：$2kHz\sim20kHz$；

（6）频段 6：$20kHz\sim200kHz$；

（7）频段 7：$200kHz\sim2MHz$；

（8）频段 8：$2MHz\sim20MHz$。

2）输出波形

AS1637 函数信号发生器的输出波形分为正弦波、三角波、方波、锯齿波和正负脉冲波。

3）输出电压

AS1637 函数信号发生器的输出电压分为

（1）$f\leqslant15MHz$ 时，$V_{P-P}\geqslant20V$（负载开路）；$V_{P-P}\geqslant10V$（50Ω 负载）；

（2）$15MHz<f\leqslant20MHz$ 时，$V_{P-P}\geqslant16V$（负载开路）；$V_{P-P}\geqslant8V$（50Ω 负载）。

输出幅度在 20dB 范围内可连续调节，另外还有二挡 $-20dB$、$-40dB$ 固定衰减器，最小输出幅度可至 $1mV_{P-P}$（50Ω 负载）。

4）波形特性

AS1637 函数信号发生器的波形特性包括以下几点。

（1）正弦波失真度：$\leqslant 1.5\%$（2Hz～20Hz）；$\leqslant 1\%$（20Hz～200kHz），典型值$\leqslant 0.5\%$。

（2）方波：上升沿时间$\leqslant 15nS$（$V_{P-P}\leqslant 20V$）。

（3）占空系数：脉冲占空系数连续可调，其变化范围为 15%～85%。

（4）直流偏置调节范围：$-5V$～$+5V$（负载开路）；$-2.5V$～$+2.5V$（50Ω 负载）。

5）逻辑电平输出

AS1637 函数信号发生器的逻辑电平输出为 TTL 电平$\geqslant 3V$（高阻），前后沿$\leqslant 15nS$。

6）外扫描输入

外加直流电压 50mV～$+10V$ 变化时，AS1637 函数信号发生器的对应频率变化$\geqslant 1:100$。

7）扫描

AS1637 函数信号发生器的扫描特性有以下几点。

（1）内扫描正程时间设置：20ms～15s。

（2）分辨率：2ms<1s 时（扫描时间）；0.1s>1s 时（扫描时间）。

（3）扫描逆程时间：约 2ms<1s 时（扫描时间）；20ms>1s 时（扫描时间）。

（4）扫描频率设置：6 个。

（5）脉冲频标宽度：约 $62\mu s$<1s 时（扫描时间）；约 1.06ms>1s 时（扫描时间）。

（6）频标精度：$\dfrac{扫频宽度\times 62}{正程扫描时间(s)\times 10^{6}}$<1s 时；$\dfrac{扫频宽度}{正程扫描时间(s)\times 10^{3}}$>1s 时。

（7）频标最小设置间距：$\dfrac{扫频宽度}{160}$。

（8）脉冲频标输出幅度$\geqslant 12V_{P-P}$。

（9）锯齿波信号幅度$\geqslant 3V_{P-P}$。

8）频率外计数

在频率外计数时，AS1637 函数信号发生器的特性如下。

（1）频率范围：5Hz～20MHz，由五位 LED 数码管显示计数频率。

（2）灵敏度：$\leqslant 30mV$。

（3）频率显示准确度 $3\times 10^{-4}\pm 1$ 个字。

9）调制信号

（1）AS1637 函数信号发生器的调幅特性。

①载波信号：波形为正弦波、三角波、方波。被调制载波频率允许范围（10Hz～20MHz），实际使用中被调制载波频率应数倍于调制信号频率。②调制方式：内或外。③调制信号：内部 1kHz 正弦波信号或外输入正弦波、三角波、方波信号，幅度：0～$6V_{P-P}$，信号频率：0.2Hz～20kHz。④调制深度：1%～100%。

（2）AS1637 函数信号发生器的调频特性。

①载波信号：波形为正弦波、三角波、方波。被调制载波频率允许范围（10Hz～20MHz），实际使用中被调制载波频率应数倍于调制信号频率。②调制方式：内或外。③调制信号：内部 1kHz 正弦波信号，或外输入正弦波、三角波、方波信号，幅度：0～$6V_{P-P}$，信号频率：0.2Hz～20kHz。④频偏范围：0～10%。

10）1kHz 正弦波 5V≤V$_{P-P}$≤6V

在加载 1kHz 正弦波时，AS1637 函数信号发生器的频率误差±5%；失真度≤1%。

11）功率输出≥5W/8Ω（AS1637P）

输入为 0.2Hz～100kHz 正弦波信号时，AS1637 函数信号发生器的功率输出大于或等于 5W/8Ω。

12）电源电压

AS1637 函数信号发生器的电源电压特性为 220V±10%；50Hz±5%；功耗约为 10W。

图 2-28 是 AS1637 外形图。

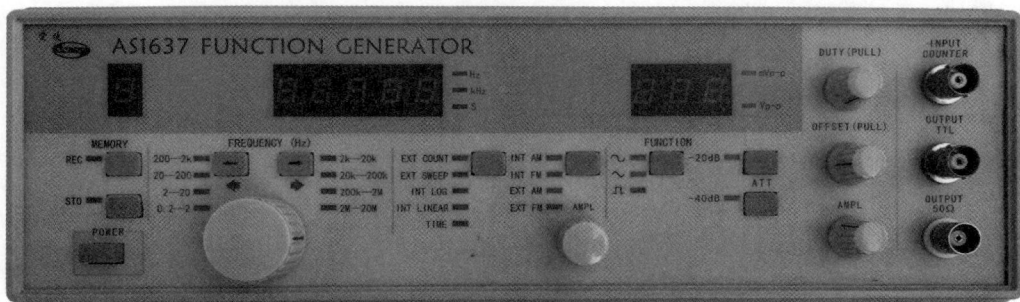

图 2-28 AS1637 外形

2. 前面板及其功能说明

AS1637 函数信号发生器的前面板如图 2-29 所示，主要功能如下。

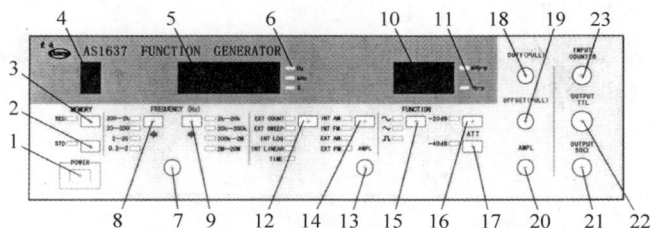

图 2-29 AS1637 函数信号发生器的前面板

（1）电源开关（POWER）：按下电源开关接通，同时计数器数字显示。

（2）信号工作方式和频率存储按键（STO）。

（3）存储的频率和工作方式调取按键（REC）。

（4）存储或调取单元编号显示数码管：0～9。

（5）信号频率和扫描时间数码指示：5 位。

（6）频率和扫描时间单位指示位：Hz、kHz、s。

（7）频率、扫描时间调谐开关：在按下 STORE 和 RECALL 键后兼作存储单元的调节。

（8）频段手动递减选择按键：每按一次按键，频率转换至较低频段，依次循环：

（2MHz～20MHz→200kHz～2MHz→20kHz～200kHz→2kHz～20kHz→200Hz～2kHz→20Hz～200Hz→2Hz～20Hz→0.2Hz～2Hz→2MHz～20MHz）

（9）频段手动递增选择按键：每按一次按键，频率转换至较高频段，依次循环：

（0.2Hz～2Hz→2Hz～20Hz→20Hz～200Hz→200Hz～2kHz→2kHz～20kHz→20kHz～200kHz→200kHz～2MHz→2MHz～20MHz→0.2Hz～2Hz）

(10) 输出幅度数码显示：3 位。

(11) 输出幅度显示单位：mV、V。

(12) 工作方式按键：每按一次按键转换一个工作方式，依次内计数外接计数→外接扫描→对数扫描→线性扫描→扫频时间→内计数(其他指示灯皆暗)。

(13) 调制度调节旋钮：当工作在调幅(AM)时，此旋钮调节调幅调制深度。当工作在调频(AF)时，此旋钮调节频偏范围。

(14) 调制信号选择按键：每按一次按键转换一个调制工作方式，依次是内调幅(INT AM)→内调频(INT FM)→外调幅(EXT AM)→外调频(EXT FM)→等幅波(各调制指示灯皆暗)。

(15) 函数波形选择(FUNCTION)：每按一次按键转换一个波形，依次正弦波→三角波→方波。

(16) 输出衰减−20dB 按键：左边指示灯亮时，输出信号衰减 10 倍。

(17) 输出衰减−40dB 按键：左边指示灯亮时，输出信号衰减 100 倍。

(18) 占空比调节(DUTY)：当该旋钮拉出(PULL)时，脉冲宽度和锯齿波斜率可调，调节范围为 15%～85%，对正弦波无效。

(19) 直流偏置调节(OFFSET)：当该旋钮被拉出(PULL)时，可有一个直流偏置电压施加到输出信号上。

(20) 输出幅值调节(AMPL)：当旋钮按顺时针方向旋转时，输出幅度加大。

(21) 输出端(OUTPUT)：本机函数信号由此输出，输出阻抗 50Ω。

(22) 逻辑电平输出(TTL)：逻辑电平输出端。

(23) 外测频率输入端(INPUT COUNTER)：外测频率时信号由此输入。

3. 后面板及其功能说明

AS1637 函数信号发生器的后面板如图 2-30 所示，主要功能如下。

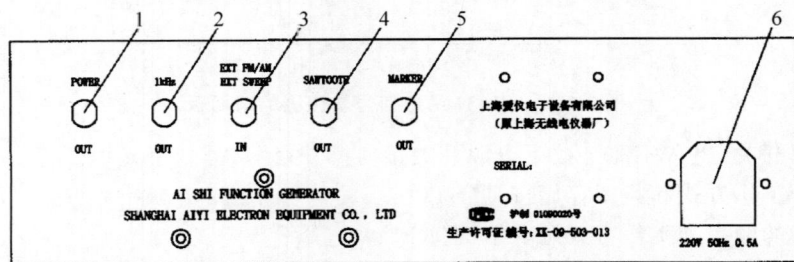

图 2-30　AS1637 函数信号发生器的后面板

(1) 功率输出：此为选购件。

(2) 1kHz 输出器：独立输出 1kHz 高质正弦波信号。

(3) 外扫描输入和外调制信号输入(EXT FM/AM EXT SWEEP)：外加直流电压 50mV～+10V，将使频率变化 1:100。或外加输入正弦波、三角波、方波信号，幅度为 0～6V_{P-P}，调制频率为 0.2Hz～20Hz。

(4) 锯齿波输出(SAWTOOTH)：用于显示器的触发扫描或同步。

(5) 频标输出(MARKER OUT)：用于指示扫频的频率点。

(6) 电源插座：一般附保险丝。

4. 在本实验系统中的主要应用

在本实验系统中,AS1637 函数信号发生器/频率计主要用于以下三方面。

(1) 高频信号发生器:工作方式按键置于内计数(所有指示灯皆暗)。

(2) 数字频率计:工作方式按键置于外计数,待测信号接入 INPUT COUNTER 端,但是带负载能力不强。

(3) 扫频仪:工作方式按键被依次用到内计数、扫描时间、线性扫描三种方式,具体内容在本书后面进行详述。

2.3　交流毫伏表

2.3.1　DA-16D 交流毫伏表

DA-16D 交流毫伏表具有测量交流电压、电平测试、监视输出等三大功能。交流测量范围是 $100\text{mV} \sim 300\text{V}$、$5\text{Hz} \sim 2\text{MHz}$,分为 1mV、3mV、10mV、30mV、100mV、300mV,1V、3V、10V、30V、100V、300V 共 12 挡,被测电压频率范围为 $10\text{Hz} \sim 2\text{MHz}$。其面板如图 2-31 所示。

交流毫伏表只能在其工作频率范围之内,用来测量正弦交流电压的有效值。为了防止过载而损坏,测量前一般先把量程开关置于量程较大位置上,然后在测量中逐挡减小量程。

1. 开机前的准备工作

(1) 将通道输入端测试探头上的红、黑色鳄鱼夹短接。

(2) 将量程开关置于最高量程(300V)。

2. 操作步骤

(1) 接通 220V 电源,按下电源开关,电源指示灯亮,

图 2-31　DA-16D 交流毫伏表面板

仪器立刻工作。为了保证仪器稳定性,需预热 10s 后使用,开机后 10s 内指针无规则摆动属正常。

(2) 将输入测试探头上的红、黑鳄鱼夹断开后与被测电路并联(红鳄鱼夹接被测电路的正端,黑鳄鱼夹接地端),观察表头指针在刻度盘上所指的位置,若指针在起始点位置基本没动,说明被测电路中的电压甚小,且毫伏表量程选得过高,此时用递减法由高量程向低量程变换,直到表头指针指到满刻度的 2/3 左右。

(3) 准确读数。表头刻度盘上共刻有 4 条刻度。第一条刻度和第二条刻度为测量交流电压有效值的专用刻度,第三条和第四条为测量分贝值的刻度。当量程开关分别选 1mV、10mV、100mV、1V、10V、100V 等不同挡位时,就从第一条刻度读数;当量程开关分别选 3mV、30mV、300mV、3V、30V、300V 时,应从第二条刻度读数(逢 1 就从第一条刻度读数,逢 3 从第二条刻度读数)。例如,将量程开关置 1V 挡,就从第一条刻度读数。若指针指的数字是在第一条刻度的 0.7 处,其实际测量值为 0.7V;若量程开关置 3V 挡,就从第二条刻度读数。若指针指在第二条刻度的 2 处,其实际测量值为 2V。以上举例说明,当量程开关选

在某个挡位,比如,1V挡位,此时毫伏表可以测量外电路中电压的范围是0~1V,满刻度的最大值也就是1V。当用该仪表去测量外电路中的电平值时,就从第三、四条刻度读数,实际测量值的读数方法是,量程数加上指针指示值。

3. 注意事项

(1) 仪器在通电之前,一定要将输入电缆的红黑鳄鱼夹相互短接。防止在仪器通电时,外界干扰信号通过输入电缆进入电路放大后再进入表头将表针打弯。

(2) 当不知被测电路中电压值大小时,必须首先将毫伏表的量程开关置最高量程,然后根据表针所指的范围,采用递减法合理选挡。

(3) 若要测量高电压,输入端黑色鳄鱼夹必须接在"地"端。

(4) 测量前应短路调零。打开电源开关,将测试线(也称开路电缆)的红黑夹子夹在一起,将量程旋钮旋到1mV量程,指针应指在零位(有的毫伏表可通过面板上的调零电位器进行调零,凡面板无调零电位器的,内部设置的调零电位器已调好)。若指针不指在零位,应检查测试线是否断路或接触不良,如有上述情况,应更换测试线。

(5) 交流毫伏表灵敏度较高,打开电源后,在较低量程时由于干扰信号(感应信号)的作用,指针会发生偏转,称为自起现象。所以在不测试信号时应将量程旋钮旋到较高量程挡,以防打弯指针。

(6) 交流毫伏表接入被测电路时,其地端(黑夹子)应始终接在电路的地上(成为公共接地),以防干扰。

(7) 交流毫伏表表盘分为0~1和0~3两种刻度,量程旋钮切换量程分为逢一量程(1mV、10mV、0.1V、……)和逢三量程(3mV、30mV、0.3V、……),凡逢一的量程直接在0~1刻度线上读取数据,凡逢三的量程直接在0~3刻度线上读取数据,单位为该量程的单位,无须换算。

(8) 使用前应先检查量程旋钮与量程标记是否一致,若错位会产生读数错误。

(9) 交流毫伏表只能用来测量正弦交流信号的有效值,若测量非正弦交流信号要经过换算。对于正弦波而言,测量值就是其有效值,对于方波、三角波,利用交流毫伏表得到的测量值并不是其有效值,但是可以根据该值换算得到其有效值。有效值换算公式:有效值=测量值×0.9×波形系数(其中方波波形系数为1,三角波波形系数为1.15)。

(10) 不可用万用表的交流电压挡代替交流毫伏表测量交流电压(万用表内阻较低,用于测量50Hz左右的工频电压)。

2.3.2 AS2173F 交流毫伏表

AS2173F交流毫伏表由微型计算机控制的集成电路及晶体管组成的高稳定度的放大器电路等组成。数值显示采用指针式电表;挡位采用数码开关调节,发光二极管指示。AS2173F交流毫伏表具有自动量程控制、双输入(单放大通道)功能;测量电压的频率范围宽,测量电压灵敏度高;仪器内部装有表头指针保护电路。

1. 工作原理

AS2173F交流毫伏表由输入衰减器、前置放大器、电子衰减器、主放大器、线性检波器、输出放大器、电源及控制电路组成,其结构如图2-32所示。

前置放大器由高输入阻抗及输出阻抗的复合放大器电路构成,输入端还接有过载保护

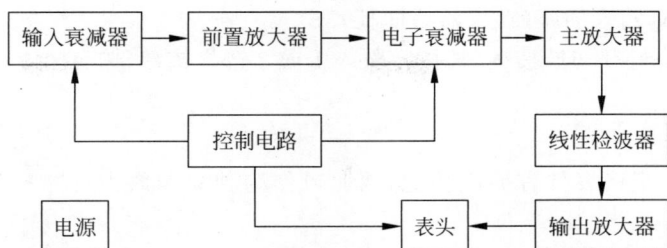

图 2-32　AS2173 交流毫伏表结构

电路。电子衰减器由集成电路构成,受控制电路控制。主放大器由几级宽带低噪声,无相移放大器电路组成,并带有深度负反馈。线性检波电路采用了特殊电路的宽带线性检波电路。控制电路在手动量程挡位时根据数码开关调节量程,正确控制输入衰减器及电子衰减器,并在面板上指示不同的量程挡位。在自动量程挡位时判断输入信号的大小并自动搜索合适的量程挡位,而此时的数码开关调节将不起作用。

2. 主要工作特性

(1) 测量电压范围:$30\mu V\sim300V$,分 13 挡级。

(2) 测量电压频率范围:$10Hz\sim2MHz$。

(3) 测量电平范围:$-90dBV\sim+50dBV$;$-90dBm\sim+52dBm$。

(4) 噪声电压在输入端良好短路时$\leqslant10\mu V$。

(5) 输入特性(以下均不包括双夹线电容)。输入阻抗:在 $1kHz$ 时约 $2M\Omega$;输入电容:$300\mu V\sim100mV/1mV\sim300V$ 挡$\leqslant50pF$;$300mV\sim100V/1V\sim300V$ 挡$\leqslant30pF$。

(6) 正常工作条件。环境温度:$0℃\sim+40℃$;相对湿度:$40\%\sim80\%$;大气压力:$86kPa\sim106kPa$;电源电压:$\sim220V\pm22V/50Hz\pm2Hz$;电源功率:$7VA$。

3. 使用方法

1) 开机之前的准备工作及注意事项

(1) 测量仪器的放置以水平放置为宜(即表面垂直放置)。

(2) 仪器在接通电源前,先观察指针机械零位,如果未在零位上应左右拨动小孔调到零位(如图 2-33 所示)。

(3) 开机 3s 后,量程置于最高挡位 300V。

(4) 测量 30V 以上的电压时,需注意安全。

(5) 所测交流电压中的直流分量不得大于 100V。

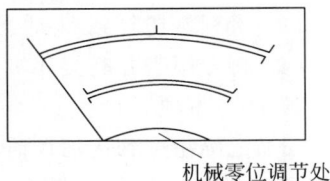

机械零位调节处

图 2-33　机械调零

(6) 量程转换时,由于电容的放电,AS2173F 交流毫伏表的指针有晃动,需待指针稳定后读取数值。

(7) AS2173F 交流毫伏表自动量程挡位时,由于电容器充放电有一个时间常数,在换挡的临界处,指针有晃动,建议使用手动挡位。

2) 面板说明(如图 2-34 所示)

(1) 输入量程旋钮。

(2) 输入插座 2。

(3) 电源开关。

(4) 输入插座 1。

（5）电源 220V 输入插座（在仪器后面板）。

（6）手动/自动量程切换按键（长按）/输入 1 或 2 选择按键（按一下）。

3）其他使用

AS2173F 交流毫伏表具有输出功能，因此可作为独立的放大器使用。

图 2-34　面板说明

（1）当 $300\mu V$ 量程输入时，输出端具有 316 倍的放大（即 50dB）。

（2）当 1mV 量程挡时，具有 100 倍放大（40dB）。

（3）当 3mV 量程挡时，具有 31.6 倍放大（30dB）。

（4）当 10mV 量程挡时，具有 10 倍放大（20dB）。

（5）当 30mV 量程挡时，具有 3.16 倍放大（10dB）。

2.4　数字万用表

2.4.1　概述

数字万用表是一种多用途的电子测量仪器，包含安培表、电压表、欧姆表等功能，有时也称为万用计、多用计、多用电表或三用电表。通常可以测量直流、交流电压，直流、交流电流，电阻、电容、二极管、三极管等。在电子、电气等实际操作中有着重要的用途。

2.4.2　测量方法

1. 直流电压的测量

1）测量步骤

（1）红表笔插入 VΩ 孔。

（2）黑表笔插入 COM 孔。

（3）量程旋钮打到 V-适当位置。

（4）将万用表并联接在被测电路两端，读出显示屏显示的数据。

2）注意事项

（1）把旋钮选到比估计值大的量程挡位，表笔要与被测电路两端并联，保持接触稳定。数值可以直接从显示屏读取。

（2）若显示为"1."，则表明量程太小，需加大量程后再测量。

（3）若在数值左边出现"-"，则表明表笔极性与实际电源极性相反，此时红表笔接的是负极。

2. 交流电压的测量

1）测量步骤

（1）红表笔插入 VΩ 孔。

（2）黑表笔插入 COM 孔。

（3）量程旋钮打到 V～适当位置。

（4）将万用表并联接在被测电路两端，读出显示屏显示的数据。

2）注意事项

（1）表笔插孔与直流电压的测量一样，不过应该将旋钮打到交流挡 V～处所需的量程。

（2）交流电压无正负之分，测量方法与前面相同。

（3）无论是测交流还是直流电压，都要注意人身安全，不要随便用手触摸表笔的金属部分。

3．直流电流的测量

1）测量步骤

（1）黑表笔插入 COM 端口，红表笔插入 mA 或者 10A 端口。

（2）功能旋转开关打至 A-（直流），并选择合适的量程。

（3）断开被测线路，将数字万用表串联接入被测线路中，被测线路中电流从一端流入红表笔，经万用表黑表笔流出，再流入被测线路中。

（4）接通被测电路。

（5）读出 LCD 显示屏显示的数字。

2）注意事项

（1）估计电路中电流的大小。若测量大于 200mA 的电流，则要将红表笔插入 10A 插孔，并将旋钮打到直流 10A 挡；若测量小于 200mA 的电流，则将红表笔插入 mA 插孔，将旋钮打到直流 200mA 以内的合适量程。

（2）将万用表串联接入电路中，保持稳定，即可读数。若显示为"1."，那么就要加大量程；如果在数值左边出现"-"，则表明电流从黑表笔流进万用表。

（3）电流测量完毕后应将红笔插回 VΩ 孔（若忘记这一步而直接测电压，万用表会被烧坏）。

4．交流电流的测量

1）测量步骤

（1）黑表笔插入 COM 端口，红表笔插入 mA 或者 10A 端口。

（2）功能旋转开关打至 A～（交流），并选择合适的量程。

（3）断开被测线路，将数字万用表串联接入被测线路中。

（4）接通被测电路。

（5）读出 LCD 显示屏显示的数字。

2）注意事项

（1）测量方法与直流相同，不过挡位应该打到交流挡位。

（2）如果使用前不知道被测电流范围，将功能开关置于最大量程并逐渐下降。

（3）如果显示器只显示"1."，表示过量程，功能开关应置于更高量程。

（4）电流测量完毕后应将红笔插回 VΩ 孔（若忘记这一步而直接测电压，万用表会被烧坏）。

5．电阻的测量

1）测量步骤

（1）红表笔插入 VΩ 孔，黑表笔插入 COM 孔。

（2）量程旋钮打到 Ω 量程挡位适当位置。

（3）分别用红、黑表笔接到电阻两端金属部分。

（4）读出显示屏显示的数据。

2) 注意事项

(1) 量程的选择和转换。量程选小了,显示屏上会显示"1.",此时应换用较大的量程;反之,量程选大了,显示屏会显示一个接近 0 的数,此时应换用较小的量程。

(2) 读数。显示屏显示的数字再加上边挡位选择的单位就是它的读数。需要提醒的是,在 200 挡位时单位是 Ω,在 2k~200k 挡位时单位是 kΩ,在 2M~2000M 挡位时单位是 MΩ。对于大于 1MΩ 的电阻,要几秒后读数才能稳定,这是正常的。

(3) 当检查被测线路的阻抗时,要保证移开被测线路中的所有电源和电容。被测线路中,如果有电源和储能元件,会影响线路阻抗测试的正确性。

6. 电容的测量

1) 测量步骤

(1) 将电容两端短接,对电容进行放电,确保数字万用表的安全。

(2) 将功能旋转开关打至电容 F 或者 ┤├ 测量挡位,并选择合适的量程。

(3) 将电容插入万用表 CX 插孔。

(4) 读出 LCD 显示屏显示的数字。

2) 注意事项

(1) 测量前电容需要放电,否则容易损坏万用表。

(2) 测量后也要放电,避免埋下安全隐患。

(3) 仪器本身已对电容挡位设置了保护,故在电容测试过程中不用考虑极性及电容充放电等情况。

(4) 测量大电容时稳定读数需要一定的时间。

7. 二极管的测量

1) 测量步骤

(1) 红表笔插入 VΩ 孔,黑表笔插入 COM 孔。

(2) 转盘打在(──▷├──)挡。

(3) 红表笔接二极管正,黑表笔接二极管负。

(4) 读出 LCD 显示屏显示的数字。

(5) 两个表笔换位,若显示屏显示为 1,则表示二极管正常;否则此管被击穿。

2) 注意事项

二极管正负好坏判断。红表笔插入 VΩ 孔,黑表笔插入 COM 孔,转盘打在(──▷├──)挡位,然后颠倒表笔再测一次。测量结果如下:如果两次测量的结果是:一次显示 1 字样,另一次显示零点几的数字,那么此二极管就是一个正常的二极管,假如两次显示都相同,那么此二极管已经损坏。显示屏上显示的一个数字即是二极管的正向压降,硅材料约为 0.6V,锗材料约为 0.2V。根据二极管的特性,可以判断此时红表笔接的是二极管的正极,而黑表笔接的是二极管的负极。

8. 三极管的测量

1) 测量步骤

(1) 红表笔插入 VΩ 孔,黑表笔插入 COM 孔。

(2) 转盘打在(──▷├──)挡。

(3) 找出三极管的基极 b。

（4）判断三极管的类型（PNP 或者 NPN）。

（5）转盘打在 hFE 挡。

（6）根据类型插入 PNP 或 NPN 插孔测量 β。

（7）读出显示屏显示的 β 值。

2）注意事项

e、b、c 管脚的判定：表笔插位同上，其原理同二极管。先假定 A 脚为基极，用黑表笔与该脚相接，红表笔分别接触其他两脚，若两次读数均为 0.7V 左右，然后再用红笔接 A 脚，黑笔接触其他两脚，若均显示 1，则 A 脚为基极，否则需要重新测量，且此管为 PNP 管。再利用"hFE"挡进行集电极和发射极的判断：先将挡位打到"hFE"挡，可以看到挡位旁有一排小插孔，分为 PNP 和 NPN 管的测量。前面已经判断出管型，将基极插入对应管型 b 孔，其余两脚分别插入 c、e 孔，此时可以读取数值，即 β 值，再固定基极，其余两脚对调，比较两次读数，读数较大的管脚位置与表面 c、e 相对应。

2.4.3　数字万用表使用注意事项

使用数字万用表时应注意以下事项。

（1）如果无法预先估计被测电压或电流的大小，则应先拨至最高量程挡测量一次，再视情况逐渐把量程减小到合适位置。测量完毕，应将量程开关拨到最高电压挡，并关闭电源。

（2）满量程时，仪表仅在最高位显示数字 1，其他位均消失，这时应选择更高的量程。

（3）测量电压时，应将数字万用表与被测电路并联。测电流时应与被测电路串联，测直流量时不必考虑正、负极性。

（4）当误用交流电压挡去测量直流电压，或者误用直流电压挡去测量交流电时，显示屏将显示 000，或低位上的数字出现跳动。

（5）禁止在测量高电压（220V 以上）或大电流（0.5A 以上）时换量程，以防止产生电弧，烧毁开关触点。

（6）当万用表的电池电量即将耗尽时，液晶显示器左上角会显示电池符号，此时电量不足，若仍进行测量，测量值会比实际值偏高。

2.5　实验 1　常用电子仪器的使用 A

2.5.1　实验目的

（1）学习电子电路实验中常用的电子仪器——示波器、函数信号发生器、直流稳压电源、交流毫伏表、万用表的主要技术指标、性能及正确使用方法。

（2）初步掌握用双踪示波器观察正弦信号波形和读取波形参数的方法。

2.5.2　实验仪器和设备

（1）函数信号发生器。

（2）数字示波器。

（3）交流毫伏表。

（4）数字万用表。

2.5.3　实验原理

电路和电子实验中要对各种电子仪器(示波器、函数信号发生器、直流稳压电源、交流毫伏表和万用电表)进行综合使用,可按照信号流向,基于连线简洁、调节顺手、观察与读数方便等原则进行合理布局,各仪器与被测实验装置之间的布局与连接如图 2-35 所示。接线时应注意,为防止外界干扰,各仪器的公共接地端应连接在一起,称作共地。信号源和交流毫伏表的引线通常用屏蔽线或专用电缆线,示波器接线使用专用电缆线,直流电源的接线用普通导线。

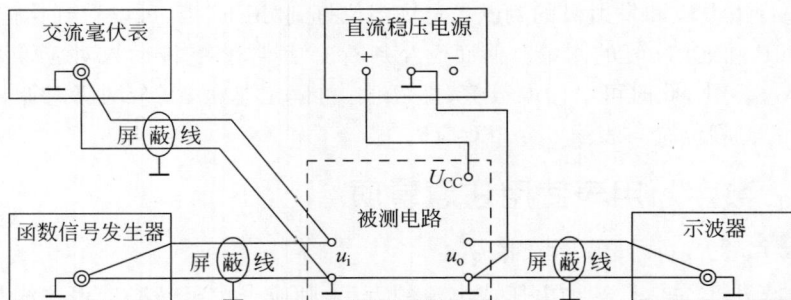

图 2-35　模拟电子电路中常用的电子仪器布局

2.5.4　实验内容和步骤

1. 用机内校正信号对示波器进行自检

(1) 接通电源后,仪器将执行所有自检项目,自检通过后出现开机画面。按 Storage 按键,选择"存储类型",旋转多功能旋钮选中"出厂设置"菜单并按下多功能旋钮,此时按"调出"菜单即可。

(2) 用示波器探头将信号接入通道 1(CH1)、将探头连接器上的插槽对准 CH1 同轴电缆插接件上的插口并插入,然后向右旋转以拧紧探头,完成探头与通道的连接后,将数字探头上的开关设定为×1。

(3) 示波器需要输入探头衰减系数。此衰减系数将改变仪器的垂直挡位比例,以使得测量结果正确反映被测信号的电平(默认的探头菜单衰减系数设定值为1×)。

设置探头衰减系数的方法如下,按 CH1 功能键显示通道 1 的操作菜单,应用与探头项目平行的 3 号菜单操作键,选择与使用的探头同比例的衰减系数。

(4) 把探头端部和接地夹接到探头补偿器的连接器上,按 AUTO(自动设置)按键,几秒内,可见到方波显示。

(5) 读取 CH1 自检信号,并填写表 2-2。

表 2-2　CH1 自检信号

	标　准　值	实　测　值
幅度 $U_{\text{P-P}}/\text{V}$		
频率 f/kHz		

(6) 用同样的方法读取 CH2 自检信号,并填写表 2-3。

表 2-3　CH2 自检信号

	标　准　值	实　测　值
幅度 $U_{P\text{-}P}$/V		
频率 f/kHz		

2. 用示波器和交流毫伏表测量信号参数

调节函数信号发生器有关旋钮,使输出频率分别为 $100\,\text{Hz}$、$1\,\text{kHz}$、$10\,\text{kHz}$、$100\,\text{kHz}$,有效值均为 1V(交流毫伏表测量值)的正弦波信号。

用波器观察信号并测量信号源输出电压频率及峰-峰值,记入表 2-4 中。

表 2-4　正弦波信号测量

信号电压频率 (信号发生器读数)	示波器测量值		信号电压 毫伏表读数/V	示波器测量值	
	周期/ms	频率/Hz		峰-峰值/V	有效值/V
100Hz					
1kHz					
10kHz					
100kHz					

3. 测量两波形间的相位差

1) 电路连接

按图 2-36 连接实验电路,将函数信号发生器的输出电压调至频率为 1kHz,幅值为 2V 的正弦波,经 RC 移相网络获得频率相同但相位不同的两路信号 u_i 和 u_R,分别加到示波器的 CH1 和 CH2 输入端。

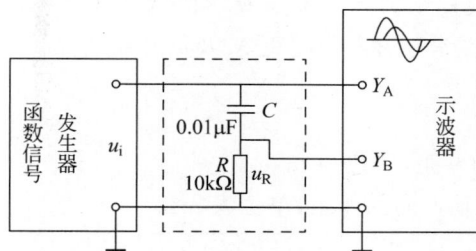

图 2-36　两波形间的相位差测量电路

2) 电路原理

这是一个 RC 串联移相网络,网络的输入电压 $\dot{U}_i$,流过电路的电流 $\dot{I}$,电容 C 两端的电压 $\dot{U}_C$,电阻 R 两端的电压 $\dot{U}_R$,如图 2-37(a)所示。流过电阻的电流 $\dot{I}$ 与电阻两端的电压 $\dot{U}_R$ 同相位,流过电容的电流 $\dot{I}$ 相位超前电容两端的电压 $\dot{U}_C$ 相位 $\dfrac{\pi}{2}$,电路中的电压和电流的相量关系如图 2-37(b)所示,对应的阻抗三角形如图 2-37(c)所示。

电压 $\dot{U}_i$ 与 $\dot{U}_R$ 之间的夹角

$$\theta = \arccos \frac{U_R}{U_i} \tag{2-1}$$

通过阻抗三角形可知

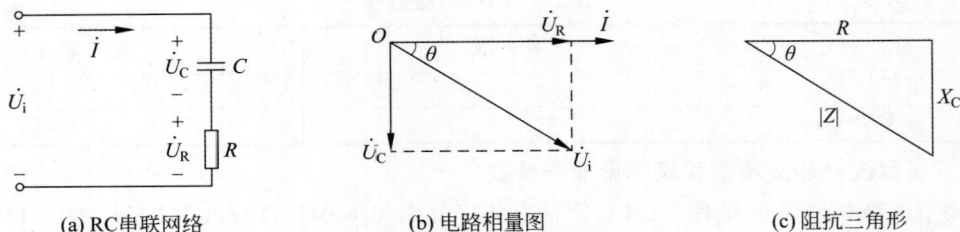

(a) RC串联网络　　　　　　　(b) 电路相量图　　　　　　　(c) 阻抗三角形

图 2-37　RC 串联移相网络

$$\theta = \arccos \frac{R}{|Z|} = \arccos \frac{R}{\sqrt{R^2 + X_C^2}} \qquad (2\text{-}2)$$

其中, $X_C = \dfrac{1}{2\pi fC}$, $|Z| = \sqrt{X_C^2 + R^2}$。

3) 操作步骤

(1) 选择手动测量模式。按键操作顺序为 Cursor→光标模式→手动。

(2) 选择光标类型。根据需要测量的参数选择 X 光标。选择 X 光标类型时, 屏幕上将出现一对垂直光标 CurA 和 CurB, 通过转动多功能旋钮(🔄)改变光标的位置, 将获得相应波形处的时间值及差值。

(3) 选择被测信号通道。根据被测信号的输入通道不同, 选择 CH1 或 CH2。

(4) 移动光标以调整光标间的增量(CurA: 旋转多功能旋钮(🔄)使光标 A 左右移动; CurB: 旋转多功能旋钮(🔄)使光标 B 左右移动)。

(5) 调节示波器, 在荧屏上显示出易于观察的两个相位不同的正弦波形 u_i 和 u_R, 如图 2-38 所示, 根据两波形在水平方向的差距 X 及信号周期 X_T, 可求得两波形相位差。

$$\theta = \frac{X}{X_T} \times 360°$$

式中: X_T——一个周期的差距, 单位为 ms;

X——两波形在 X 轴方向的差距, 单位为 ms。

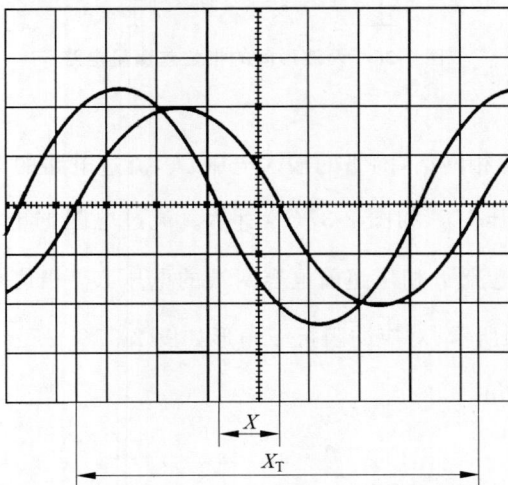

图 2-38　双踪示波器显示两相位不同的正弦波

记录两波形的相位差于表 2-5。

表 2-5 两波形的相位差

一个周期/ms	两波形 X 轴差距/ms	相 位 差	
		实测值	计算值
$X_\mathrm{T}=$	$X=$	$\theta=$	$\theta=$

2.5.5 实验报告要求

实验报告应包括实验目的、实验仪器、实验原理、实验内容、实验步骤、实验数据及分析、实验思考题和实验总结等内容。

2.5.6 思考题

（1）如何操纵示波器有关旋钮，以便从示波器显示屏观察到稳定、清晰的波形？

（2）函数信号发生器有哪几种输出波形？它的输出端能否短接？

（3）交流毫伏表是用来测量正弦波电压还是非正弦波电压的？它的表头指示值是被测信号的什么数值？它是否可以用来测量直流电压的大小？

2.5.7 预习要求

（1）阅读有关示波器、函数信号发生器和交流毫伏表部分内容。

（2）已知 $C=0.01\mu\mathrm{F}$、$R=10\mathrm{k}\Omega$，计算图 2-37 中 RC 移相网络的阻抗角 θ。

2.6 实验 2 常用电子仪器的使用 B

2.6.1 实验目的

（1）学习电子电路实验中常用的电子仪器——示波器和函数信号发生器的主要技术指标、性能及正确使用方法。

（2）初步掌握用双踪示波器观察正弦信号波、矩形信号波和三角信号波并读取波形参数的方法。

2.6.2 实验仪器和设备

（1）函数信号发生器。

（2）数字示波器。

2.6.3 实验原理

示波器是能够把电信号的变化规律转换成可直接观察其波形的电子仪器，并且根据信号的波形可以对电信号的多种参量进行测量，如信号的电压幅度、周期、频率、相位差、脉冲宽度等；函数信号发生器采用了中央处理器（CPU）控制面板的操作方式，具有友好的人机对话界面，信号发生器可以输出不同频率和幅值的正弦波信号、三角波信号和方波信号。

电路和电子实验中经常要对示波器和函数信号发生器进行使用。可按照信号流向，基于连线简捷、调节顺手、观察与读数方便等原则进行合理布局,仪器之间的连接如图 2-39 所示。接线时应注意,为防止外界干扰,各仪器的公共接地端应连接在一起,称为共地。信号源的引线通常用屏蔽线或专用电缆线,示波器接线使用专用电缆线。

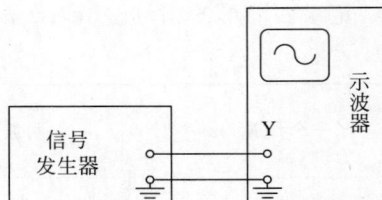

图 2-39 信号发生器与示波器连接图

2.6.4 实验内容和步骤

1. 用机内校正信号对示波器进行自检

(1) 接通电源后,仪器将执行所有自检项目,自检通过后出现开机画面。

(2) 用示波器探头将信号接入通道 1(CH1):将探头连接器上的插槽对准 CH1 同轴电缆插接件上的插口并插入,然后向右旋转以拧紧探头,完成探头与通道的连接后,将数字探头上的开关设定为×1(示波器探头菜单衰减系数与探头上的开关设定要保持一致设定为1×)。

(3) 把探头端部和接地夹接到探头补偿器的连接器上。按 AUTO(自动设置)按键。几秒内,可见到方波显示。

(4) 读取 CH1 自检信号,并填写表 2-6。

表 2-6 CH1 自检信号

	标准值	实测值	相对误差%
幅度 $U_{P\text{-}P}$/V	3.04		
频率 f/kHz	1.00		

(5) 用同样的方法读取 CH2 自检信号,并填写表 2-7。

表 2-7 CH2 自检信号

	标准值	实测值	相对误差%
幅度 $U_{P\text{-}P}$/V	3.04		
频率 f/kHz	1.00		

2. 用示波器测量信号参数

(1) 按图 2-39 所示进行仪器间的连线:示波器测试探头的黑鳄鱼夹接信号发生器输出的黑鳄鱼夹,示波器探头勾接信号发生器输出端红鳄鱼夹。

(2) 信号发生器的"波形选择"选正弦波,频率置于 1kHz,幅值调至 $1.0V_{P\text{-}P}$。

(3) 接通示波器电源,按 AUTO 按键,这时示波器上能看见正弦波。

(4) 调节函数信号发生器有关旋钮,使输出频率分别为 100Hz、1kHz、10kHz、100kHz,幅度为 $1.0V_{P\text{-}P}$ 的正弦波信号。用示波器观察和测量信号,并记入表 2-8 中。

表 2-8 正弦波信号测量

信号频率/电压 (信号发生器读数)	示波器测量值				示波器波形显示图片
	周期/ms	频率/Hz	峰-峰值/V	有效值/V	
$100Hz/1.0V_{P\text{-}P}$					
$1kHz/1.0V_{P\text{-}P}$					
$10kHz/1.0V_{P\text{-}P}$					
$100kHz/1.0V_{P\text{-}P}$					

（5）信号发生器的"波形选择"选方波，调节函数信号发生器有关旋钮，使输出频率和幅值分别为 $100Hz/0.5V_{P-P}$、$1kHz/1.0V_{P-P}$、$10kHz/2.0V_{P-P}$、$100kHz/3.0V_{P-P}$ 的方波信号。用示波器观察和测量信号，并记入表 2-9 中。

表 2-9　方波信号测量

信号频率/电压（信号发生器读数）	示波器测量值				示波器波形显示图片
	周期/ms	频率/Hz	峰-峰值/V	有效值/V	
$100Hz/0.5V_{P-P}$					
$1kHz/1.0V_{P-P}$					
$10kHz/2.0V_{P-P}$					
$100kHz/3.0V_{P-P}$					

（6）信号发生器的"波形选择"选三角波，调节函数信号发生器有关旋钮，使输出频率和幅值分别为 $100Hz/0.5V_{P-P}$、$1kHz/1.0V_{P-P}$、$10kHz/2.0V_{P-P}$、$100kHz/3.0V_{P-P}$ 的三角波信号。用示波器观察和测量信号，并记入表 2-10 中。

表 2-10　三角波信号测量

信号频率/电压（信号发生器读数）	示波器测量值				示波器波形显示图片
	周期/ms	频率/Hz	峰-峰值/V	有效值/V	
$100Hz/0.5V_{P-P}$					
$1kHz/1.0V_{P-P}$					
$10kHz/2.0V_{P-P}$					
$100kHz/3.0V_{P-P}$					

2.6.5　实验报告要求

实验报告应包括实验目的、实验仪器、实验原理、实验内容、实验步骤、实验数据及分析、实验思考题和实验总结等内容。

2.6.6　思考题

（1）如何操纵示波器有关旋钮，以便从示波器显示屏观察到稳定、清晰的波形？

（2）函数信号发生器有哪几种输出波形？它的输出端能否短接？

2.6.7　预习要求

阅读有关示波器、函数信号发生器部分内容。

第 3 章

电 路 实 验

3.1 TKDL-1 型电路原理实验箱介绍

TKDL-1 型电路原理实验箱是专为电路原理课程而配套设计的。它集实验模块、直流毫安表、稳压源、恒流源于一体,结构紧凑,性能稳定可靠,实验灵活方便,有利于培养学生的动手能力。

TKDL-1 型电路原理实验箱如图 3-1 所示,主要配置及性能特点如下。

图 3-1　TKDL-1 型电路原理实验箱

(1) 实验板母板由 2mm 厚印制线路板制成,正面印有元器件图形符号及相应的连线,反面为印制线路和焊好的相关的元器件等。

(2) 直流稳压电源提供 ±12V/0.5A、0~30V/0.5A 共三路,其中 0~30V 电源分为 0~10V、10~20V、20~30V 三挡,每挡均连续可调,每路电源均有短路保护自动恢复功能。

（3）直流恒流源输出 0～200mA，量程分为 2mA、20mA、200mA 三挡，每挡均连续可调。

（4）直流数字毫安表，测量范围为 0～200mA，量程分为 2mA、20mA、200mA 三挡，直键开关切换，三位半数显，精度为 0.5 级。

（5）保护箱为高强度铝合金箱，有把手，造型美观、大方。

（6）备有实验连接线。

3.2　实验 1　电路元件伏安特性的测绘

3.2.1　实验目的

（1）学会识别常用电路元件的方法。

（2）掌握线性电阻元件伏安特性的逐点测试法。

（3）掌握常用直流电工仪表和设备的使用方法。

3.2.2　实验仪器和设备

（1）电路实验箱一台。

（2）万用表一块。

（3）2AP9 二极管一个。

（4）2CW51 稳压管一个。

（5）不同阻值线性电阻器若干。

3.2.3　实验原理

任何一个电器二端元件的特性可用该元件的端电压 U 与通过该元件的电流 I 之间的函数关系 $I=f(U)$ 来表示，即用 I-U 平面上的一条曲线来表征，这条曲线称为该元件的伏安特性曲线。

（1）线性电阻器的伏安特性曲线是一条通过坐标原点的直线，如图 3-2 中曲线 a 所示，该直线的斜率等于该电阻器的电阻值。

（2）一般的白炽灯在工作时灯丝处于高温状态，其灯丝电阻随着温度的升高而增大，通过白炽灯的电流越大，其温度越高，阻值也越大，一般灯泡的"冷电阻"与"热电阻"的阻值可相差几倍至十几倍，所以它的伏安特性如图 3-2 中曲线 b 所示。

（3）一般的半导体二极管是一个非线性电阻元件，其伏安特性如图 3-2 中曲线 c 所示。正向压降很小（一般的锗管为 0.2～0.3V，硅管为 0.5～0.7V），正向电流随正向压降的升高而急骤上升，而反向电压从零一直增加到十几至几十伏时，其反向电流增加很小，可粗略地视为零。可见，二极管具有单向导电性，但反向电压加得过高，超过二极管的极限值，则会导致二极管击穿损坏。

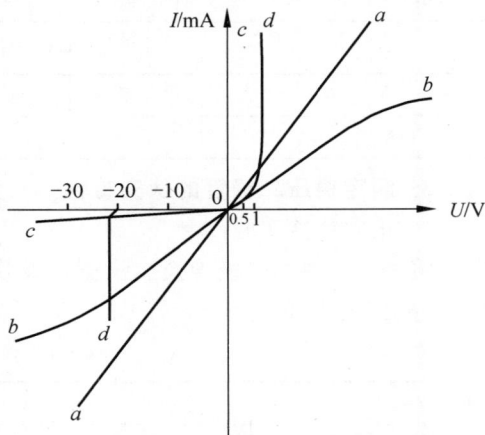

图 3-2　4 种元件的伏安特性曲线

(4) 稳压二极管是一种特殊的半导体二极管,其正向特性与普通二极管类似,但其反向特性比较特别,如图 3-2 中曲线 d 所示。在反向电压开始增加时,其反向电流几乎为零,但当电压增加到某一数值时(称为二极管的稳压值,有各种不同稳压值的稳压管)电流将突然增加,以后它的端电压将基本维持恒定,当外加的反向电压继续升高时其端电压仅有少量增加。

注意:流过二极管或稳压二极管的电流不能超过其极限值,否则二极管就会被烧坏。

3.2.4 实验内容和步骤

1. 测定线性电阻器的伏安特性

按图 3-3 接线,调节稳压电源的输出电压 U,从 0V 开始缓慢地增加,一直到 10V,在表 3-1 记下相应的电压表和电流表的读数 U_R 和 I。

表 3-1 测定线性电阻的伏安特性

U_R/V	0	1	2	3	4	5	6	7	8	9	10
I/mA											

2. 测定半导体二极管的伏安特性

按图 3-4 接线,R 为限流电阻器。测二极管的正向特性时,其正向电流不得超过 35mA,二极管 D 的正向压降 U_{D+} 取值范围为 0～0.75V,在 0.5～0.75V 应多取几个测量点。测反向特性时,只需将图 3-4 中的二极管 D 反接,且其反向电压 U_{D-} 可加到 30V。在表 3-2 和表 3-3 中记下相应的数值。

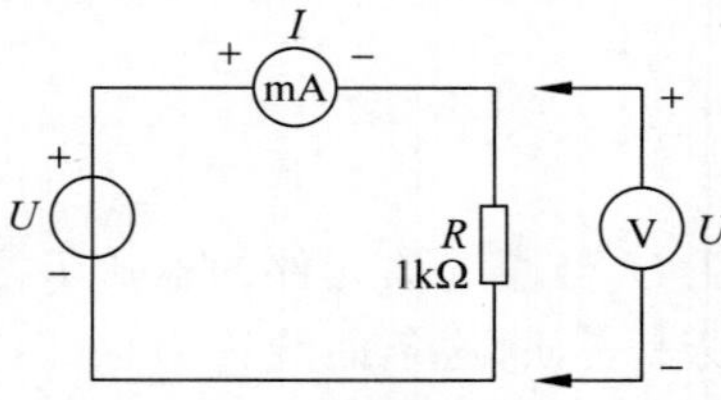

图 3-3 线性电阻伏安特性测试

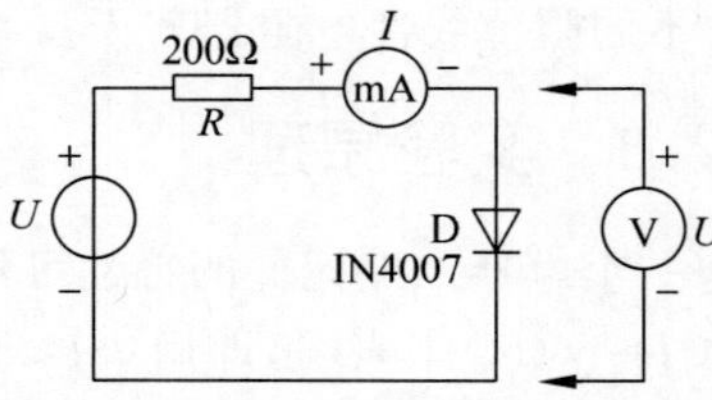

图 3-4 二极管伏安特性测试

表 3-2 测定二极管的正向特性

U_{D+}/V	0	0.2	0.4	0.45	0.5	0.55	0.60	0.65	0.70	0.75
I/mA										

表 3-3 测定二极管的反向特性

U_{D-}/V	0	-5	-10	-15	-20	-25	-30
I/mA							

3. 测定稳压二极管的伏安特性

1) 正向特性实验

将图 3-4 中的二极管换成稳压二极管,重复实验内容 2 中的正向测量。U_{D+} 为正向施压,数据记入表 3-4。

表 3-4 测定稳压管的正向特性

U_{D+}/V	0	0.2	0.3	0.4	0.45	0.5	0.55	0.6	0.65	0.7	0.75
I/mA											

2) 反向特性实验

将稳压二极管的方向倒转,重复实验内容 2 中的反向测量。U_{D-} 为反向施压,数据记入表 3-5。

表 3-5 测定稳压管的反向特性

U/V	0	1	2	3	4	5	8	10	12	18	20
U_{D-}/V											
I/mA											

3.2.5 实验报告要求

整理测试结果,绘制线性电阻、半导体二极管、稳压二极管的伏安特性曲线。

3.2.6 思考题

(1) 用什么样的方法能更精确地绘制各元器件的伏安特性曲线?

(2) 怎样判断半导体二极管和稳压二极管的好坏?

3.2.7 实验注意事项

(1) 测二极管正向特性时,稳压电源输出应由小至大逐渐增加,应时刻注意电流表读数不得超过 25mA,稳压源输出端切勿碰线短路。

(2) 进行不同实验时,应先估算电压值和电流值,合理选择仪表的量程,勿超仪表量程,仪表的极性不可接错。

3.3 实验 2 戴维南定理——有源二端网络等效参数的设定

3.3.1 实验目的

(1) 验证戴维南定理的正确性。

(2) 掌握测量有源二端网络等效参数的一般方法。

3.3.2 实验仪器和设备

(1) 电路实验箱一台。

(2) 万用表一块。

3.3.3 实验原理

1. 戴维南定理

戴维南定理指出:任何一个有源二端网络,对外电路来说,总可以用一个电压源 U_S 和一个电阻 R_S 的串联组合等效置换,此电压源的电压等于一端口的开路电压 U_{OC},电阻等于一端口的全部电源置零后的输入电阻 R_O,其等效转换示意图如图 3-5 所示。

2. 有源二端网络等效参数的测量方法

1) 开路电压法,短路电流法

在有源二端网络输出端开路时,用电压表直接测其输出端的开路电压 U_{OC},然后将其输出端短路,测其电路端口处电流 I_{SC},其内阻 $R_S = U_{OC}/I_{SC}$。

2)伏安法

当有源二端网络的外负载变化时,端口处电流与电压之间的关系称为有源二端网络的外特性。用电压表、电流表可测出有源二端网络的外特性曲线,如图 3-6 所示。有源二端网络的开路电压为 U_{OC},短路电流为 I_{SC},由外特性曲线可求出斜率 $\tan\alpha$,则内阻 $R_S = \tan\alpha = \dfrac{\Delta U}{\Delta I}$。

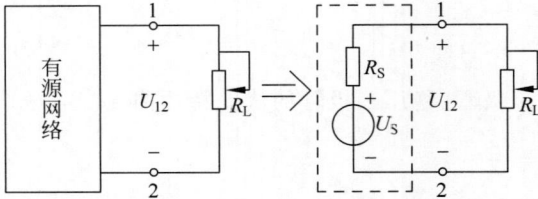

图 3-5 戴维南定理的等效转换示意图

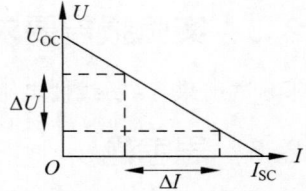

图 3-6 伏安法测等效有源二端
网络的外特性曲线

3)半电压法

当负载电压为被测网络开路电压的一半时,负载电阻即为被测有源二端网络的等效内阻值,如图 3-7 所示。

4)零示法

电路如图 3-8 所示,在等效具有高内阻有源二端网络时用零示法。其方法是用一个低内阻的稳压电源与被测有源二端网络进行比较,当稳压电源的输出电压与有源二端网络的开路电压相等时,电压表的读数将为 0,然后将电路断开,测量此时稳压电源的输出电压,即为被测有源二端网络的开路电压。

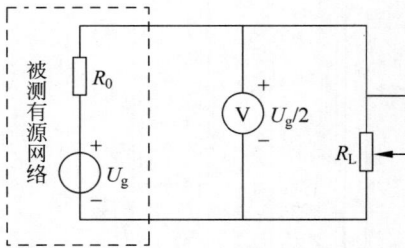

图 3-7 半电压法测等效有源二端网络的内阻值

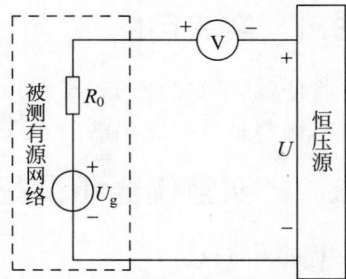

图 3-8 零示法测等效有源二端网络的开路电压

3.3.4 实验内容和步骤

1. 步骤 1

依照接线图 3-9 所示,将稳压电源调至 $U_S = 12\text{V}$,断开 R_L 测 A、B 两点间 U_{AB} 即为开路电压 U_{OC},再短接 R_L 测短路电流 I_{SC},则 $R_0 = \dfrac{U_{OC}}{I_{SC}}$。把数据记入表 3-6 并计算内阻 R_0。

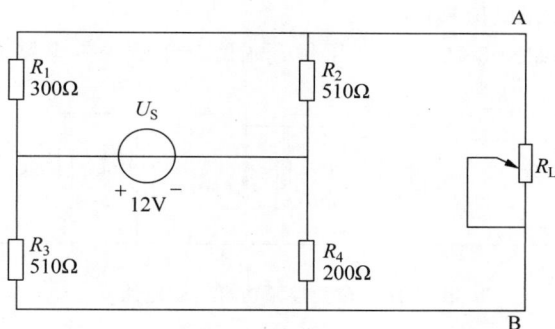

图 3-9　测量戴维南等效内阻

表 3-6　由开路电压和短路电流计算内阻值

U_{OC}/V	I_{SC}/mA	$R_0 = \dfrac{U_{OC}}{I_{SC}}/k\Omega$

2. 负载实验(步骤 2)

按表 3-7 改变 R_L 阻值,测量有源二端网络的输出电压 U 和电流 I。

表 3-7　负载实验

R_L/Ω	1000	800	600	400	200	0
U/V						
I/mA						

3. 验证戴维南定理

将 1kΩ 可变电阻器的阻值调整到等于按步骤 1 所得的等效电阻 R_0 值,然后令其与直流稳压电源(调到步骤 1 所测得的开路电压 U_{OC} 的值)相串联,仿照步骤 2 测其特性,对戴维南定理进行验证,将数据记录到表 3-8 中。

表 3-8　验证戴维南定理

R_L/Ω	1000	800	600	400	200	0
U/V						
I/mA						

4. 测量有源二端网络等效电阻(又称入端电阻)的其他方法

将被测有源网络内的所有独立源置零(将电流源开路,电压源短路),用万用表的欧姆挡去测负载 R_L 开路后 A、B 两点间的电阻,即为被测网络的等效内阻 R_{eq} 或称网络的输入端电阻 R_0。

3.3.5　实验报告要求

整理测试结果,绘出原电路的戴维南等效电路,说明为什么两者是等效的。

3.3.6　思考题

(1)戴维南等效是指外电路的等效还是内电路的等效,为什么?

(2)如果电路中含有受控源,是否也能用戴维南等效法去化简电路?

（3）利用 Multisim 完成仿真调试。

绘制含受控源电路如图 3-10 所示。用仿真求解其诺顿等效电路。

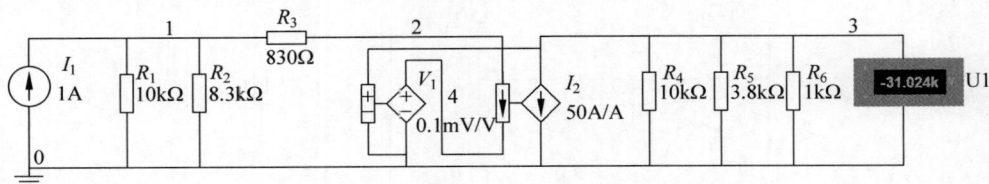

图 3-10　含受控源仿真实验电路

将独立源置零后，测量电路的等效电阻，如图 3-11 所示。

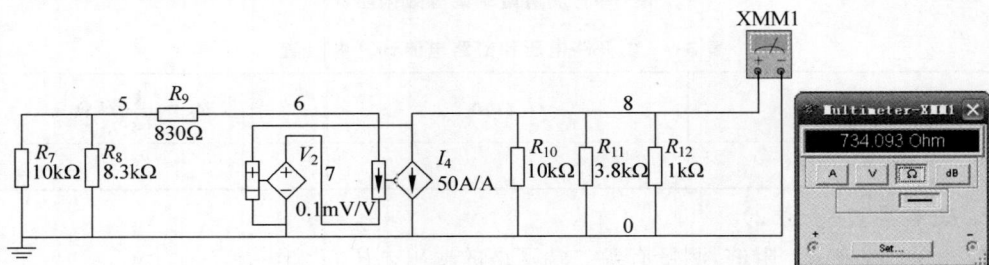

图 3-11　实验电路的等效电阻

恢复独立源，将输出端短路，测量短路电流，如图 3-12 所示。

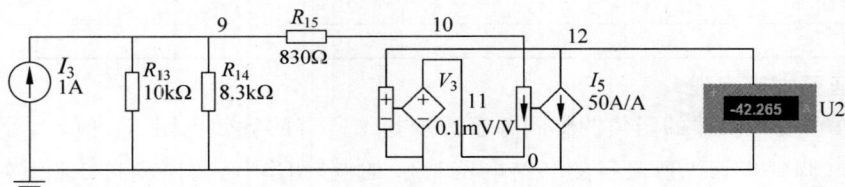

图 3-12　实验电路的短路电流

由此可知，实验电路的诺顿等效电路为一个 42.3A 的电流源和一个 734Ω 的电阻并联。

思考题：如何仿真证明上述诺顿等效电路的有效性？

3.3.7　实验注意事项

（1）测量时及时更换电流表的量程。

（2）电压源短路时不可将稳压源短接。

（3）用万用表直接测 R_0 时，网络内的独立源必须先置零，以免损坏万用表，其次，测量前欧姆挡必须调零。

（4）改接线路时，要关掉电源，更改完毕，确认无误后，再打开电源。

3.4　实验 3　叠加原理的验证

3.4.1　实验目的

（1）验证线性电路叠加原理的正确性，从而加深对线性电路的叠加性和齐次性的认识和理解。

（2）掌握测量有源二端网络等效参数的一般方法。

3.4.2　实验仪器和设备

（1）电路实验箱一台。

（2）万用表一块。

3.4.3　实验原理

叠加原理指出：在有几个独立源共同作用下的线性电路中，通过每个元件的电流或其两端的电压，可以看成由每个独立源单独作用时在该元件上产生的电流或电压的代数和。

由叠加定理推广得知：当电路中只有一个激励（独立电源）时，响应与激励成正比，即当激励信号（某独立源的值）增加或减少 K 倍时，电路的响应（即在电路其他各电阻元件上所建立的电流和电压值）也将增加或减少 K 倍。只有线性电路才具有叠加性和齐次性，非线性电路不具有这两个性质。

3.4.4　实验内容和步骤

（1）按图 3-13 所示电路接线，$E1$ 为 $+12V$ 切换电源，$E2$ 为可调直流稳压电源，调至 $+6V$。

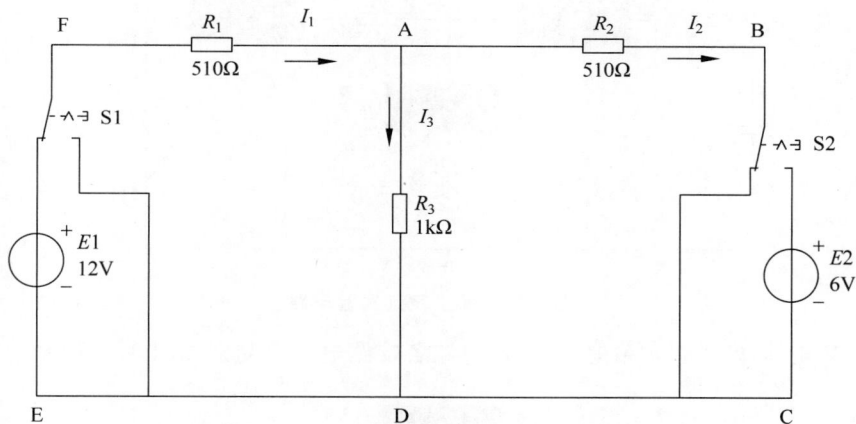

图 3-13　叠加原理实验电路图

（2）令 $E1$ 电源单独作用时（将开关 S1 投向 $E1$ 侧，开关 S2 投向短路侧），用直流数字电压表和毫安表（接电流插头）测量各支路电流及电阻元件两端电压。

（3）令 $E2$ 电源单独作用时（将开关 S1 投向短路侧，开关 S2 投向 $E2$ 侧），重复实验步骤 2 的测量和记录。

（4）令 $E1$ 和 $E2$ 共同作用时（开关 S1 和 S2 分别投向 $E1$ 和 $E2$ 侧），重复上述的测量和记录。

（5）将 $E2$ 的数值调至 $+12V$，重复第 3 步的测量并记录。

（6）将以上所有数据记录在表 3-9 中。

表 3-9　叠加原理实验数据记录

实验内容	测量项目									
	$E1/V$	$E2/V$	I_1/mA	I_2/mA	I_3/mA	U_{AB}/V	U_{FA}/V	U_{AD}/V	U_{DB}/V	U_{EA}/V
$E1$ 单独作用										
$E2$ 单独作用										
$E1$、$E2$ 共同作用										
$2E2$ 单独作用										

3.4.5　实验报告要求

整理测试结果,根据叠加原理绘出实验电路的拆分电路,说明为什么叠加原理是成立的。

3.4.6　思考题

(1) 对于非线性电路,是否也可应用叠加原理,为什么?

(2) 元件的关联参考方向在叠加原理中起到什么作用?

(3) 利用 Multisim 做仿真调试

绘制包含两个独立源的叠加定理电路如图 3-14 所示。用仿真验证叠加定理。

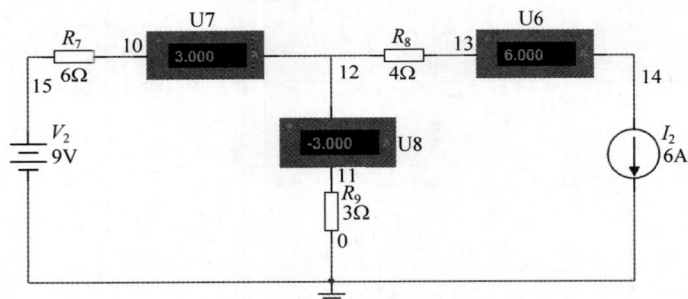

图 3-14　叠加定理实验电路

保留 9V 电压源,开路 6A 电流源,原电路各支路电流值测试如图 3-15 所示。

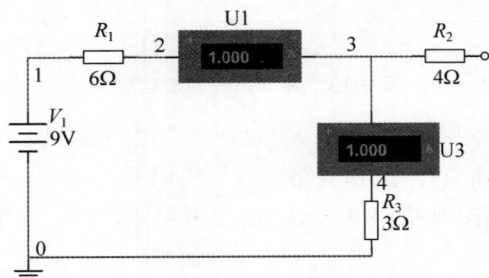

图 3-15　电流源开路后的测试值

短路 9V 电压源,保留 6A 电流源,原电路各支路电流值测试如图 3-16 所示。由图 3-15 和图 3-16 各支路电流叠加等于图 3-14 各支路电流对应值可知,叠加定理验证成功。

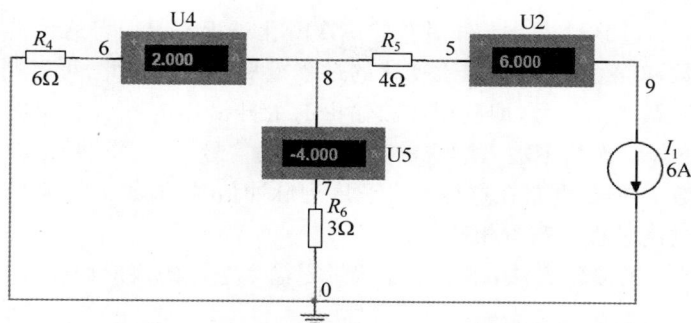

图 3-16 电压源短路后的测试值

3.4.7 实验注意事项

（1）测量各支路电流时，应注意仪表的极性以及数据表格中＋、－号的记录。

（2）注意及时更换仪表量程。

3.5 实验 4 RC 一阶电路的响应测试

3.5.1 实验目的

（1）测定 RC 一阶电路的零输入响应、零状态响应及完全响应。

（2）学习电路时间常数的测量方法。

（3）掌握有关微分电路和积分电路的概念。

（4）进一步学会用示波器观测波形。

3.5.2 实验仪器和设备

（1）电路实验箱一台。

（2）万用表一块。

（3）示波器一台。

（4）函数信号发生器一台。

3.5.3 实验原理

（1）电路中某时刻的电感电流和电容电压称为该时刻的电路状态。$t=0$ 时电感的初始电流 $i_L(0)$ 和电容电压 $u_C(0)$ 称为电路的初始状态。

在没有外加激励时，仅由在 $t=0$ 时刻的非零初始状态引起的响应称为零输入响应，它取决于初始状态和电路特性（通过时间常数 $\tau=RC$ 体现），这种响应是随时间按指数规律衰减的。

在零初始状态时仅由在 $t=0$ 时刻施加于电路的激励引起的响应称为零状态响应，它取决于外加激励和电路特性，这种响应是由零开始随时间按指数规律增长的。

线性动态电路的完全响应为零输入响应和零状态响应之和。

含有耗能元件的线性动态电路的完全响应也可以为暂态响应与稳态响应之和，实践中认为暂态响应在 $t=5\tau$ 时消失，电路进入稳态，在暂态还存在的这段时间就称为"过渡过程"。

（2）动态网络的过渡过程是十分短暂的单次变化过程。要用普通示波器观察过渡过程和测量有关的参数，就必须使这种单次变化的过程重复出现。为此，可以利用信号发生器输出的方波来模拟阶跃激励信号，即利用方波输出的上升沿作为零状态响应的正阶跃激励信号；利用方波的下降沿作为零输入响应的负阶跃激励信号。只要选择方波的重复周期远大于电路的时间常数 τ，那么电路在这样的方波序列脉冲信号的激励下，它的响应就和直流电源接通与断开的过渡过程是基本相同的。

（3）时间常数 τ 的测定方法，用示波器测量零输入响应的波形如图 3-17 所示。

根据一阶微分方程的求解得知 $u_C = U_m e^{-\frac{t}{RC}} = U_m e^{-\frac{t}{\tau}}$。当 $t = \tau$ 时，$U_C(\tau) = 0.368 U_m$。此时所对应的时间就等于 τ。亦可用零状态响应波形增加到 $0.632 U_m$ 所对应的时间测得。

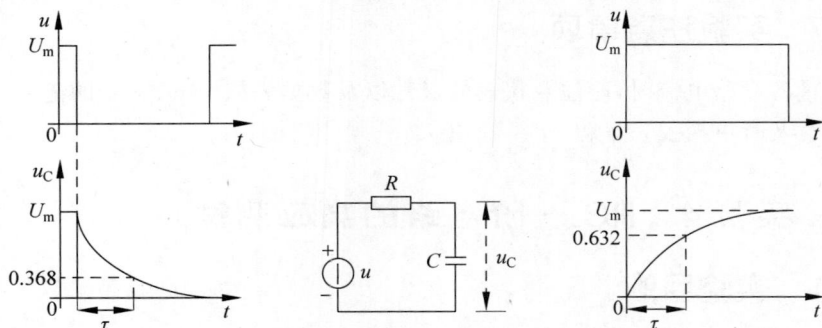

图 3-17　示波器测量零输入与零状态响应波形

（4）微分电路和积分电路是 RC 一阶电路中较典型的电路，它对电路元件参数和输入信号的周期有着特定的要求。一个简单的 RC 串联电路，在方波序列脉冲的重复激励下，满足 $\tau = RC \ll \dfrac{T}{2}$（$T$ 为方波脉冲的重复周期），且由 R 两端的电压作为响应输出，则该电路就是一个微分电路。因为此时电路的输出信号电压与输入信号电压的微分成正比，如图 3-18(a) 所示。

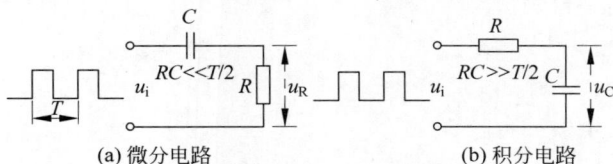

(a) 微分电路　　　　　　　　　(b) 积分电路

图 3-18　微分电路和积分电路

若将图 3-18(a) 中的 R 与 C 位置调换一下，如图 3-18(b) 所示，由 C 两端的电压作为响应输出，且电路的参数满足 $\tau = RC \gg \dfrac{T}{2}$，则该 RC 电路称为积分电路。因为此时电路的输出信号电压与输入信号电压的积分成正比。

从输入输出波形来看，上述两个电路均起着波形变换的作用，在实验过程中应仔细观察与记录。

3.5.4　实验内容和步骤

1. 充放电电路的测量

（1）从电路板上选 $R = 10\text{k}\Omega$，$C = 3300\text{pF}$ 组成如图 3-17 所示的 RC 充放电电路。u_i 为

脉冲信号发生器输出的 $U_m=3V$、$f=1kHz$ 的方波电压信号,并通过两根同轴电缆线,将激励源 u_i 和响应 u_C 的信号分别连至示波器的两个输入口 Y_A 和 Y_B。这时可在示波器的屏幕上观察到激励与响应的变化规律,请测算出时间常数 τ,并用方格纸按 1:1 的比例描绘波形。

少量地改变电容值或电阻值,定性地观察参数变化对响应的影响,记录观察到的现象。图 3-19 和图 3-20 分别为响应 u_C 的变化波形图和激励源 u_i 的变化波形图。

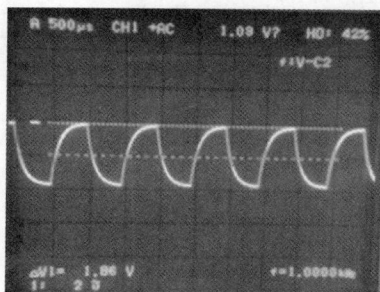

图 3-19　响应 u_C 的变化规律

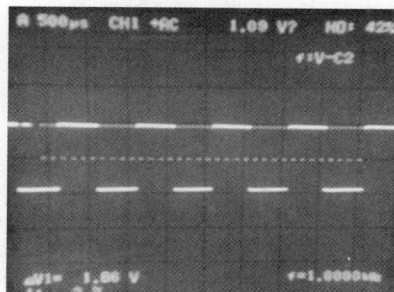

图 3-20　激励源 u_i 的变化规律

(2)令 $R=10k\Omega$,$C=0.01\mu F$,观察并描绘响应的波形,继续增大 C 值,定性地观察参数变化对响应的影响。图 3-21 和图 3-22 分别为 $C=0.01\mu F$ 时和 $C=1000pF$ 时响应 u_C 的变化规律波形图。

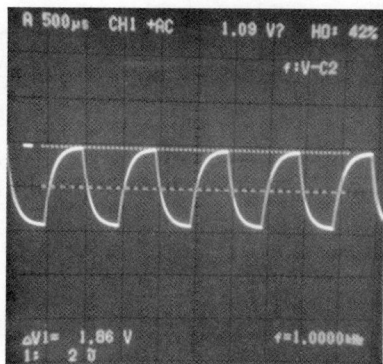

图 3-21　$C=0.01\mu F$ 时响应 u_C 的变化规律波形

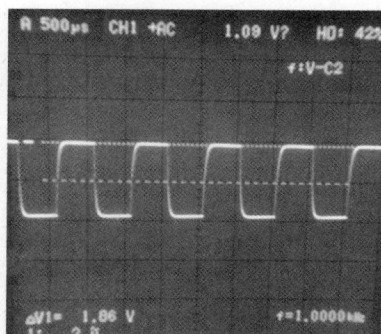

图 3-22　$C=1000pF$ 时响应 u_C 的变化规律波形

2. 微分电路的测量

选择实验箱上 R、C 元件,组成如图 3-18(a)所示微分电路,令 $R=1k\Omega$,$C=0.01\mu F$。在同样的方波激励信号($U_m=3V$,$f=1kHz$)作用下,观测并描绘激励与响应的波形。图 3-23 为 $R=1k\Omega$ 时的响应波形图。

增减 R 的值,定性地观察响应的变化,并作记录。当 R 增至 $1M\Omega$ 时,输入输出波形有何本质上的区别?图 3-24 和图 3-25 分别是 $R=100\Omega$ 和 $R=1M\Omega$ 时的响应波形图。

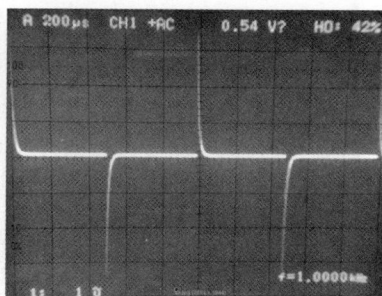

图 3-23　$R=1k\Omega$ 时的响应波形

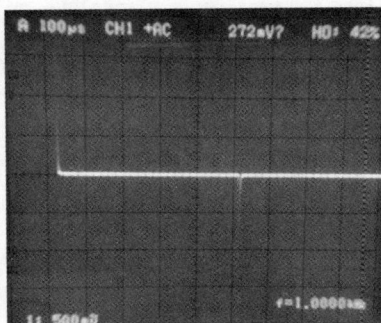

图 3-24　$R=100\Omega$ 时的响应波形

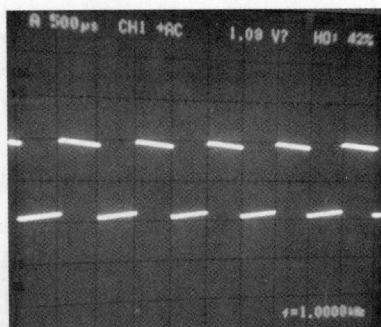

图 3-25　$R=1M\Omega$ 时的响应波形

3.5.5　实验报告要求

整理测试结果,得到各种情况下的波形图,并分析其原因。

3.5.6　思考题

(1) 一阶电路充放电的时间常数由什么来决定?

(2) 在微分电路测量中,增加 R 的值到足够大(大于 $1M\Omega$)时,输入与输出波形有何本质上的区别?

(3) 利用 Multisim 完成仿真调试。

一阶电路的过渡过程仿真。创建电路:从元器件库中选择电压源、电阻、电容、单刀双掷开关 J1 和示波器 XSC1,创建如图 3-26 所示的一阶电路。电容的充放电由开关 J1 控制,仿真时,开关的切换由空格键 Space 控制,按下一次空格键,开关从一个触点切换到另一个触点。

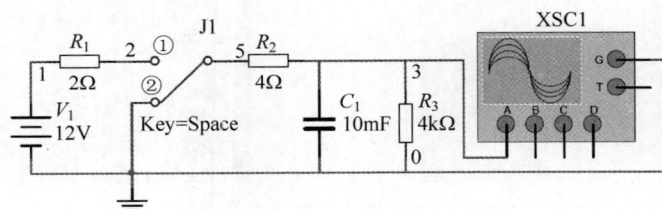

图 3-26　RC 一阶电路

电容的充放电过程:当开关 J1 切换到触点①时,电压源 V_1 经电阻 R_1、R_2 给电容 C_1 充电,当开关切换到触点②时,电容经电阻 R_2、R_3 放电。

仿真运行:单击 RUN 按钮,双击示波器 XSC1 图标,弹出示波器显示界面,反复切换开关,就能得到电容的充放电波形,如图 3-27 所示。

当开关停留在触点①时,电源一直给电容充电,电容充到最大值 12V,如图 3-27 中电容充放电波形的开始阶段。仿真时,电路的参数大小选择要合理,电路的过渡过程快慢与时间常数大小有关,时间常数越大,则过渡过程越慢;时间常数越小,则过渡过程越快。电路中其他参数不变时,电容容量大小就代表时间常数的大小。图 3-28 给出了电容容量较小($C=100\mu F$)时,电容的充放电波形,该波形近似为矩形波,充放电加快,上升沿和下降沿变陡。

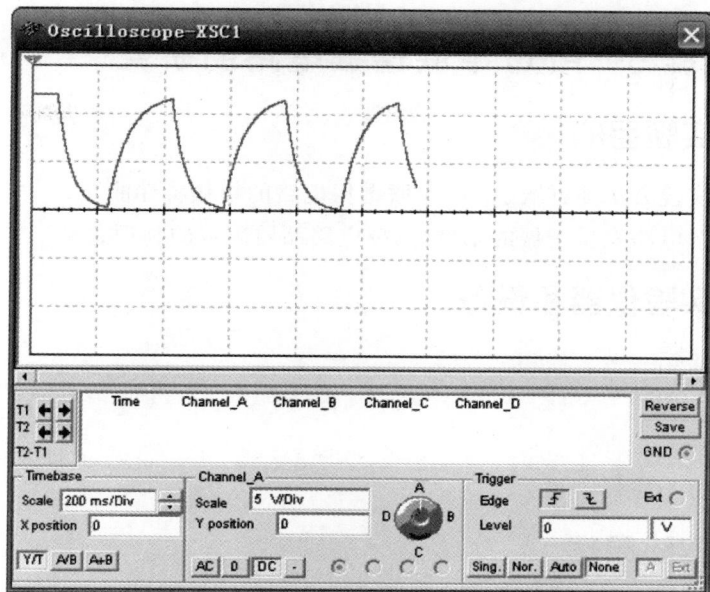

图 3-27 RC 一阶电路的充放电波形

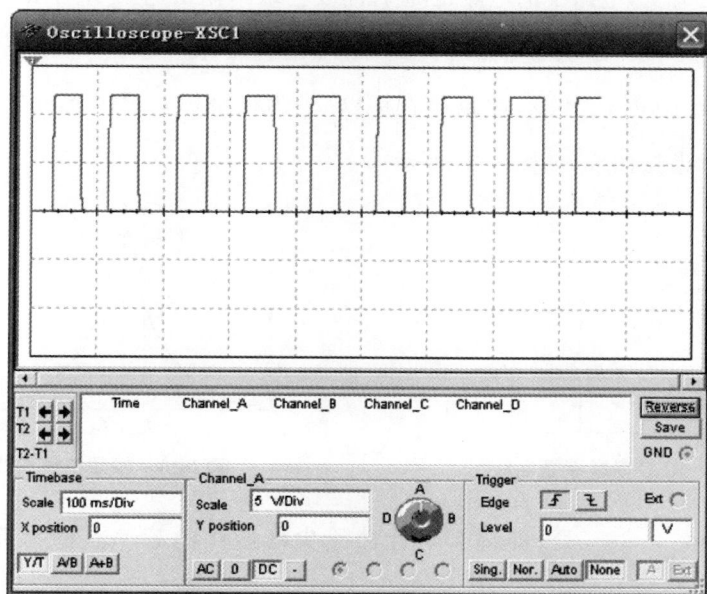

图 3-28 $C=100\mu F$ 时，一阶电路的充放电波形

3.5.7 实验注意事项

（1）调节电子仪器各旋钮时，动作不要过快、过猛。实验前，需熟读双踪示波器的使用说明书。观察双踪示波器时，要特别注意相应开关、旋钮的操作与调节。

（2）信号源的接地端与示波器的接地端要连在一起（称共地），以防外界干扰影响测量的准确性。

3.6　实验 5　RLC 串联谐振电路的研究

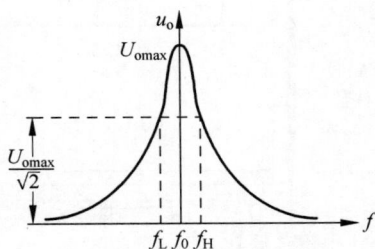

3.6.1　实验目的

（1）学习用实验方法测试 R、L、C 串联谐振电路的幅频特性曲线。

（2）加深理解电路发生谐振的条件,掌握电路品质因数的物理意义。

3.6.2　实验仪器和设备

（1）电路实验箱一台。

（2）万用表一块。

（3）示波器一台。

（4）函数信号发生器一台。

3.6.3　实验原理

（1）在图 3-29 所示的 R、L、C 串联电路中,当正弦交流信号源的频率 f 改变时,电路中的感抗、容抗随之而变,电路中的电流也随 f 而变。取电阻 R 上的电压 u_o 作为响应,当输入电压 u_i 的幅值维持不变时,在不同频率的正弦信号激励下,测出 u_o 的值,然后以 f 为横坐标,以 $\dfrac{u_o}{u_i}$ 为纵坐标(因 u_i 不变,故也可直接以 u_o 为纵坐标),绘出光滑的曲线,此即为幅频特性曲线,亦称谐振曲线,如图 3-30 所示。

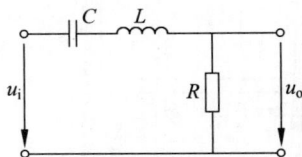

图 3-29　RLC 串联谐振电路　　　　图 3-30　幅频特性曲线

（2）$f = f_0 = \dfrac{1}{2\pi\sqrt{LC}}$ 处,即幅频特性曲线尖峰所在的频率点称为谐振频率。此时 $X_L = X_C$,电路呈纯阻性,电路阻抗的模为最小。在输入电压 u_i 为定值时,电路中的电流达到最大值,且与输入电压 u_i 同相位。从理论上讲,此时 $u_i = u_R = u_o$,$u_{L0} = u_{C0} = Qu_i$,其中 Q 为电路的品质因数。

（3）电路品质因数 Q 值的两种测量方法。一种方法是根据公式 $Q = \dfrac{u_{L0}}{u_i} = \dfrac{u_{C0}}{u_i}$ 测定,u_{C0} 与 u_{L0} 分别为谐振时电容器 C 和电感线圈 L 上的电压;另一种方法是通过测量谐振曲线的通频带宽度 $\Delta f = f_H - f_L$,再根据 $Q = \dfrac{f_0}{f_H - f_L}$ 求出 Q 值。其中 f_0 为谐振频率,

f_H 和 f_L 是失谐时,亦即输出电压的幅度下降到最大值的 $\dfrac{1}{\sqrt{2}}$ 时的上、下频率点。

Q 值越大,曲线越尖锐,通频带越窄,电路的选择性越好。在恒压源供电时,电路的品质因数、选择性与通频带只决定于电路本身的参数,而与信号源无关。

3.6.4　实验内容和步骤

(1) 按图 3-31 组成谐振测量电路。其中 $R=1000\Omega$、$C=0.1\mu\text{F}$。用交流毫伏表测量电压,用示波器监视信号源输出。令信号源输出电压为 $u_i=1\text{V}$ 正弦波,并在整个实验过程中保持不变。

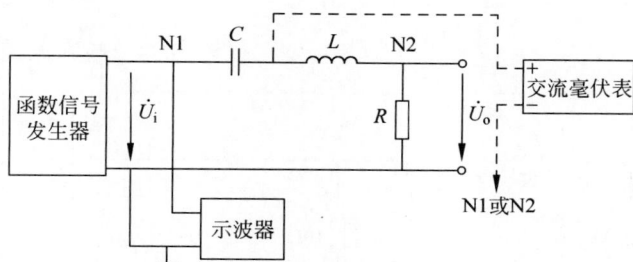

图 3-31　RLC 串联谐振测量电路

(2) 找出电路的谐振频率 f_0,其方法是,将毫伏表跨接在 R 两端,令信号源的频率由小逐渐变大(注意要维持信号源的输出幅度不变),当 u_o 的读数为最大时,读得频率计上的频率值即为电路的谐振频率 f_0,并测量 U_0、U_{L0}、U_{C0} 的值(注意及时更换毫伏表的量限),记入表 3-10 中。

表 3-10　对应不同电阻时的串联谐振电路数据记录

$R/\text{k}\Omega$	f_0/kHz	U_0/V	U_{L0}/V	U_{C0}/V	I_0/mA	Q
200						
1000						

(3) 对应不同电阻取值,在谐振点两侧测出下限频率 f_L 和上限频率 f_H 及相对应的 u_o 值,然后再逐点测出不同频率下的 U_R 值,记录在表 3-11 中。

表 3-11　对应不同频率时的 U_R 值的数据记录

f/kHz					
U_R/V					
I/mA					
$U_i=1\text{V},C=0.1\mu\text{F},R=200\text{k}\Omega$					
f/kHz					
U_R/V					
I/mA					
$U_i=1\text{V},C=0.1\mu\text{F},R=1000\text{k}\Omega$					

3.6.5　实验报告要求

整理测试数据,用描点法绘出串联谐振电路的幅频特性曲线。

3.6.6 思考题

(1) 满足谐振发生的条件是什么?

(2) 品质因素的物理意义是什么?

(3) 利用 Multisim 完成仿真调试。

串联谐振电路的仿真。创建电路：从元器件库中选择电压源、电阻、电容、电感连接成串联电路形式,如图 3-32 所示,选择频率特性仪 XBP1,将其输入端和电源连接,输出端和负载连接。

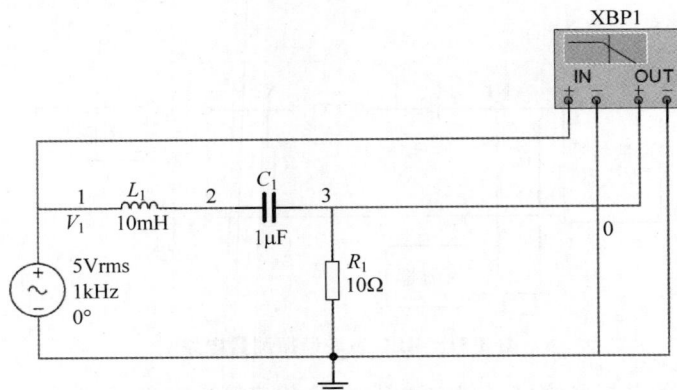

图 3-32　RLC 串联谐振电路的仿真

测量电路的幅频特性：单击 RUN 按钮,双击频率特性仪 XBP1 图标,在 Mode 选项组中单击 Magnitude(幅频特性)按钮,可得到该电路的幅频特性,如图 3-33 所示。从图中可知,电路在谐振频率 f_0 处有个增益极大值,而在其他频段增益大幅下降。需要说明的是,电路的谐振频率只与电路的结构和元件参数有关,与外加电源的频率无关。本处电路所选的电源频率为 1kHz,若选择其他频率,幅频特性不变。

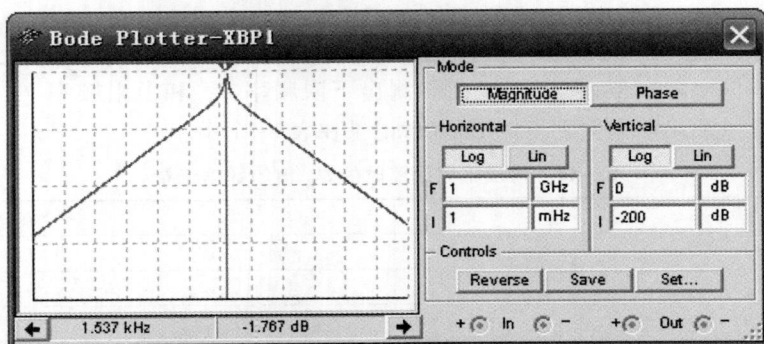

图 3-33　RLC 串联谐振电路的幅频特性($Q=10$)

测量电路的相频特性：在 Mode 选项组中单击 Phase(相频特性)按钮,可得到该电路的相频特性,如图 3-34 所示。从电路的相频特性可以看出,电路以谐振频率 f_0 为分界点,当信号频率低于 f_0 时,相位超前;当信号频率高于 f_0 时,相位滞后。因为当信号频率低于 f_0 时,整个电路呈容性,电流相位(负载电阻上的电压相位)超前于电压(外加电源)的相位;而当信号频率高于 f_0 时,整个电路呈感性,电流相位(负载电阻上的电压相位)滞后于电压

（外加电源）的相位。该仿真结果和理论分析一致。

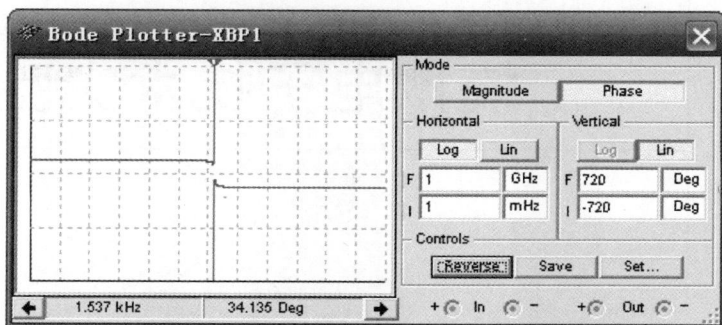

图 3-34 RLC 串联谐振电路的相频特性

测量电路的品质因数 Q 值和电路的选择性关系：在保证谐振频率不变的情况下，改变元件参数，可改变电路的品质因数 Q 值。如图 3-33 所示，$R=10\Omega$，$L=10\text{mH}$，$C=1\mu\text{F}$，对应的 $Q=\dfrac{1}{R}\sqrt{\dfrac{L}{C}}=10$，对应的幅频特性如图 3-33 所示。若选择 $R=10\Omega$，$L=1\text{mH}$，$C=10\mu\text{F}$，对应的 $Q=\dfrac{1}{R}\sqrt{\dfrac{L}{C}}=1$，对应的幅频特性如图 3-35 所示。由此可知，对于 RLC 串联谐振电路来说，不同的 Q 值对应的幅频特性曲线不同，Q 值越大，对应的幅频特性曲线越尖，电路的选择性越好。若将串联谐振电路用于无线电检波电路，意味着其灵敏度越高，抗干扰能力则越低；Q 值越小，对应的幅频特性曲线越钝，电路的选择性差，若在无线电检波电路中，意味着其灵敏度降低，但抗干扰能力会提高。故串联谐振电路的 Q 值大小，要视不同的应用场合具体选择，不可一概而论。

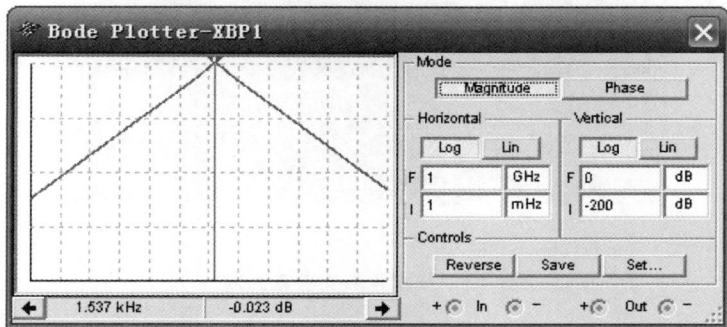

图 3-35 RLC 串联谐振电路的幅频特性（$Q=1$）

3.6.7 实验注意事项

（1）测试频率点应在靠近谐振频率附近多取几点。在变换频率测试前，应调整信号输出幅度（用示波器监视输出幅度），使其维持在 3V。

（2）测量 U_{C0} 和 U_{L0} 数值前，应将毫伏表的量限改大，而且在测量 U_{L0} 与 U_{C0} 时毫伏表的"＋"端应接 C 与 L 的公共点，其接地端应分别触及 L 和 C 的近地端 N2 和 N1。

（3）实验中交流毫伏表电源线采用两线插头。

第4章

CHAPTER 4

模拟电子技术实验

4.1 模拟电子技术实验箱简介

模拟电子技术实验箱是由北京精仪达盛科技有限公司研制,型号为 EL-ELA-IV 的模拟电路实验系统,如图 4-1 所示。

图 4-1 模拟电路实验箱外观

实验箱外形尺寸为 408mm × 340mm × 110mm,工作电压为 ~220V × (1±10%),50Hz±1Hz。

4.1.1 硬件资源

1. 电源

(1) 标准三端口电源插座:模拟实验箱直接连接外部 220V 交流电,在实验箱内部通过电源转换单元将 220V 交流电转换为+5V、+12V、−12V 直流电压,连接到实验箱主面板。

(2) 直流稳压电源:在实验箱下部中偏左的位置,有两组直流电源输出,分别是+5V、GND、−5V(见图 4-1 中标注 1)和+12V、GND、−12V(见图 4-1 中标注 2),设有电源指示灯,针插电源座便于用户将实验箱直流电压引出作为其他外部电路的电源。

（3）直流可调电源：在实验箱左下角，两路直流信号源为手动旋钮电位器控制输出，调节范围为$-5V\sim+5V$（见图4-1中标注3）。

2. 基本实验单元

为方便用户实验，一些常用实验已经在实验箱主面板上通过印制电路搭建成实验单元，实验单元的地已与实验箱GND内部相连。模拟实验箱包括以下实验单元。

（1）单管/负反馈两级放大器（见图4-1中标注4）。

（2）RC串并联选频网络振荡器（见图4-1中标注5）。

（3）低频OTL功率放大器（见图4-1中标注6）。

（4）射极跟随器（见图4-1中标注7）。

（5）差动放大器（见图4-1中标注8）。

3. 芯片插座及多用器件接插孔（见图4-1中标注9）

芯片插座用于接插常用直插封装芯片，各引脚引出到通用插线孔，便于与其他器件连接。多用器件接插孔，可以灵活接插电容、电阻、三极管等其他器件。模拟实验箱包括以下插座。

（1）2组8引脚芯片插座。

（2）1组14引脚芯片插座。

（3）1组16引脚芯片插座。

注意：鉴于一般芯片的最后一个管脚为电源引脚，芯片插座的最后一个引脚与GND之间已经连接了104电容，如果所用芯片最后一引脚不是电源引脚，应考虑其他措施。

4. 其他器件

其他器件包括8Ω小喇叭，麦克风插座，LED模拟灯，交流信号源，集成整流桥模块，IN4007整流二极管，7805稳压电源模块，9011三极管，1K、10K、100K、1M旋钮电位器，6V稳压管，3CT3A晶闸管及若干电阻和电容等。

4.1.2　系统特点

（1）该实验系统设计充分考虑模拟电路实验教学特点，设计结构合理，实验操作方便。

（2）该产品选用高可靠接插件，性能稳定可靠，插接灵活方便。

（3）本设备功能齐全，外配一般测量仪器即可完成当前高校的所有模拟电路实验及相关的课程设计和毕业设计。

（4）用户可以使用自备实验箱电源，以节省实验投资。

4.2　实验1　晶体管共射极单管放大器

4.2.1　实验目的

（1）学会放大器静态工作点的调试方法，分析静态工作点对放大器性能的影响。

（2）掌握放大器电压放大倍数、输入电阻、输出电阻及最大不失真输出电压的测试方法。

（3）熟悉常用电子仪器及模拟电路实验设备的使用。

4.2.2 实验仪器和设备

(1) 模拟电路实验箱。

(2) 函数信号发生器。

(3) 双踪示波器。

(4) 交流毫伏表。

(5) 万用表。

(6) 连接线若干(外接导线一条)。

(7) 电阻(外接 2.4kΩ 电阻一个)。

4.2.3 实验原理

图 4-2 为电阻分压式工作点稳定单管放大器实验电路图。它的偏置电路采用 R_{B1} 和 $R_{B2}(R_{B2}=R_{W1}+R_1)$ 组成的分压电路,并在发射极中接有电阻 R_{E1},以稳定放大器的静态工作点。当在放大器的输入端加入输入信号 u_i 后,在放大器的输出端便可得到一个与 u_i 相位相反,幅值被放大了的输出信号 u_o,从而实现了电压放大。

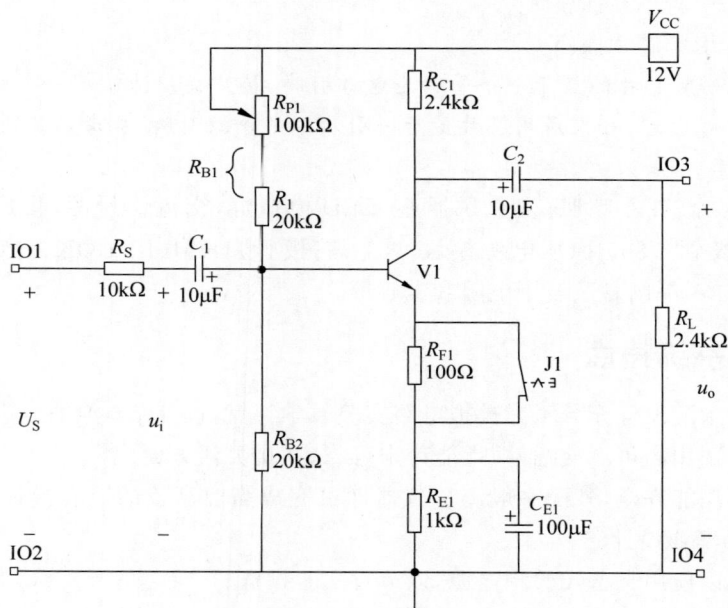

图 4-2 共射极单管放大器实验电路

在图 4-2 电路中,当流过基极偏置电阻的电流远大于晶体管 V1 的基极电流时(一般为 5~10 倍),则它的静态工作点可用下式估算:

$$U_B = \frac{R_{B2}}{R_{B1}+R_{B2}}U_{CC} \tag{4-1}$$

$$I_E \approx \frac{U_B - U_{BE}}{R_{E1}} \approx I_C, \quad U_{CE} = U_{CC} - I_C(R_{C1}+R_{E1}) \tag{4-2}$$

电压放大倍数

$$A_V = -\beta \frac{R_{C1} // R_L}{r_{be}} \qquad (4-3)$$

输入电阻

$$R_i = R_{B1} // R_{B2} // r_{be} \qquad (4-4)$$

输出电阻

$$R_O = R_{C1} \qquad (4-5)$$

由于电子器件性能的分散性比较大,因此在设计和制作晶体管放大电路时,离不开测量和调试技术。在设计前应测量所用元器件的参数,为电路设计提供必要的依据,在完成设计和装配以后,还必须测量和调试放大器的静态工作点和各项性能指标。一个优质的放大器,必定是理论设计与实验调整相结合的产物。因此,除了学习放大器的理论知识和设计方法外,还必须掌握必要的测量和调试技术。

放大器的测量和调试一般包括:放大器静态工作点的测量与调试,消除干扰与自激振荡及放大器各项动态参数的测量与调试等。

1. 放大器静态工作点的测量与调试

1) 静态工作点的测量

测量放大器的静态工作点,应在输入信号 $u_i = 0$ 的情况下进行,即将放大器输入端与地端短接,然后选用量程合适的直流毫安表和直流电压表,分别测量晶体管的集电极电流 I_C 以及各电极对地的电位 U_B、U_C 和 U_E。实验中,为了避免断开集电极,一般采用测量电压 U_E 或 U_C,然后算出 I_C 的方法,例如,只要测出 U_E,即可用 $I_C \approx I_E = \dfrac{U_E}{R_{E1}}$ 计算 I_C $\left(\text{也可根据 } I_C = \dfrac{U_{CC} - U_C}{R_{C1}}, \text{由 } U_C \text{ 确定 } I_C\right)$,同时也能计算 $U_{BE} = U_B - U_E$,$U_{CE} = U_C - U_E$。为了减小误差,提高测量精度,应选用内阻较高的直流电压表。

2) 静态工作点的调试

放大器静态工作点的调试是指对管子集电极电流 I_C(或 U_{CE})的调整与测试。

静态工作点的选取对放大器的性能和输出波形都有很大影响。如工作点偏高,放大器在加入交流信号以后易产生饱和失真,此时 u_o 的负半周将被削底,如图 4-3(a)所示;如工作点偏低则易产生截止失真,即 u_o 的正半周被缩顶(一般截止失真不如饱和失真明显),如图 4-3(b)所示,这些情况都不符合不失真放大的要求。所以在选定工作点以后还必须进行动态调试,即在放大器的输入端加入一定的输入电压 u_i,检查输出电压 u_o 的大小和波形是否满足要求,如不满足,则应调节静态工作点的位置。

改变电路参数 U_{CC}、R_{C1}、R_{E1}、R_B(R_{B1}、R_{B2})都会引起静态工作点的变化,如图 4-4 所示。但通常多采用调节偏置电阻 R_{B1}(即调节电压器 R_{P1})的方法来改变静态工作点,如减小 R_{B1},则可使静态工作点提高。

最后还要说明的是,上面所说的工作点"偏高"或"偏低"不是绝对的,而是相对信号的幅度而言,如输入信号幅度很小,即使工作点较高或较低也不一定会出现失真。确切地说,产生波形失真是信号幅度与静态工作点设置配合不当所致。如需满足较大信号幅度的要求,静态工作点最好尽量靠近交流负载线的中点。

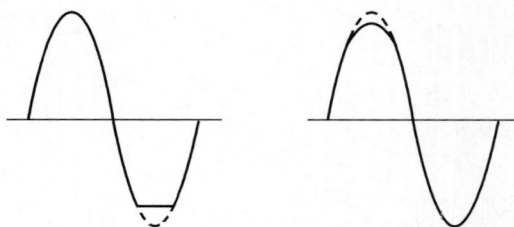

(a) 饱和失真　　　　(b) 截止失真

图 4-3　静态工作点对 u_o 波形失真的影响

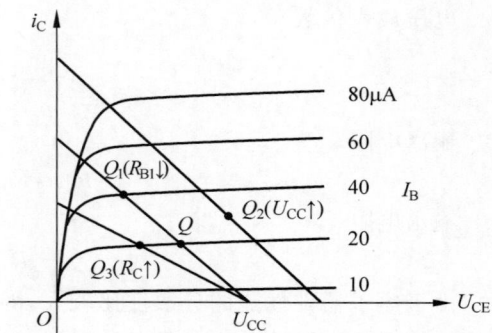

图 4-4　电路参数对静态工作点的影响

2. 放大器动态指标测试

放大器动态指标包括电压放大倍数、输入电阻、输出电阻、最大不失真输出电压(动态范围)和通频带等。

1) 电压放大倍数 A_V 的测量

调整放大器到合适的静态工作点,然后加入输入电压 u_i,在输出电压 u_o 不失真的情况下,用交流毫伏表测出 u_i 和 u_o 的有效值 U_i 和 U_o,则

$$A_V = \frac{U_o}{U_i} \tag{4-6}$$

2) 输入电阻 R_i 的测量

为了测量放大器的输入电阻,按图 4-5 所示电路在被测放大器的输入端与信号源之间串入一已知电阻 R,在放大器正常工作的情况下,用交流毫伏表测出 U_s 和 U_i,则根据输入电阻的定义可得

$$R_i = \frac{U_i}{I_i} = \frac{U_i}{\dfrac{U_R}{R}} = \frac{U_i}{U_s - U_i} R$$

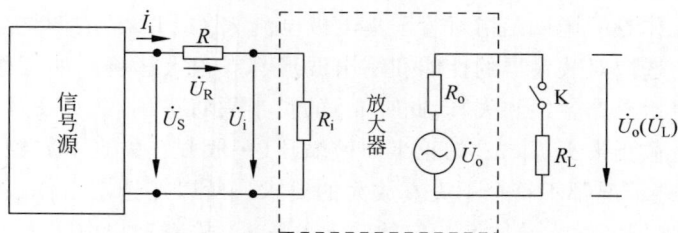

图 4-5　输入、输出电阻测量电路

测量时应注意下列几点。

(1) 由于电阻 R 两端没有电路公共接地点,所以测量 R 两端电压 U_R 时必须分别测出 U_s 和 U_i,然后按 $U_R = U_s - U_i$ 求 U_R 值。

(2) 电阻 R 的值不宜取得过大或过小,以免产生较大的测量误差,通常取 R 与 R_i 为同一数量级为好(本实验中 R 就可直接使用 R_s($R_s = 10\text{k}\Omega$))。

3) 输出电阻 R_o 的测量

在图 4-5 所示电路中,在放大器正常工作条件下,测出输出端不接负载 R_L 的输出电压

U_o 和接入负载后的输出电压 U_L，根据

$$U_L = \frac{R_L}{R_o + R_L} U_o \tag{4-7}$$

即可求出

$$R_o = \left(\frac{U_o}{U_L} - 1\right) R_L \tag{4-8}$$

在测试中应注意，必须保持 R_L 接入前后输入信号的大小不变。

4）最大不失真输出电压 U_{OPP} 的测量（最大动态范围）

如上所述，为了得到最大动态范围，应将静态工作点调在交流负载线的中点。为此在放大器正常工作情况下，逐步增大输入信号的幅度，并同时调节 R_{P1}（改变静态工作点），用示波器观察 u_o，当输出波形同时出现削底和缩顶现象（见图 4-6）时，说明静态工作点已调在交流负载线的中点。然后反复调整输入信号，使波形输出幅度最大且无明显失真时，用交流毫伏表测出 U_o（有效值），则动态范围等于 $2\sqrt{2}U_o$，或用示波器直接读出 U_{OPP}。

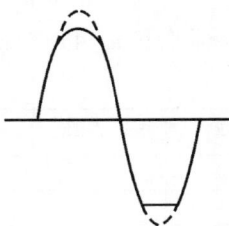

图 4-6 静态工作点正常，输入信号太大引起的失真

4.2.4 实验内容和步骤

实验箱上的共射极单管放大实验电路如图 4-7 所示（共射极单管放大电路实验与负反馈两级放大电路实验放在了一个实验单元电路板中）。各电子仪器可按常用电子仪器实验中图 2-35 所示方式连接，为防止干扰，各仪器的公共端必须连在一起，同时信号源、交流毫伏表和示波器的引线应采用专用电缆线或屏蔽线，如使用屏蔽线，则屏蔽线的外包金属网应接在公共接地端上。

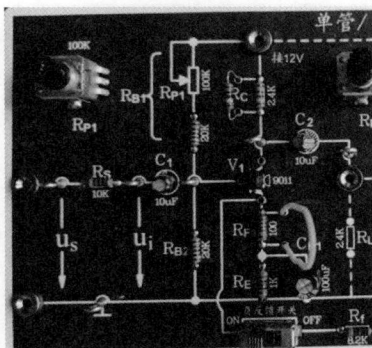

图 4-7 共射极单管放大器实验箱上电路

1. 调试静态工作点

在实验箱上搭建图 4-2 所示电路：用短接线将 R_{F1} 短路，接通直流电源前，先将 R_{P1} 调至最大（顺时针方向调制到底），函数信号发生器输出旋钮旋至零。接通 +12V 电源，调节 R_{P1}，使 $I_C = 2.0\text{mA}$（即 $U_E = 2.0\text{V}$），用直流电压表测量 U_B、U_E、U_C 及用万用表测量 R_{B1} 值（注意：测量 R_{B1} 时要断开电源），记入表 4-1 中，其中 $I_E = \dfrac{U_E}{R_{E1}}$。

表 4-1　静态工作点($I_C = 2.0\text{mA}$)

测　量　值				计　算　值		
U_B/V	U_E/V	U_C/V	$R_{B1}/k\Omega$	U_{BE}/V	U_{CE}/V	I_E/mA

2. 测量电压放大倍数

在放大器输入端加入频率为 1kHz(信号频率建议范围：1kHz～3kHz)，$V_{P-P} = 40\text{mV}$ 的正弦信号 u_s(信号由函数信号发生器输出)，同时用示波器观察放大器输出电压 u_o 波形，在波形不失真的条件下用交流毫伏表(或者示波器)测量下述三种情况下的 u_o 值，并用双踪示波器观察 u_o 和 u_i 的相位关系，记入表 4-2 中。

表 4-2　电压放大倍数测量

$R_C/k\Omega$	$R_L/k\Omega$	U_S/mV	U_i/mV	U_o/mV	A_V	观察记录一组 u_i 和 u_o 波形
2.4	∞					
1.2	∞					
2.4	2.4					

3. 测量输入电阻和输出电阻

设置 $R_{C1} = 2.4\text{k}\Omega$，$R_L = 2.4\text{k}\Omega$，$I_C = 2.0\text{mA}$，放大器输入端加入频率为 1kHz，$V_{P-P} = 40\text{mV}$ 的正弦信号 u_s，同时用示波器观察放大器输出电压 u_o 波形，在波形不失真的条件下测量出 U_S、U_i、U_L，记入表 4-3 中。

保持 U_S 不变，断开 R_L，测量输出电压 U_O，记入表 4-3 中。

表 4-3　输入电阻和输出电阻测量

U_S/mV	U_i/mV	$R_i/k\Omega$	U_O/mV	U_L/mV	$R_O/k\Omega$

4. 测量最大不失真输出电压的振幅值

逐步增大函数信号发生器输出信号的幅度，用示波器观察放大电路的输出波形，在表 4-4 中记录下不失真输出电压的最大振幅值和即将产生的失真波形形状。

表 4-4　最大不失真输出电压的振幅值

$U_{om\ max}/mV$	失真的输出波形形状	判断失真类型

5. 观察静态工作点对输出波形的影响

在输出波形不失真，但接近 $U_{om\ max}$ 的前提下，调节 R_{P1}，使 $U_{EQ} = 3V$。观察此时输出的输出波形形状是否失真，如果没有失真，增加信号发生器输出信号的幅度，使输出波形产生失真，并记录在表 4-5 中。

表 4-5　静态工作点对输出波形的影响

U_{EQ}/V	失真的输出波形形状	判断失真类型

4.2.5 实验报告要求

实验报告应包括如下内容：实验目的、实验仪器、实验原理、实验内容、实验步骤、实验数据及分析、实验思考题和实验总结。

（1）列表整理测量结果，给出波形图片（实验过程要拍照）并把实测的静态工作点、电压放大倍数、输入电阻、输出电阻的值与理论计算值比较（取一组数据进行比较），分析产生误差的原因。

（2）总结 R_C、R_L 及静态工作点对放大器电压放大倍数、输入电阻、输出电阻的影响。

（3）讨论静态工作点变化对放大器输出波形的影响。

（4）分析讨论在调试过程中出现的问题。

4.2.6 思考题

（1）能否用直流电压表直接测量晶体管的 U_{BE}？为什么实验中要采用测量 U_B、U_E，再间接计算 U_{BE} 的方法？

（2）怎样测量 R_{B1} 阻值？

（3）当调节偏置电阻 R_{B1}，使放大器输出波形出现饱和或截止失真时，晶体管的管压降 U_{CE} 怎样变化？

（4）改变静态工作点对放大器的输入电阻 R_i 是否有影响？改变外接电阻 R_L 对输出电阻 R_o 有否影响？

（5）在测试 A_V、R_i 和 R_o 时怎样选择输入信号的大小和频率？为什么信号频率一般选 $1\sim3kHz$，而不选 $100kHz$ 或更高？

4.2.7 预习要求

1. 阅读书中有关单管放大电路的内容并估算实验电路的性能指标

假设：三极管 V1 的 $\beta=100$，$R_{B2}=20k\Omega$，$R_{B1}=60k\Omega$，$R_{C1}=2.4k\Omega$，$R_L=2.4k\Omega$。估算放大器的静态工作点，电压放大倍数 A_V，输入电阻 R_i 和输出电阻 R_o。

2. 利用 Multisim 做仿真调试

1）调试静态工作点

（1）绘制如图 4-8 所示电路图。

选取所需元器件。①信号源：单击图标 ✚ Place Source→SIGNAL_VOLTAGE_SOURCES→AC_VOLTAGE，选取交流电压源，双击对该交流电压源进行设置。设置 V_S 最大值为 20mV，Frequency 为 1kHz，Phase 为 0°。②直流电源：单击图标 ✚ Place Source→POWER_SOURCES→VCC，选取直流电源，双击该直流电源进行设置 VCC=12V。③接地：单击图标 ✚ Place Source→POWER_SOURCES→GROUND，选取电路中的接地。④三极管：单击图标 ✸ Place Transistors→BJT NPN→2N3903。⑤电解电容：单击图标 〰 Place Basic→CAP_ELECTROLIT，C1=C2=10μF，CE1=100μF。⑥电阻：单击图标 〰 Place Basic→RESISTOR，RS=10kΩ，R1=20kΩ，RB2=20kΩ，RC1=2.4kΩ，RF1=100Ω，RE1=1kΩ，RL=2.4kΩ（双击进行参数修改）。⑦可调电阻：单击图标 〰 Place Basic→POTENTIOMETER，选取 RP1=100kΩ，双击该可调电阻进行参数设置 Key 为 D，

Increment 为 1%。⑧开关：单击图标 〜 Place Basic→SWITCH→DIPSW1，选取开关 J1 (Key＝A)，J2(Key＝B)，J3(Key＝C)，双击开关完成设置。⑨电压表：选取仪表工具栏第1 个图标🔲(Multimeter)，双击设置为直流电压挡(DC)，XMM1、XMM2、XMM3。

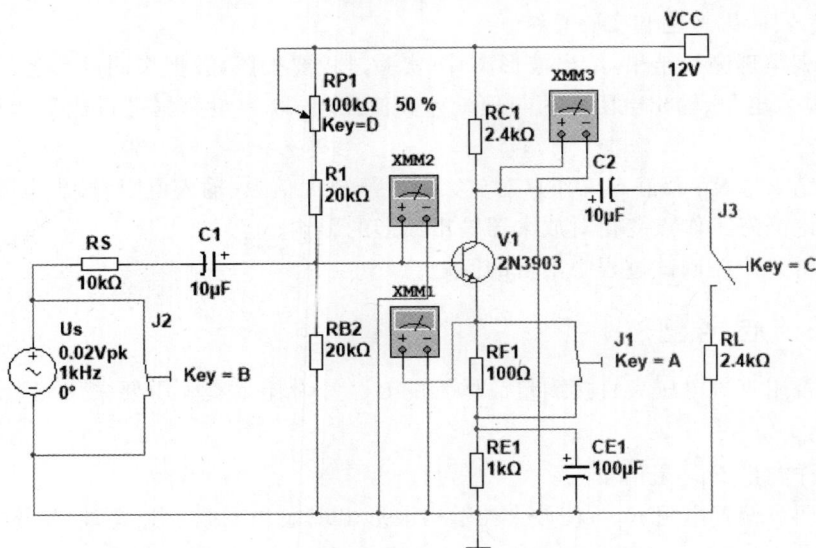

图 4-8　共射极单管放大器直流工作点调试测量仿真电路

（2）调整元器件位置和方向。如果需要调整元器件的方向，则选中元器件，然后按住 Ctrl 键，再按 R 键一次，元器件顺时针旋转 90°。使用组合键 Ctrl＋Shift＋R，可使所选元器件逆时针旋转 90°。也可以选中元器件，右击进行相应操作。如果需要调整元器件位置，鼠标选中元器件不松开，将元器件拖至所需要的位置，松开鼠标即可（放置相同元器件时，也可先选中要复制的元器件，选择 Edit→Copy 命令，然后再用 Edit→Paste 命令）。

（3）电路连接。移动鼠标，使✚对准要接线的引脚，单击则此引脚就连上线了，作为连线的起始点。移动鼠标使✚移动到要接线的另一端，再次单击，则一条电路线就完成了。

（4）进入仿真。电路绘制完成后进行保存，再单击 ▶ Run 按键，或者按下 F5 键，进入仿真运行。双击点开 XMM1（测量 U_E 的值），拖动可调电阻 RP1 的滑块改变其阻值（或者按 D 键），同时观察 XMM1 的显示值，直至 XMM1 显示值为 2.0V 时停止拖动可调电阻。然后读取 XMM2 显示值（测量 U_B 的值），XMM3 显示值（测量 U_C 的值）填写表 4-6。其中，$R_{B1}=R_{P1}+R1$，$I_E=\dfrac{U_E}{R_{E1}}$。

表 4-6　仿真静态工作点($I_C=2.0\text{mA}$)

测　量　值					计　算　值		
U_B/V	U_E/V	U_C/V	R_{P1} 滑块位置(%)	$R_{B1}/\text{k}\Omega$	U_{BE}/V	U_{CE}/V	I_E/mA

单击 ■ Stop 按键，停止仿真。

2）测量电压放大倍数

对测量电路进行修改，如图 4-9 所示。引入示波器：选择仪表工具栏图标▨ (Oscilloscope)

并进行连接,设置 A 通道测量输入信号的电压(红色线:选中与 A 通道相连的线,右击→属性,修改颜色);设置 B 通道测量输出信号的电压(蓝色线:选中与 B 通道相连的线,右击→属性,修改颜色)。调整 XMM1、XMM2 的位置和连线,并双击修改为交流电压挡(AC),删除 XMM3。单击 J2 断开,电路引入信号源。

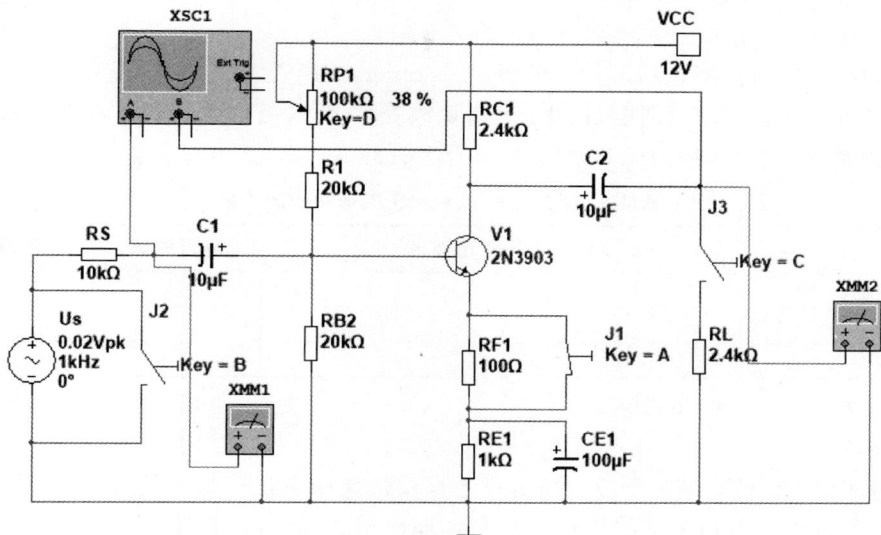

图 4-9　共射极单管放大器电压放大倍数测量仿真电路

示波器 XSC1 参数设置(供参考):扫描时基刻度(Timebase Scale)为 $500\mu s/\text{Div}$;通道 A 刻度为 $1\text{mV}/\text{Div}$;通道 B 刻度为 $200\text{mV}/\text{Div}$;波形显示方式为 Y/T;触发方式可选择 Auto 或者 Single。

单击 ▷ Run 按键,或者按下 F5 按键,进入仿真运行。双击示波器 XSC1,观察输入和输出波形。在波形不失真的情况下,读取 XMM1(U_i)和 XMM2(U_o)的数值填入表 4-7。单击闭合开关 J3,再次观察输入输出波形情况,在波形不失真的情况下,读取 XMM1 和 XMM2 的数值填写表 4-7。

表 4-7　电压放大倍数仿真测量

$R_{C1}/k\Omega$	$R_L/k\Omega$	U_S/mV	U_i/mV	U_o/mV	A_V	观察记录一组 u_o 和 u_i 的波形
2.4	∞					
2.4	2.4					

3)测量输入电阻和输出电阻

$R_{C1}=2.4\text{k}\Omega$,$R_L=2.4\text{k}\Omega$(闭合开关 J3),在波形不失真的条件下测出 U_S、U_i、U_L(带负载时的输出电压),记入表 4-8 中。断开 R_L(断开开关 J3),测量输出电压 U_o(不带负载的输出电压),记入表 4-8 中(可以在测量电压放大倍数的时候,同时进行)。其中,$R_i=\dfrac{U_i}{U_S-U_i}R_S$,

$R_o=\left(\dfrac{U_o}{U_L}-1\right)R_L$。

表 4-8　输入电阻和输出电阻仿真测量

U_S/mV	U_i/mV	R_i/kΩ	U_o/mV	U_L/mV	R_o/kΩ

单击 ■ Stop 按键,停止仿真。

4）观察静态工作点对输出波形的影响

双击交流电压源,对电压源进行设置,令 Voltage(PK) 为 0.3V;设置完成后,再次单击 ▶ Run 按键,一边拖动可调电阻 RP1 的滑块改变其阻值,一边观察双击示波器 XSC1 输出的波形(根据波形变化,适当调节通道 A 和通道 B 的 Scale),并填写表 4-9。

表 4-9　静态工作点对输出波形影响的仿真

RP1 的位置	观察记录输出波形	是否失真	失真类型
18%			
32%			
70%			

单击 ■ Stop 按键,仿真结束。

扩展知识:

使用探针进行仿真测试。以上仿真过程是模仿实验室进行测试的过程,没有充分发挥 Multisim 软件进行电路测试的优点。如果合理使用 Multisim 软件中的探针功能,则可以在一个电路中完成静态和动态的测试,参考电路如图 4-10 所示。

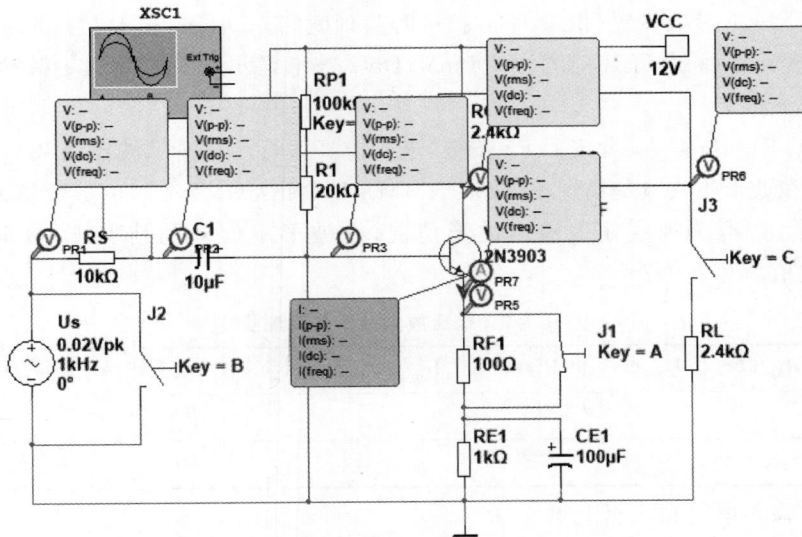

图 4-10　共射极单管放大器电探针测量仿真电路

在菜单 Place→Probe 中选择电压探针 ⓥ Voltage 或者电流探针 ⓐ Current 插入需要测量电压或者电流的点,也可以直接在探针工具栏 中进行选择。一个电压探针可以同时显示电路中某个位置的电压瞬时值 V、交流电压峰-峰值 V_{P-P}、交流电压有效值 Vrms、交流电压的频率 Vfreq 和电压直流分量的数值 Vdc,电流探针也具有类似的功能。合理使用探针,可以大幅提高仿真实验的效率。图 4-10 的测量电路即可完成静态工作点、电压放大倍数、输入电阻和输出电阻的测量。

4.3 实验2 负反馈放大器

4.3.1 实验目的

加深理解放大电路中引入负反馈的方法和负反馈对放大器各项性能指标的影响。

4.3.2 实验仪器和设备

(1) 模拟电路实验箱。

(2) 函数信号发生器。

(3) 双踪示波器。

(4) 交流毫伏表。

(5) 万用表。

(6) 电阻若干(外接 8.2kΩ 电阻)。

(7) 连接线若干。

4.3.3 实验原理

交流负反馈在电子电路中有着非常广泛的应用,虽然它使放大器的放大倍数降低,但能在多方面改善放大器的动态指标,如稳定放大倍数,改变输入、输出电阻,减小非线性失真和展宽通频带等。因此,几乎所有的实用放大器都带有交流负反馈。

交流负反馈放大器有 4 种组态,即电压串联、电压并联、电流串联和电流并联。本实验以电压串联负反馈为例,分析交流负反馈对放大器各项性能指标的影响。

1. 电路连接

图 4-11 为带有负反馈的两级阻容耦合放大电路,在电路中通过 R_f 把输出电压 u_o 引回到输入端,加在晶体管 V1 的发射极上,在发射极电阻 R_{F1} 上形成反馈电压 u_f。根据反馈的判断法可知,它属于电压串联负反馈。

2. 主要性能指标

1) 闭环电压放大倍数

$$A_{Vf} = \frac{A_V}{1 + A_V F_V} \tag{4-9}$$

其中,A_V 为基本放大器(无反馈)的电压放大倍数,即开环电压放大倍数。

$1 + A_V F_V$ 为反馈深度,它的大小决定了负反馈对放大器性能改善的程度。

2) 反馈系数

$$F_V = \frac{R_{F1}}{R_f + R_{F1}} \tag{4-10}$$

3) 输入电阻

需要指出的是,在这个电压串联负反馈的放大器中,电阻 R_{B1} 和 R_{B2} 并不在反馈环

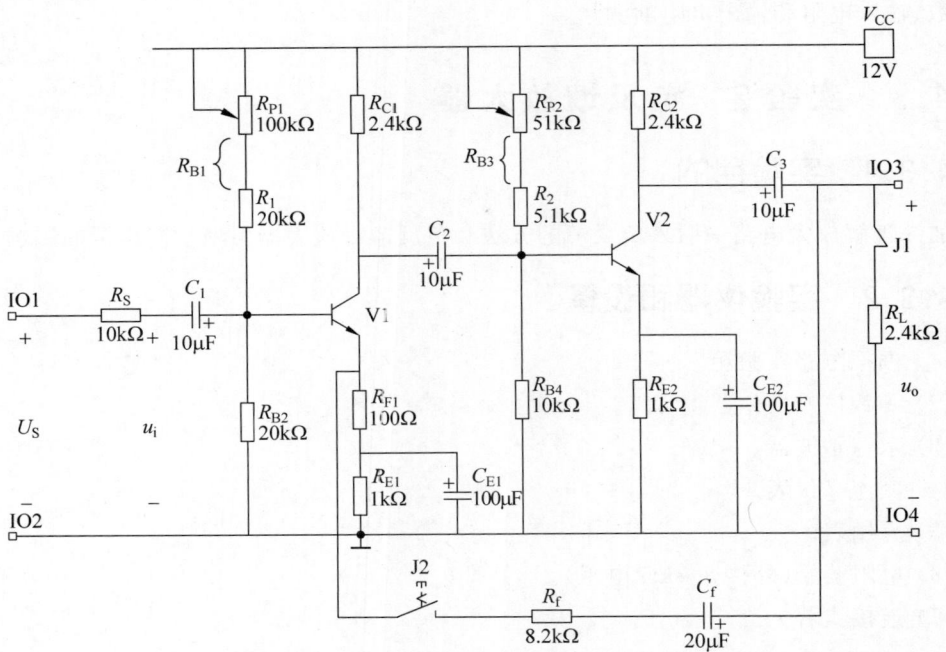

图 4-11　带有电压串联负反馈的两级阻容耦合放大器

内,反馈对它们不产生影响。电路的方框图如图 4-12
所示(其中,$R_B = R_{B1} // R_{B2}$),可以看出

$$R'_{if} = (1 + A_V F_V) R'_i \qquad (4\text{-}11)$$

R_i 为基本放大器的输入电阻。

R'_i 为基本放大器中被包含在反馈环内的输入电阻。

R_{if} 为带有交流负反馈以后,放大器的输入电阻。

R'_{if} 为带有交流负反馈以后,放大器中被包含在反馈环内
的输入电阻。

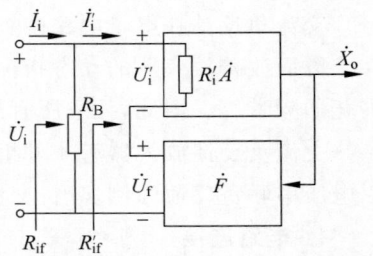

**图 4-12　R_B 在反馈环之外是串联
负反馈电路方框图**

而整个电路的输入电阻

$$R_{if} = R_B // R'_{if}$$

　　注意:基本放大电路的输入电阻为 R_i,加入反馈以后电路的输入电阻 R_{if} 测量原理同
4.2 实验中的方法(具体测量原理见图 4-5)。然后利用 $R_i = R_B // R'_i$,$R_{if} = R_B // R'_{if}$ 计算出
R'_i 和 R'_{if}。即

$$R'_i = \frac{R_B R_i}{R_B - R_i}$$

$$R'_{if} = \frac{R_B R_{if}}{R_B - R_{if}}$$

　　4) 输出电阻

$$R_{of} = \frac{R_o}{1 + A_V F_V} \qquad (4\text{-}12)$$

其中,R_o 为基本放大器的输出电阻。

3．测量基本放大器的动态参数

本实验还需要测量基本放大器的动态参数，怎样实现无反馈而得到基本放大器呢？不能简单地断开反馈支路，而是要去掉反馈作用，但又要把反馈网络的影响（负载效应）考虑到基本放大器中去。

（1）在画基本放大器的输入回路时，因为是电压负反馈，所以可将负反馈放大器的输出端交流短路，即令 $u_o=0$，此时 R_f 相当于并联在 R_{F1} 上。

（2）在画基本放大器的输出回路时，由于输入端是串联负反馈，因此需将反馈放大器的输入端（V1 管的射极）开路，此时 R_f+R_{F1} 相当于并联接在输出端。可近似认为 R_f 并接在输出端。

根据上述规律，就可得到所要求的如图 4-13 所示的基本放大器。

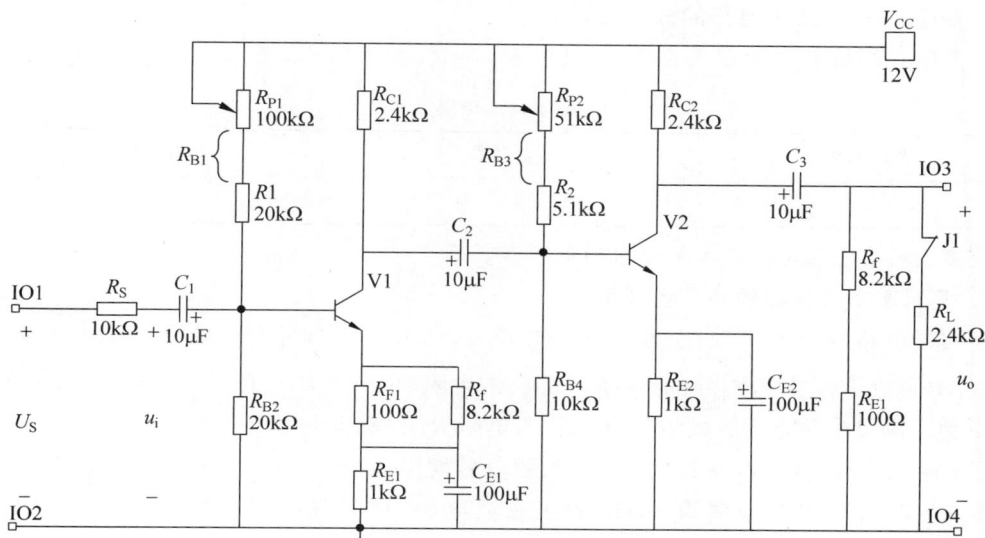

图 4-13　基本放大器

4.3.4　实验内容和步骤

实验箱上的负反馈放大器的实验电路如图 4-14 所示。

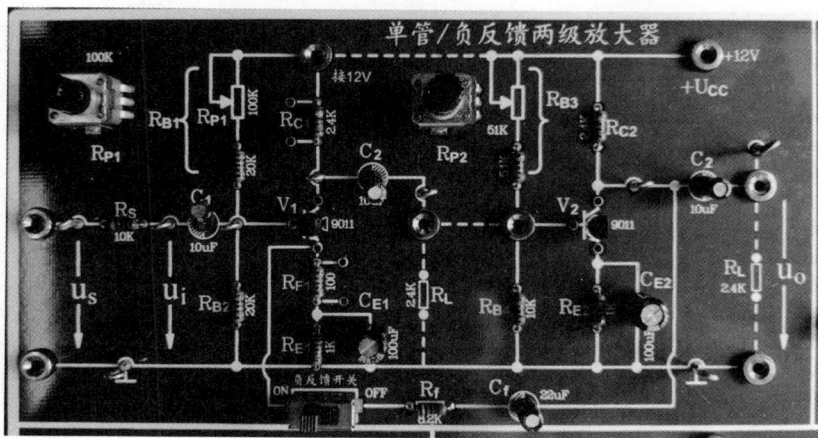

图 4-14　负反馈放大器实验箱上的电路

1. 测量静态工作点

按图 4-11 连接实验电路,断开负反馈开关,取 $U_{CC}=+12V$,$U_i=0$,调节 R_{P1},使 $U_{E1}=1V$;调节 R_{P2},使 $U_{E2}=2V$。测量电路中各点电压,用直流电压表分别测量第一级、第二级的静态工作点,记入表 4-10,其中 $I_{E1}=\dfrac{U_{E1}}{R_{F1}+R_{E1}}$,$I_{E2}=\dfrac{U_{E2}}{R_{E2}}$。

表 4-10 一、二级静态工作点

U_{B1}/V	U_{E1}/V	U_{C1}/V	U_{B2}/V	U_{E2}/V	U_{C2}/V	I_{E1}/mA	I_{E2}/mA

2. 测量第一级放大电路的分压电阻 R_{B1}

用万用表测量 R_{B1} 并记入表 4-11,其中 $R_{B1}=R_{P1}+R_1$,$R_B=R_{B1}//R_{B2}$。

表 4-11 电阻

$R_{B2}/k\Omega$	$R_{B1}/k\Omega$	$R_B/k\Omega$
20		

注意:测量电阻时要先去掉电路的电源线。

3. 测试基本放大器的各项性能指标

将实验电路按图 4-13 改接,断开负反馈开关,在 R_{F1} 两端并联一个 8.2kΩ 的电阻(相当于 R_f 并联在 R_{F1} 上),R_L 两端并联 8.3kΩ 的电阻(相当于 R_f+R_{F1} 并联在 R_L 上),其他连线不动。测量中频电压放大倍数 A_V,输入电阻 R_i 和输出电阻 R_o。

(1) 接入负载电阻 $R_L=2.4k\Omega$。从函数信号发生器产生 $V_{P-P}=10mV$(V_{P-P} 建议选择范围为 3mV~10mV),频率为 1kHz 的正弦波电压(信号频率建议选择范围为 1kHz~3kHz),加入电路的 U_S 端。用示波器监视输出波形 u_o,在 u_o 不失真的情况下,测量 U_S、U_{i1}、U_L,并记入表 4-12。

表 4-12 基本放大电路各项性能指标

U_S/mV	U_{i1}/mV	U_{L1}/mV	U_{o1}/mV	A_V	$R_i/k\Omega$	$R_i'/k\Omega$	$R_o/k\Omega$

(2) 去掉负载电阻 R_L,保持 U_S 输入信号不变,让电路处于空载状态,测量空载输出电压 U_{o1},并记入表 4-12,其中 $A_V=\dfrac{U_{L1}}{U_{i1}}$,$R_i=\dfrac{U_{i1}}{U_S-U_{i1}}R_S$,$R_i'=\dfrac{R_BR_i}{R_B-R_i}$,$R_o=\left(\dfrac{U_{o1}}{U_{L1}}-1\right)\cdot R_L$。

4. 测试负反馈放大器的各项性能指标

将实验电路恢复为图 4-11 的负反馈放大电路。闭合负反馈开关,重复步骤 3 在输出波形不失真的条件下,测量负反馈放大器的 A_{Vf}、R_{if} 和 R_{of}。

(1) 接入负载电阻 $R_L=2.4k\Omega$。从函数信号发生器产生 $V_{P-P}=10mV$(V_{P-P} 建议选择范围为 3~10mV),频率为 1kHz 的正弦波电压(信号频率建议选择范围:1kHz~3kHz),加入电路的 U_S 端。用示波器监视输出波形 u_{L2},在 u_{L2} 不失真的情况下,用毫伏表测量 U_S、U_{i2}、U_{L2},并记入表 4-13。

（2）去掉负载电阻,保持 U_S 输入信号不变。让电路处于空载状态,测量空载输出电压 U_{o2} 记入表 4-13 中。其中, $A_{Vf}=\dfrac{U_{L2}}{U_{i2}},R_{if}=\dfrac{U_{i2}}{U_S-U_{i2}}R_S,R'_{if}=\dfrac{R_BR_{if}}{R_B-R_{if}},R_{of}=\left(\dfrac{U_{o2}}{U_{L2}}-1\right)R_L$ 。

表 4-13 负反馈放大器各项性能指标

U_S/mV	U_{i2}/mV	U_{L2}/mV	U_{o2}/mV	A_{Vf}	$R_{if}/\text{k}\Omega$	$R'_{if}/\text{k}\Omega$	$R_{of}/\text{k}\Omega$

* 5. 观察负反馈对非线性失真的改善

（1）实验电路改接成基本放大器形式,在输入端加入 $f=1\text{kHz}$ 的正弦信号,输出端接示波器,逐渐增大输入信号的幅度,使输出波形开始出现失真,记下此时的波形和输出电压的幅度。

（2）再将实验电路改接成负反馈放大器的形式,增大输入信号幅度,使输出电压幅度的大小和（1）相同,比较有负反馈时,输出波形的变化。

4.3.5 实验报告要求

实验报告应包括如下内容：实验目的、实验仪器、实验原理、实验内容、实验步骤、实验数据及分析、实验思考题和实验总结。

（1）将基本放大器和负反馈放大器动态参数的实测值和理论估算值列表进行比较,分析误差原因。

（2）根据实验结果,总结电压串联负反馈对放大器性能的影响。

4.3.6 思考题

（1）怎样把负反馈放大器改接成基本放大器？为什么要把 R_f 并联在输入和输出端？

（2）如输入信号存在失真,能否用负反馈进行改善？

（3）如按深负反馈估算,则闭环电压放大倍数 A_{Vf} 是多少？和测量值是否一致？为什么？

（4）比较实验数据和通过 Multisim 获得的仿真数据。

4.3.7 预习要求

（1）复习书中有关负反馈放大器的内容。

（2）按实验电路图 4-11 估算放大器的静态工作点（取 $\beta_1=\beta_2=100$ ）。

（3）估算基本放大器的电压放大倍数 A_V 、输入电阻 R_i 和输出电阻 R_o ；估算负反馈放大器的 A_{Vf} 、 R_{if} 和 R_{of} ,并验算它们之间的关系。

（4）利用 Multisim 完成仿真调试。

1）调试静态工作点

绘制如图 4-15 所示电路图（元器件和仪表的选取、线路的连接、测量的方法与共射极单管放大器直流工作点仿真调试内容类似,可参阅 4.2 节的相关内容）。

电路绘制完成后进行保存。闭合开关 J1、J3,断开开关 J2,单击按键 ▷ Run 按键,或者按下 F5 键,进入仿真运行。调节 R_{P1} ,使 $U_{E1}=1\text{V}$ （XMM1 的读数）（**注意**：所有的电压表此时都应该设置为直流电压挡）；调节 R_{P2} ,使 $U_{E2}=2\text{V}$ （XMM4 的读数）。然后,记录此时

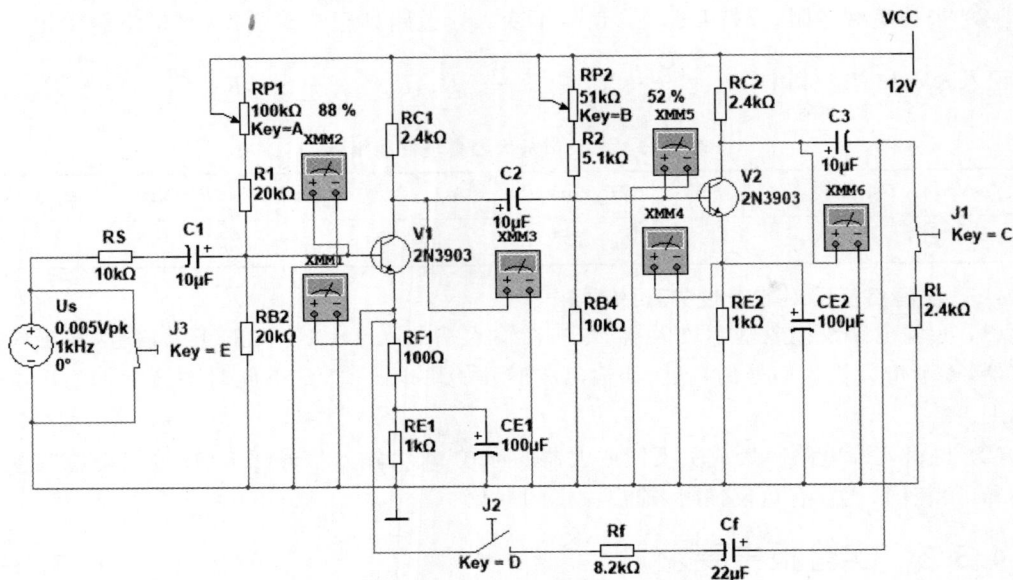

图 4-15 负反馈放大器静态工作点测量仿真电路

电路中各点电压值（XMM1～XMM6 的读数），即第一级、第二级的静态工作点，填入表 4-14 中，其中 $I_{E1} = \dfrac{U_{E1}}{R_{F1} + R_{E1}}$，$I_{E2} = \dfrac{U_{E2}}{R_{E2}}$。

表 4-14 一、二级静态工作点

U_{B1}/V	U_{E1}/V	U_{C1}/V	R_{P1} 位置/%	U_{B2}/V	U_{E2}/V	U_{C2}/V	R_{P2} 位置/%	I_{E1}/mA	I_{E2}/mA

此时，第一级放大电路的相关电阻填入表 4-15。其中，$R_{B1} = R_{P1} + R_1$，$R_B = R_{B1} // R_{B2}$。

表 4-15 第一级放大电路的相关电阻

$R_{B1}/kΩ$	$R_{B2}/kΩ$	$R_B/kΩ$
	20	

单击按键 ■ Stop，停止仿真。

2) 测试基本放大器的各项性能指标

将实验电路按图 4-16 进行改接。去掉 6 个直流电压表，在 R_{F1} 两端并联一个 8.2kΩ 的电阻（相当于 R_f 并联在 R_{F1} 上），R_L 两端并联 8.2kΩ＋100Ω 的电阻（相当于 $R_f + R_{F1}$ 并接在 R_L 上），引入示波器 XSC1 和两个交流电压表 XMM1、XMM2；信号源设置为 Voltage (PK)＝0.005V；Frequency(F)＝1kHz；Phase＝0°。

单击按键 ▶ Run，或者按下 F5 按键，进入仿真运行。

(1) 闭合开关 J1，断开开关 J2 和 J3，接入信号源和负载电阻。用示波器观察输出波形，在输出波形不失真的情况下，测量放大电路输入电压 U_{i1}（XMM1 的读数）、带负载输出电压 U_{L1}（XMM2 的读数）的值，记入表 4-16，u_{i1} 和 u_{L1} 的波形计入表 4-17。

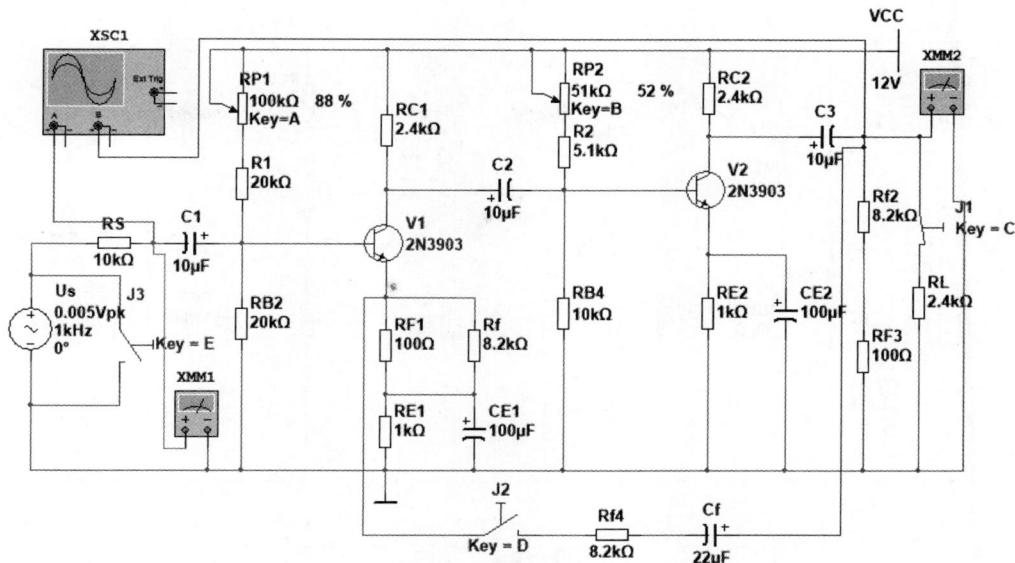

图 4-16 基本放大器的各项性能指标仿真测试

（2）断开开关 J1、J2 和 J3，去掉负载电阻，保持 U_S 输入信号不变。让电路处于空载状态，测量此时空载输出电压 U_{o1} 记入表 4-16。其中，$A_V = \dfrac{U_{L1}}{U_{i1}}$，$R_i = \dfrac{U_{i1}}{U_S - U_{i1}} R_S$，$R'_i = \dfrac{R_B R_i}{R_B - R_i}$，$\left(\dfrac{U_{o1}}{U_{L1}} - 1\right) R_L$。将 u_{i1} 和 u_{o1} 的波形计入表 4-17。

表 4-16　基本放大电路的各项性能指标

U_S/mV	U_{i1}/mV	U_{L1}/mV	U_{o1}/mV	A_V	R_i/kΩ	R'_i/kΩ	R_o/kΩ

表 4-17　基本放大电路的输入和输出波形

u_{i1} 和 u_{L1} 波形	u_{i1} 和 u_{o1} 波形

单击按键 ▮ Stop，停止仿真。

3）测试负反馈放大器的各项性能指标

将实验电路恢复为如图 4-17 所示的负反馈放大电路。

单击按键 ▶ Run，或者按下 F5 按键，进入仿真运行。

（1）闭合开关 J1 和 J2，断开 J3，接入信号源、负载电阻和负反馈网络。用示波器观察输出波形，在输出波形不失真的情况下，测量放大电路输入电压 U_{i2}（XMM1 的读数）、带负载输出电压 U_{L2}（XMM2 的读数）的值，记入表 4-18，将 u_{i2} 和 u_{L2} 的波形填入表 4-19。

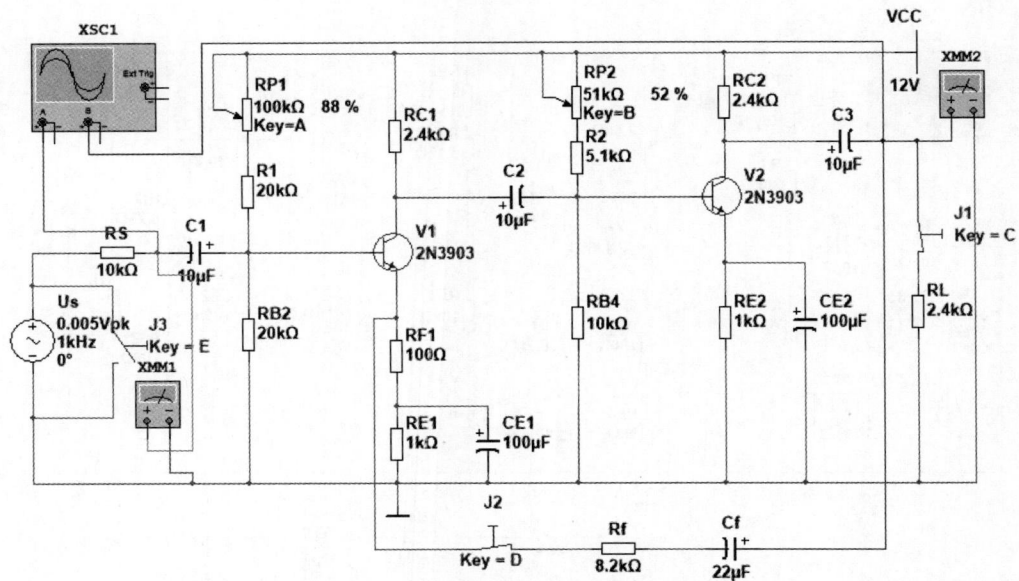

图 4-17　负反馈放大器的各项性能指标仿真测试

表 4-18　负反馈放大电路的各项性能指标

U_s/mV	U_{i2}/mV	U_{L2}/mV	U_{o2}/mV	A_{Vf}	R_{if}/kΩ	R'_{if}/kΩ	R_{of}/kΩ

表 4-19　负反馈放大电路的输入和输出波形

u_{i2} 和 u_{L2} 波形	u_{i2} 和 u_{o2} 波形

（2）断开开关 J1 和 J3，闭合 J2，接入负反馈网络，去掉负载电阻，保持 U_S 输入信号不变。让电路处于空载状态，测量此时空载输出电压 U_{o2} 记入表 4-18。其中，$A_{Vf}=\dfrac{U_{L2}}{U_{i2}}$，$R_{if}=\dfrac{U_{i2}}{U_s-U_{i2}}R_s$，$R'_{if}=\dfrac{R_B R_{if}}{R_B-R_{if}}$，$R_{cf}=\left(\dfrac{U_{o2}}{U_{L2}}-1\right)R_L$。将 u_{i2} 和 u_{o2} 的波形填入表 4-19。单击按键 ▮ Stop，停止仿真。

4.4　实验 3　集成运算放大器的基本应用

4.4.1　实验目的

研究由集成运算放大器组成的比例、加法、减法和积分等基本运算电路的功能。
了解运算放大器在实际应用时应考虑的一些问题。

4.4.2 实验仪器和设备

（1）模拟电路实验箱。

（2）函数信号发生器。

（3）双踪示波器。

（4）交流毫伏表。

（5）万用表。

（6）连接线若干。

（7）集成运算放大器 μA741。

（8）电阻器、电容器若干。

4.4.3 实验原理

集成运算放大器是一种具有高电压放大倍数的直接耦合多级放大电路。当外部接入不同的线性或非线性元器件组成输入和负反馈电路时，可以灵活地实现各种特定的函数关系。在线性应用方面，可组成比例、加法、减法、积分、微分、对数等模拟运算电路。

1. 集成运放芯片简介

本实验采用的集成运放型号为 μA741（或者 F007），引脚排列如图 4-18 所示，它是 8 引脚双列直插式组件，其 2 引脚和 3 引脚为反相和同相输入端，6 引脚为输出端，7 引脚和 4 引脚为正、负电源端，1 引脚和 5 引脚为失调调零端，1 引脚和 5 引脚之间可以接入一个几十 kΩ 的电位器并将滑头接到负电源端，8 引脚为空脚。

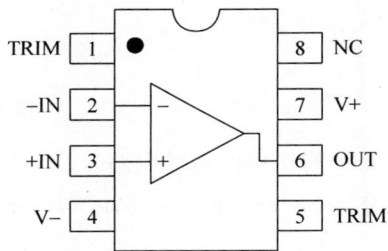

图 4-18　μA741 引脚图

2. 理想运算放大器特性

1）理想运放条件

在大多数情况下，将运放视为理想运放，就是将运放的各项技术指标理想化，满足下列条件的运算放大器称为理想运放。

（1）开环电压增益 $A_{Vd}=\infty$。

（2）输入阻抗 $R_i=\infty$。

（3）输出阻抗 $R_o=0$。

（4）带宽 $f_{BW}=\infty$。

（5）失调与漂移均为零等。

2）理想运放在线性应用时的两个重要特性

（1）输出电压 U_o 与输入电压之间满足关系式 $U_o=A_{Vd}(U_+ -U_-)$。由于 $A_{Vd}=\infty$，而 U_o 为有限值，因此，$U_+ -U_- \approx 0$。即 $U_+ \approx U_-$，称为"虚短"。

（2）由于 $R_i=\infty$，故流进运放两个输入端的电流可视为零，即 $I_{iB}=0$，称为"虚断"。这说明运放对其前级吸取电流极小。

上述两个特性是分析理想运放应用电路的基本原则，可简化运放电路的计算。

3) 基本运算电路

(1) 反相比例运算电路。

电路如图 4-19 所示。对于理想运放,该电路的输出电压与输入电压之间的关系为

$$u_{\mathrm{o}} = -\frac{R_{\mathrm{f}}}{R_1} u_{\mathrm{i}} \tag{4-13}$$

为了减小输入级偏置电流引起的运算误差,在同相输入端应接入平衡电阻 $R_2 = R_1 // R_{\mathrm{f}}$。

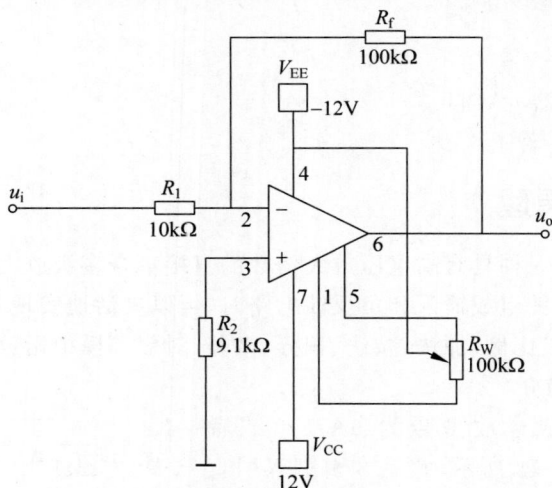

图 4-19 反相比例运算电路

(2) 同相比例运算电路。

图 4-20(a)是同相比例运算电路,其输出电压与输入电压之间的关系为

$$u_{\mathrm{o}} = \left(1 + \frac{R_{\mathrm{f}}}{R_1}\right) u_{\mathrm{i}}, \quad R_2 = R_1 // R_{\mathrm{f}} \tag{4-14}$$

当 $R_1 \to \infty$ 时,$u_{\mathrm{o}} = u_{\mathrm{i}}$,即得到如图 4-20(b)所示的电压跟随器。图中 $R_2 = R_{\mathrm{f}}$,可以减小漂移并起保护作用。一般 R_{f} 取 10kΩ,R_{f} 太小起不到保护作用,太大则影响跟随性。

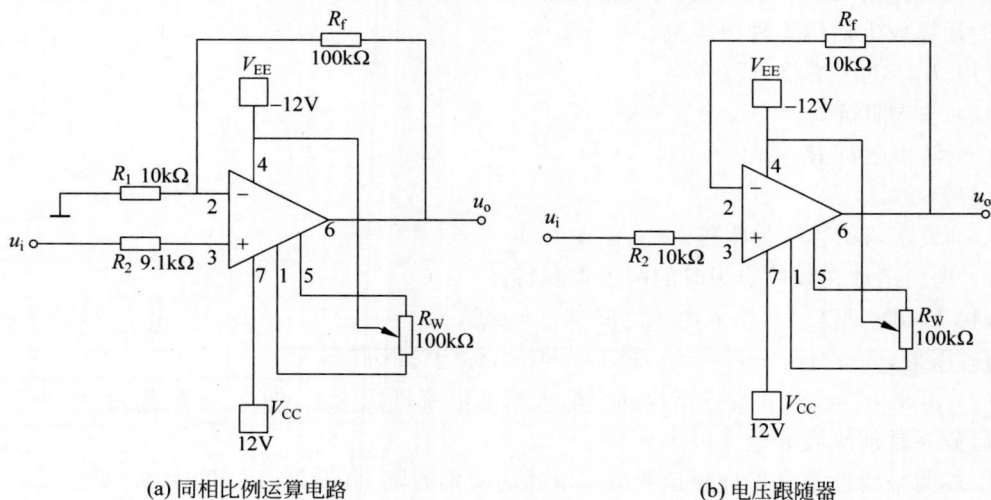

(a) 同相比例运算电路

(b) 电压跟随器

图 4-20 同相比例运算电路

（3）反相加法电路。

电路如图 4-21 所示，其输出电压与输入电压之间的关系为

$$u_o = -\left(\frac{R_f}{R_1}u_{i1} + \frac{R_f}{R_2}u_{i2}\right), \quad R_3 = R_1//R_2//R_f \tag{4-15}$$

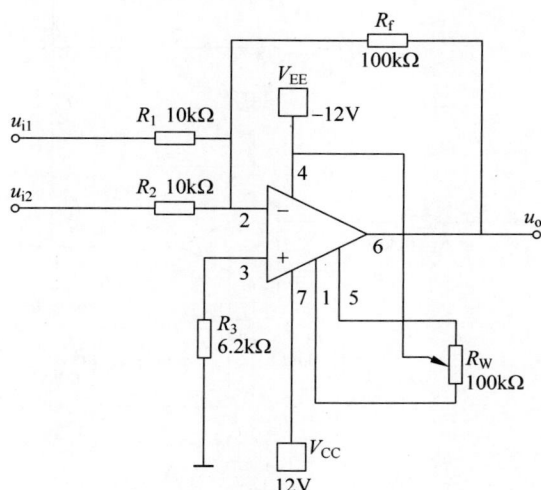

图 4-21 反相加法运算电路

（4）差动放大电路（减法器）。

对于图 4-22 所示的减法运算电路，当 $R_1 = R_2$，$R_3 = R_f$ 时，有如下关系式：

$$u_o = \frac{R_f}{R_1}(u_{i2} - u_{i1}) \tag{4-16}$$

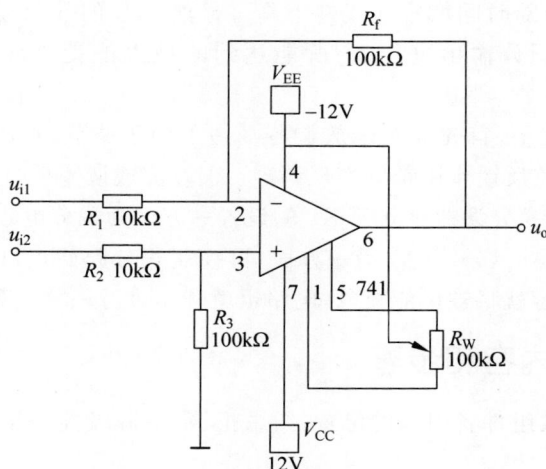

图 4-22 减法运算电路图

（5）积分运算电路。

反相积分电路如图 4-23 所示。在理想化条件下，输出电压 u_o 为

$$u_o(t) = -\frac{1}{R_1 C}\int_0^t u_i \mathrm{d}t + u_c(o) \tag{4-17}$$

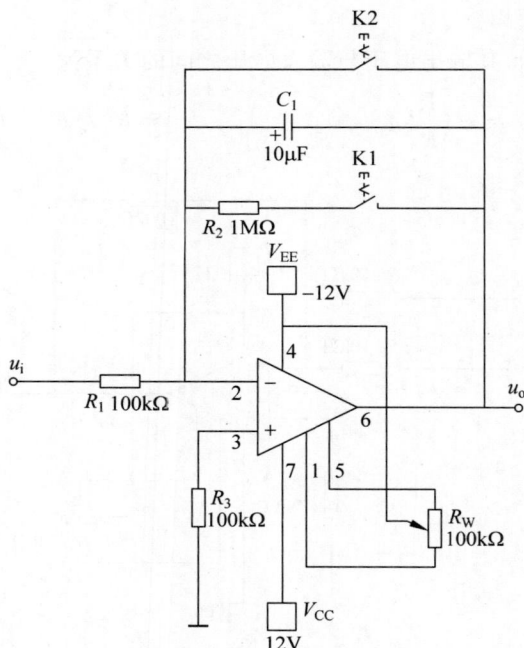

图 4-23 积分运算电路

式中，$u_c(o)$ 是 $t=0$ 时刻电容 C 两端的电压值，即初始值。

如果 $u_i(t)$ 是幅值为 E 的阶跃电压，并设 $u_c(o)=0\text{V}$，则

$$u_o(t)=-\frac{1}{R_1C}\int_0^t E\,\mathrm{d}t=-\frac{E}{R_1C}t \tag{4-18}$$

即输出电压 $u_o(t)$ 随时间增长而线性下降。显然，RC 的数值越大，达到给定的 u_o 值所需的时间就越长。积分输出电压 u_o 所能达到的最大值受集成运放最大输出范围的限制。

在进行积分运算之前，首先应对运放调零。为了便于调节，将图 4-23 中的开关 K1 闭合，即通过电阻 R_2 的负反馈作用帮助实现调零。但在完成调零后，应将开关 K1 打开，以免因电阻 R_2 的接入造成积分误差。开关 K2 的设置一方面为积分电容放电提供通路，同时可实现积分电容初始电压 $u_c(o)=0\text{V}$，另一方面，可控制积分起始点，即在加入信号 u_i 后，只要开关 K2 一打开，电容就将被恒流充电，电路也就开始进行积分运算。

4.4.4　实验内容和步骤

实验前要看清运放组件各引脚的位置，切忌正、负电源极性接反和输出端短路，否则将会损坏集成块。

1. 反相比例运算电路

(1) 按图 4-19 连接实验电路，接通 ±12V 电源，输入端对地短路，进行调零和消振。

(2) 输入 $f=100\text{Hz}$，$U_{\text{P-P}}=0.5\text{V}$ 的正弦交流信号(为避免输出波形产生失真，输入信号电压不宜偏大)，测量相应的 u_o，并用示波器观察 u_o 和 u_i 的相位关系，记入表 4-20。

表 4-20 $f=100\text{Hz},U_{\text{P-P}}=0.5\text{V}$

u_i/V	u_o/V	u_i 波形	u_o 波形	A_V	
				实测值	计算值

2. 同相比例运算电路

（1）按图 4-20(a)连接实验电路，实验步骤同内容 1，将结果记入表 4-21。

（2）按图 4-20(b)连接实验电路，重复内容(1)，将结果记入表 4-21。

表 4-21 $f=100\text{Hz},U_{\text{P-P}}=0.5\text{V}$

	u_i/V	u_o/V	u_i 波形	u_o 波形	A_V	
					实测值	计算值
同相比例运算电路						
电压跟随器						

3. 反相加法运算电路

（1）按图 4-21 连接实验电路。

（2）输入信号采用直流信号（建议输入直流电压$|U_\text{I}|<0.4\text{V}$），实验时要注意选择合适的直流信号幅度以确保集成运放工作在线性区。用直流电压表测量输入电压 U_{I1}、U_{I2} 及输出电压 U_o，记入表 4-22。

表 4-22 反相加法运算

U_{I1}/V				
U_{I2}/V				
U_o/V				
U_o/V 计算值				
U_o 相对误差				

4. 减法运算电路

（1）按图 4-22 连接实验电路。

（2）采用直流输入信号，实验步骤同内容 3，记入表 4-23。

表 4-23 减法运算

U_{I1}/V				
U_{I2}/V				
U_o/V				
U_o/V 计算值				
U_o 相对误差				

5. 积分运算电路

实验电路如图 4-23 所示。

(1) 打开开关 K2,闭合开关 K1,对运放输出进行调零。

(2) 调零完成后,再打开开关 K1,闭合开关 K2,使 $u_c(o)=0$V。

(3) 预先调好直流输入电压 $u_i=0.5$V,接入实验电路,再打开开关 K2,然后用直流电压表测量输出电压 u_o,每隔 5s 读一次 u_o,记入表 4-24,直到 u_o 不继续明显增大为止。

表 4-24 积分运算电路

t/s	0	5	10	15	20	25	30	...
u_o/V								

4.4.5 实验报告要求

实验报告应包括如下内容:实验目的、实验仪器、实验原理、实验内容、实验步骤、实验数据及分析、实验思考题和实验总结。

(1) 整理实验数据,画出波形图(注意波形间的相位关系)。

(2) 将理论计算结果和实测数据相比较,分析产生误差的原因。

(3) 分析讨论实验中出现的现象和问题。

4.4.6 思考题

(1) 在反相加法器中,如 u_{i1} 和 u_{i2} 均采用直流信号,并选定 $u_{i2}=-1$V,当考虑运算放大器的最大输出幅度(± 12V)时,$|U_{i1}|$ 的大小不应超过多少伏?

(2) 在积分电路中,如 $R_1=100$kΩ,$C=4.7\mu$F,求时间常数。假设 $u_i=0.5$V,问要使输出电压 u_o 达到 5V,需多长时间(设 $u_c(o)=0$V)?

(3) 为了不损坏集成块,实验中应注意什么问题?

4.4.7 预习要求

1. 复习

复习集成运放线性应用部分内容,并根据实验电路参数计算各电路输出电压的理论值。

2. 用 Multisim 完成仿真实验

1) 反相比例运算电路

(1) 按照图 4-24 搭建反相比例运算电路仿真原理图。

(2) 元器件选取:

①双击快捷图标"⊅"→选择"⊅OPAMP"(运算放大器),在元器件列表中选择"741",确定。②选择仪表工具栏图标"▦"(Function Generator XFG1)。设置波形(Waveforms)选择后一个"正弦波",频率(Frequency)为 100Hz,幅值(Amplitude)为 10mVp,偏移量(Offset)为 0V。③双踪示波器(XSC1),扫描时基刻度(Timebase Scale)为 5ms/Div;通道A 刻度为 5mV/Div;通道 B 刻度为 50mV/Div;波形显示方式为 Y/T;A 端测量输入信号,连线(波形)颜色设置为"红色",B 端测量输出信号,连线(波形)颜色设置为"蓝色"。输入输出信号均为 AC。④万用表 XMM1 和 XMM2 用来测量输入和输出电压的有效值,其

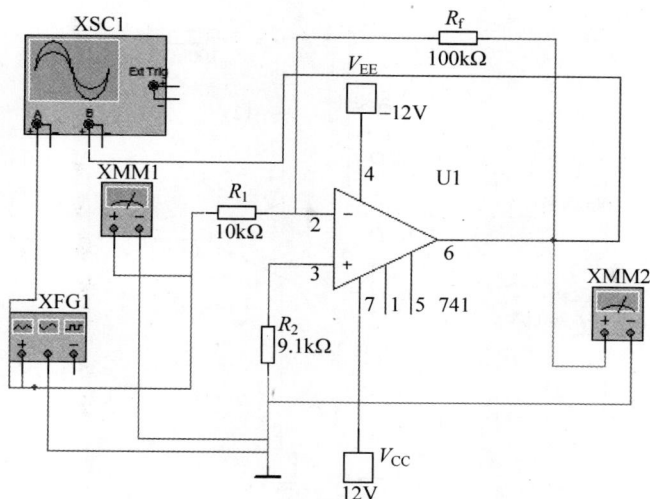

图 4-24 反相比例运算仿真电路

参数设置为测量变量"V"(电压),类型"～"(交流)。⑤其余元器件的参数设置为 $R_1 = 10\text{k}\Omega, R_f = 100\text{k}\Omega, R_2 = 9.1\text{k}\Omega, V_{CC} = 12\text{V}, V_{EE} = -12\text{V}$。

(3) 仿真测试。将电路按图 4-24 连接好,并设置好仪表参数后,单击仿真按钮"▷",仿真开始。观察示波器输入(红色)和输出(蓝色)波形情况,是否都为正弦波,波形相位是同相、反相、正交还是其他,读取输入电压(万用表 XMM1 读数)、输出电压(万用表 XMM2 读数),记录在表 4-25 中。调整输入信号的幅值,观察当输入信号 u_i 振幅分别为不同值时,对应输出信号的变化,在表 4-25 中记录对应的输入和输出电压。观察函数发生器幅值(Amplitude)为 $3V_{P-P}$ 时,输出信号波形,并分析原因。

表 4-25 反相比例运算仿真测试

u_i/mV	u_o/mV	A_V	输入输出相位

2) 反相加法运算电路

(1) 电路原理图,按照图 4-25 搭建反相比例运算电路仿真原理图。

放置集成运放元器件 741。双击快捷图标" ⊉ ",打开"Select a Component"(选择一个元器件)对话框,选择" OPAMP "(运算放大器),在元器件列表中选择"741",单击 OK 按钮确定。在该项目中,调零端 1 和 5 都悬空。

其他元器件的放置。元器件参数设置为 $R_1 = 10\text{k}\Omega, R_2 = 10\text{k}\Omega, R_3 = 6.2\text{k}\Omega, R_f = 100\text{k}\Omega, V_{CC} = 12\text{V}, V_{EE} = -12\text{V}$。万用表 XMM1 用来测量直流输出电压。

(2) 开始仿真。分别测量不同输入电压信号组合下的输出电压信号。根据电路参数,运用公式计算输出电压的理论值。将结果均记录在表 4-26 中。

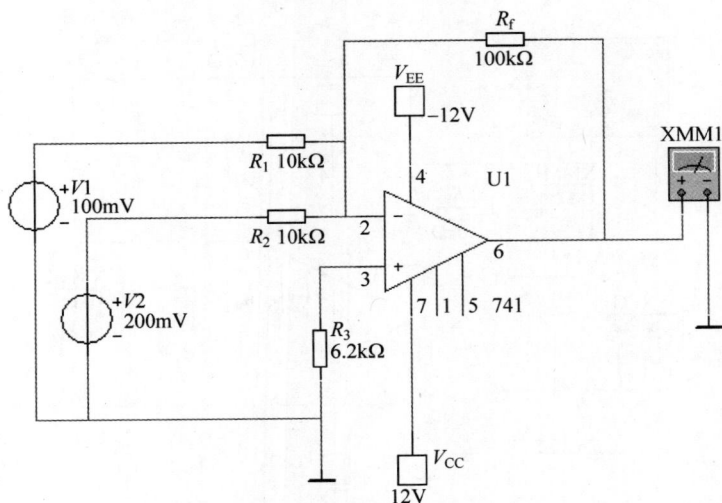

图 4-25　反相加法运算仿真电路

表 4-26　反相加法仿真测试

u_{i1}/mV	u_{i2}/mV	u_o/mV	
		实测值	理论值
100	200		
−100	200		
100	−200		

4.5　实验 4　RC 正弦波振荡器

4.5.1　实验目的

(1) 进一步学习 RC 串并联网络(文氏桥)正弦波振荡器的组成及其振荡条件。

(2) 学会测量、调试振荡器。

4.5.2　实验仪器和设备

(1) 模拟电路实验箱。

(2) 函数信号发生器。

(3) 双踪示波器。

(4) 交流毫伏表。

(5) 万用表。

(6) 连接线若干。

(7) 电阻、电容、电位器等。

4.5.3　实验原理

从结构上看,正弦波振荡器是没有输入信号的,带选频网络的正反馈放大器。若用

R、C 元器件组成选频网络,就称为 RC 振荡器,一般用来产生 1Hz～1MHz 的低频信号。RC 振荡器可以分为 RC 串并联网络(文氏桥)振荡器、RC 移相振荡器和双 T 选频网络振荡器。本实验重点研究 RC 串并联网络(文氏桥)振荡器。电路形式如图 4-26 所示,电路主要特性如下。

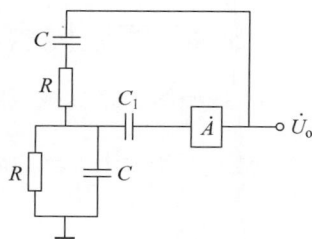

(1)振荡频率:$f_0 = \dfrac{1}{2\pi RC}$。

(2)起振条件:$|\dot{A}| > 3$。

(3)电路特点:可方便地连续改变振荡频率,便于加负反馈稳幅,容易得到良好的振荡波形。

本实验采用两级共射极分立元器件放大器组成 RC 正弦波振荡器,具体电路如图 4-27 所示。

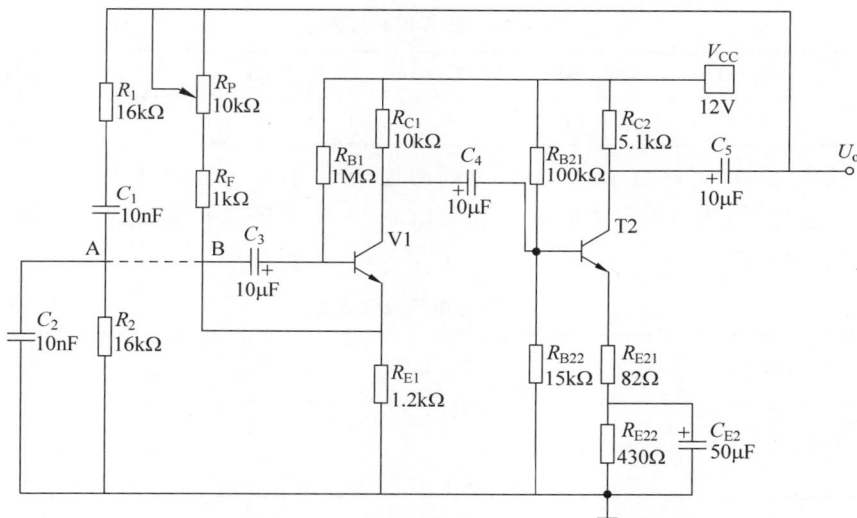

图 4-26 RC 串并联网络振荡器原理图

图 4-27 RC 串并联选频网络振荡器

模拟电路实验箱上的 RC 串并联选频网络振荡器实验单元如图 4-28 所示。

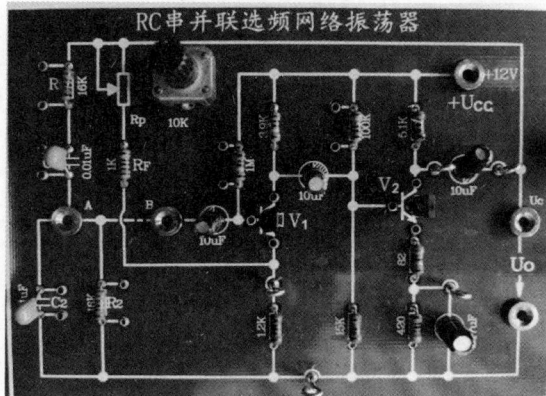

图 4-28 实验箱上的 RC 串并联选频网络振荡器

4.5.4 实验内容和步骤

（1）按照图 4-27 完成线路连接,断开 RC 串并联网络（即 A、B 之间不连接导线）,接通直流电源。测量两级放大电路的静态工作点,填写表 4-27。其中,$I_{E1} = \dfrac{U_{E1}}{R_{E1}}$,$I_{E2} = \dfrac{U_{E2}}{R_{E21} + R_{E22}}$。

表 4-27 静态工作点

U_{B1}/V	U_{E1}/V	U_{C1}/V	U_{B2}/V	U_{E2}/V	U_{C2}/V	$I_{E1} = \dfrac{U_{E1}}{R_{E1}}$/mA	$I_{E2} = \dfrac{U_{E2}}{R_{E21}+R_{E22}}$/mA

（2）接通 RC 串并联网络（A、B 间用导线连接）,调节电位器 R_P,使电路起振并获得满意的正弦信号。将输出波形的振荡频率和波形填入表 4-28。

表 4-28 振荡频率与波形

$R_1/k\Omega$	$R_2/k\Omega$	$C_1/\mu F$	$C_2/\mu F$	f/Hz	u_o 波形
16	16	0.01	0.01		

（3）测量电压放大倍数。断开 A、B 之间的连接导线,在 B 点加入 $V_{P-P} = 200mV$,$f = 1kHz$ 的正弦波信号,用示波器观察输入和输出波形,测量输入和输出的电压值,计算电压放大倍数 A_V 填入表 4-29。

表 4-29 电压放大倍数

U_i/mV	U_o/mV	$A_V = \dfrac{U_o}{U_i}$

（4）改变 R 或 C 值,观察振荡频率变化情况,将相关参数填入表 4-30。

表 4-30 振荡参数

$R_1/k\Omega$	$R_2/k\Omega$	$C_1/\mu F$	$C_2/\mu F$	f/Hz	U_o/V
16	16	0.01	0.01		

（5）RC 串并联网络幅频特性的观察。将 RC 串并联网络与放大器断开,将函数信号发生器的正弦信号注入 RC 串并联网络,保持输入信号的幅度不变（约 1V）,频率由低到高变化,RC 串并联网络输出幅值将随之变化,当信号源达某一频率时,RC 串并联网络的输出将达最大值（约 0.3V）,且输入、输出同相位,此时信号源频率为

$$f = f_o = \frac{1}{2\pi RC} \tag{4-19}$$

4.5.5 实验报告要求

实验报告应包括如下内容：实验目的、实验仪器、实验原理、实验内容、实验步骤、实验数据及分析、实验思考题和实验总结。

（1）由给定电路参数计算振荡频率，并与实测值比较，分析误差产生的原因。

（2）总结 RC 振荡器的特点。

4.5.6 思考题

如何用示波器测量振荡电路的振荡频率？

4.5.7 预习要求

1. 复习

复习教材有关三种类型 RC 振荡器的结构与工作原理。

2. 用 Multisim 完成仿真测量

（1）测量静态工作点：按照图 4-29 完成线路连接。万用表 XMM1～XMM6 设置为直流电压挡（DC），单击按键 ▶ Run，或者按下 F5 按键，进入仿真运行。

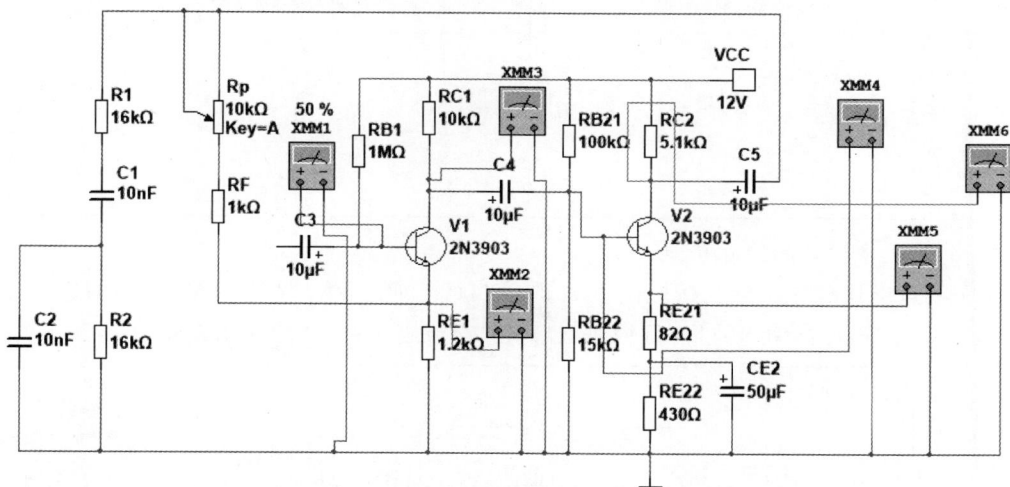

图 4-29　RC 正弦波振荡器静态工作点测试电路

读取万用表 XMM1～XMM6 的读数，填入表 4-31 中。

表 4-31　静态工作点

U_{B1}/V	U_{E1}/V	U_{C1}/V	U_{B2}/V	U_{E2}/V	U_{C2}/V	I_{E1}/mA	I_{E2}/mA

单击按键 ▶ Stop，停止仿真。

（2）电路振荡：按照图 4-30 改接线路。双击电位器 R_P 进行设置。选择 Value，将 Increment 改为 1%。单击按键 ▶ Run，调节电位器 R_P，使电路起振并获得满意的正弦信号（电路起振需要一定的时间，请保持适当耐心观察示波器的波形变化），填写表 4-32。

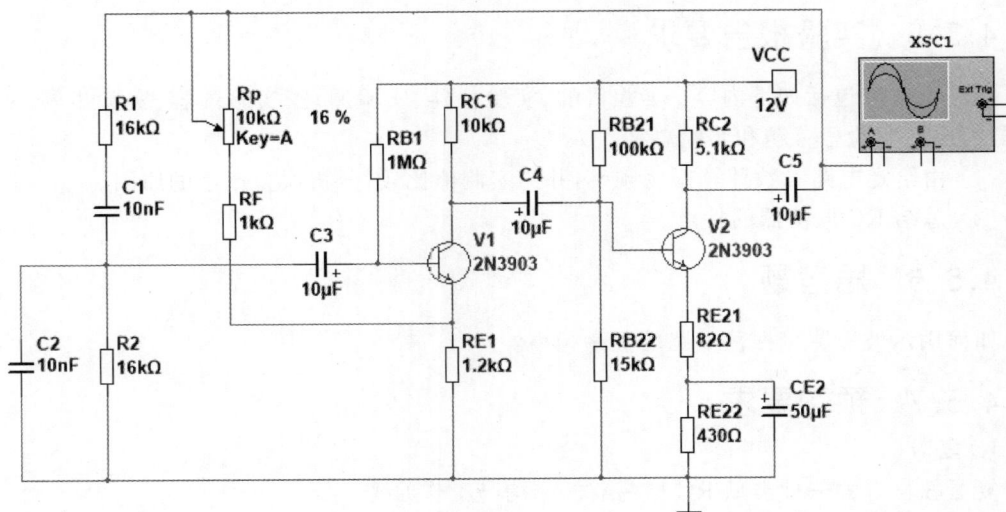

图 4-30 RC 正弦波振荡器电路

表 4-32 振荡频率与波形

R_P 滑块位置/%	观察记录输出的 u_o 波形

单击按键 ▶ Stop,停止仿真。

(3) 测量电压放大倍数。按照图 4-31 改接线路。加入 $V_{P-P}=200\mathrm{mV}$,$f=1\mathrm{kHz}$ 的正弦波电压,用示波器观察输出波形,万用表 XMM1(交流电压挡)读取输出电压值。

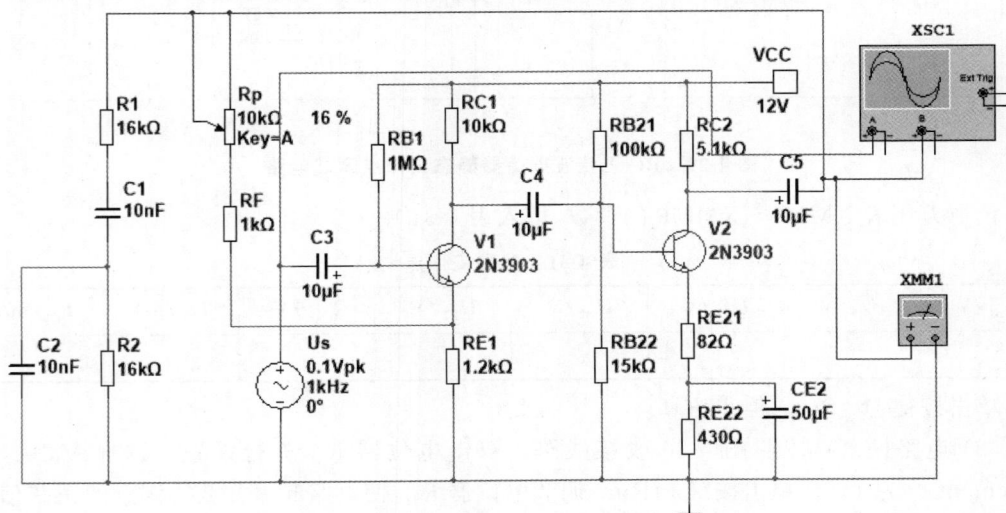

图 4-31 RC 正弦波振荡器电压放大倍数测试电路

测量输入和输出电压,计算电压放大倍数 A_V 填写表 4-33。

表 4-33 电压放大倍数

U_i/mV	U_o/mV	A_V	观察记录 u_o 和 u_i 的波形

单击按键 ▶ Stop,停止仿真。

(4)按照图 4-32 再次改接线路。改变 R_1、R_2 或 C_1、C_2 的值,观察振荡频率变化情况,将相关参数填入表 4-34。图 4-32 中引入了电压探针(voltage probe),可以方便读取输出正弦波的电压和频率。

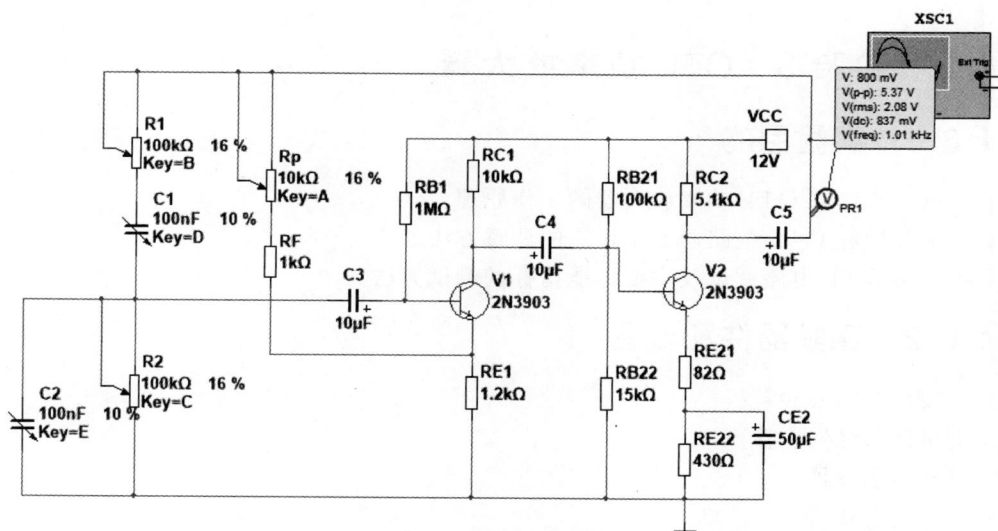

图 4-32 RC 正弦波振荡器振荡参数测试电路

表 4-34 振荡参数

R_1/kΩ	R_2/kΩ	C_1/μF	C_2/μF	f/Hz	U_o/mV

(5)使用探针进行仿真测试。以上仿真过程是模仿实验室进行测试的过程,没有充分发挥 Multisim 软件进行电路测试的优点。如果合理使用 Multisim 软件中的探针功能,则可以在一个电路中完成所有的测试,参考电路如图 4-33 所示(电路起振需要一定的时间,保持适当耐心观察示波器的波形变化)。

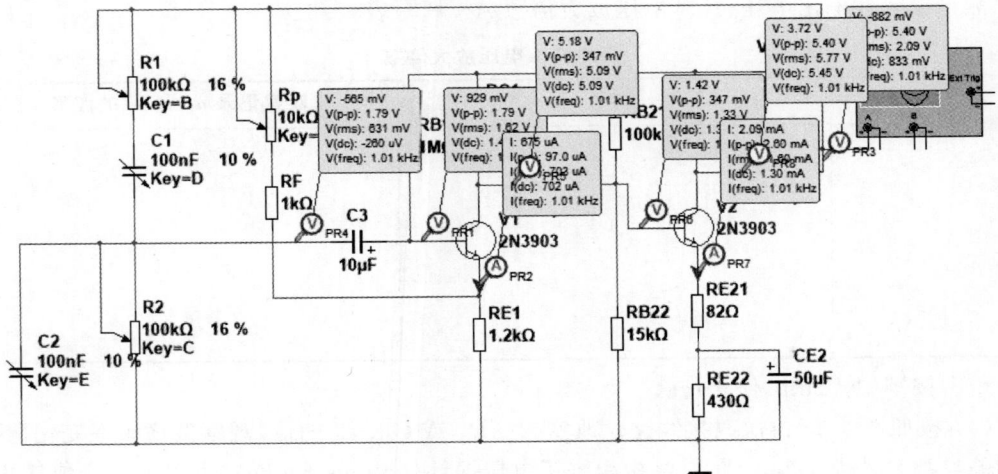

图 4-33　适用探针测试电路参数

4.6　实验 5　OTL 功率放大器

4.6.1　实验目的

（1）进一步理解 OTL 功率放大器的工作原理。

（2）加深理解 OTL 电路静态工作点的调整方法。

（3）学会 OTL 电路调试及主要性能指标的测试方法。

4.6.2　实验器件和设备

（1）模拟电路实验箱。

（2）函数信号发生器。

（3）双踪示波器。

（4）交流毫伏表。

（5）万用表。

（6）连接线若干。

（7）电阻、电容、电位器等。

4.6.3　实验原理

图 4-34 所示为 OTL 低频功率放大器。其中由晶体三极管 V1 组成推动级（也称前置放大级），V2、V3 是一对参数对称的 NPN 和 PNP 型三极管，它们组成互补推挽 OTL 功放电路。由于每个管子都接成射极输出器形式，因此具有输出电阻低，负载能力强等优点，适合作功率输出级。V1 管工作在甲类状态，它的集电极电流 I_{C1} 由电位器 R_{P1} 进行调节。I_{C1} 的一部分流经电位器 R_{P2} 及二极管 VD，给 V2、V3 提供偏压。调节 R_{P2}，可以使 V2、V3 得到合适的静态电流而工作于甲、乙类状态，以克服交越失真。静态时要求输出端中点 A 的电位 $U_A = \dfrac{1}{2} U_{CC}$，可以通过调节 R_{P1} 来实现，又由于 R_{P1} 的一端接在 A 点，因此在电路

中引入交、直流电压并联负反馈,能够稳定放大器的静态工作点,同时也改善了非线性失真。

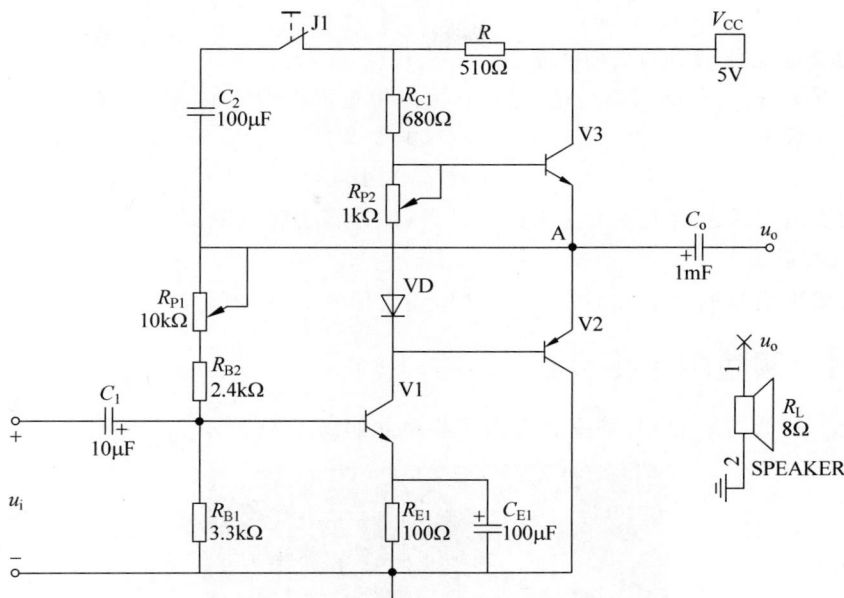

图 4-34 OTL 功率放大器实验电路

输入的正弦交流信号 u_i,经 V1 放大、倒相后同时作用于 V2、V3 的基极,u_i 的负半周使 V3 管导通(V2 管截止),有电流通过负载 R_L,同时向电容 C_o 充电,在 u_i 的正半周,V2 导通(V3 截止),则已充好电的电容器 C_o 起着电源的作用,通过负载 R_L 放电,这样在 R_L 上就得到完整的正弦波。

C_2 和 R 构成自举电路,用于提高输出电压正半周的幅度,得到大的动态范围。

调节电位器 R_{P2} 时会影响到静态工作点 A 点的电位,故调节静态工作点采用动态调节方法。为了得到尽可能大的输出功率,晶体管一般工作在接近临界参数的状态,如 I_{CM}、$U_{(BR)CEO}$ 和 P_{CM},这种工作状态晶体管极易发热(有条件时晶体管应采用散热措施)。由于三极管参数易受温度影响,在温度变化情况下三极管的静态工作点会随之变化,定量分析电路就会被所测数据存在的一定误差影响,所以一般采用动态调节方法调节静态工作点。受三极管对温度的敏感性影响,所测电路电流是个变化量,应尽量选择在变化缓慢时的读取的数作为定量分析的数据减小误差。

OTL 电路的主要性能指标有以下几种。

1. 最大不失真输出功率 P_{om}

理想情况下,$P_{om} = \dfrac{1}{8}\dfrac{U_{CC}^2}{R_L}$,在实验中可通过测量 R_L 两端的电压有效值来求得实际的最大不失真输出功率为

$$P_{om} = \frac{U_o^2}{R_L} \tag{4-20}$$

2. 效率 η

$$\eta = \frac{P_{om}}{P_E} \times 100\% \tag{4-21}$$

其中，P_E 为直流电源供给的平均功率。

理想情况下，$\eta_{max} = 78.5\%$。在实验中，可测量电源供给的平均电流 I_{dc}(多测几次取其平均值)，从而求得

$$P_E = U_{CC} \times I_{dc} \tag{4-22}$$

负载的交流功率已用上述方法求出，所以可以计算实际效率。

3. 输入灵敏度

输入灵敏度是指输出最大不失真功率时，输入信号 U_i 的值。

4.6.4　实验内容和步骤

实验箱上的低功率 OTL 功率放大器实验单元如图 4-35 所示。

图 4-35　实验箱的低功率 OTL 功率放大器

1. 静态工作点的测试

按图 4-34 正确连接实验电路，闭合自举开关 J1(ON)电源进线中串入直流毫安表(若无直流毫安表可用数字万用表代替测直流电流)，输出先开路。

用动态调试法调节静态工作点：先使 $R_{P2} = 0$(逆时针调到底)，输入信号为零($u_i = 0$)，接通直流开关，调节电位器 R_{P1}，用万用表测量 A 点电位，使 $U_A = \frac{1}{2}U_{CC}$。再输入频率为 $f = 1\text{kHz}$、峰-峰值为 20mV 的正弦信号，逐渐加大或者减小输入信号的幅值，用示波器观察输出波形，此时，输出波形有可能出现交越失真(注意：没有饱和和截止失真)，缓慢增大 R_{P2}，由于 R_{P2} 调节影响 A 点电位，故需再调节 R_{P1}，使 $U_A = \frac{1}{2}U_{CC}$。配合调节 R_{P1} 和 R_{P2} 直至消除交越失真。观察无交越失真(注意：没有饱和和截止失真)时，停止调节 R_{P1} 和 R_{P2}，恢复输入信号为零($u_i = 0$)，测量各级静态工作点记入表 4-35。测试时应注意以下几点。

(1) 此时直流毫安表的读数应该为 5～10mA，如过大，则要检查电路工作是否正常。

(2) 在调整 R_{P2} 时，要注意旋转方向，不要调得过大，更不能开路，以免损坏输出管。

(3) 输出管静态电流调好，如无特殊情况，不得随意旋动 R_{P2} 的位置。

表 4-35 静态工作点测量($U_A=2.5V$)

	V1	V2	V3
U_B/V			
U_C/V			
U_E/V			

2. 最大输出功率 P_{om} 和效率 η 的测试

1）测量 P_{om}

输入端接 $f=1kHz$ 的正弦信号 u_i，输出端接上喇叭即 R_L，用示波器观察输出电压 u_o 波形。逐渐增大 u_i，使输出电压达到最大不失真输出，用交流毫伏表测出负载 R_L 上的电压 u_{om}，则用下面的公式计算出

$$P_{om}=\frac{U_{om}^2}{R_L} \tag{4-23}$$

2）测量 η

当输出电压为最大不失真输出时，读出直流毫安表的电流值（可以多读几次，然后取平均值），此电流即为直流电源供给的平均电流 I_{dc}（有一定误差），由此可近似求得 $P_E=U_{CC}I_{dc}$，再根据上面计算得到的 P_{om}，即可求出 $\eta=\dfrac{P_{om}}{P_E}$。

3. 输入灵敏度测试

根据输入灵敏度的定义，在步骤 2 的基础上，只要测出输出功率 $P_o=P_{om}$ 时（最大不失真输出情况）的输入电压值 U_i 即可。

4.6.5 实验报告要求

实验报告应包括如下内容：实验目的、实验仪器、实验原理、实验内容、实验步骤、实验数据及分析、实验思考题和实验总结。

测量结果与理论分析的误差来源分析。

4.6.6 思考题

（1）为什么引入自举电路能够扩大输出电压的动态范围？

（2）交越失真产生的原因是什么？怎样克服交越失真？

（3）电路中的电位器如果开路或者短路，对电路工作有何影响？

（4）如果电路中有自激现象，应该如何消除？

4.6.7 预习要求

（1）复习有关 OTL 工作原理部分内容。

（2）为了不损坏输出管，调试中应该注意什么问题？

（3）用 Multisim 完成仿真实验。

1）绘制 OTL 功放仿真电路原理图，如图 4-36 所示。

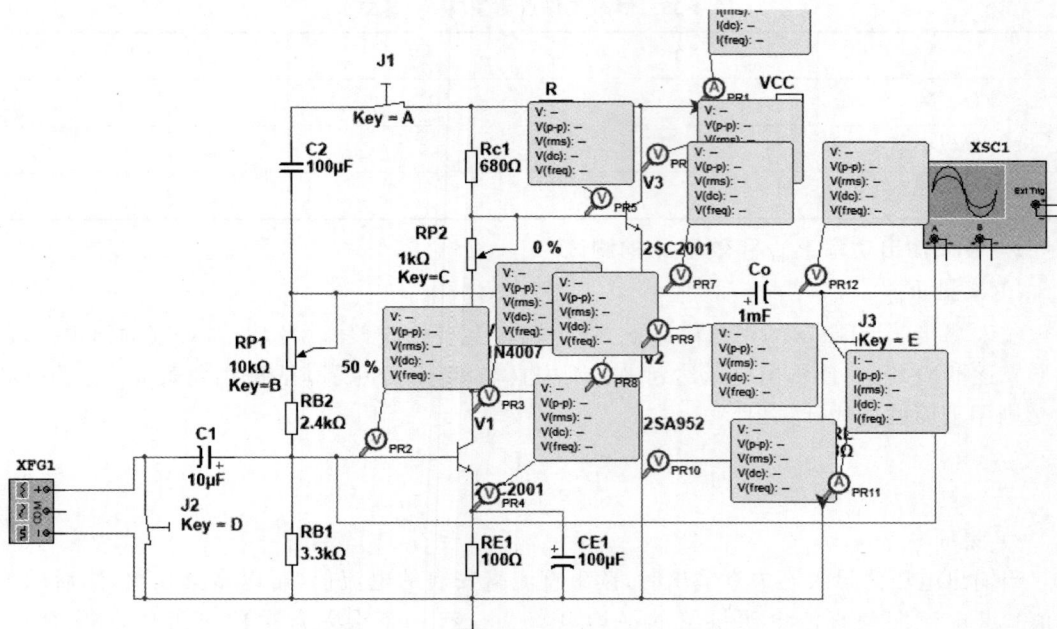

图 4-36   OTL 功率放大仿真实验原理图

2) 元器件选取

(1) 信号发生器：选择仪表工具栏图标"▨▨"(Function Generator XFG1)，设置频率(Frequency)为 1kHz，振幅(Amplitude)为 5mVp。

(2) 三极管：Place Transistors→BJT NPN，选取 V1 和 V3 为 2SC2001，在 BJT PNP 栏下选取 V2 为 2SCA952。2SC2001 和 2SCA952 是互补管。

(3) 二极管：Place Diodes→DIODE，选取 1N4007。

(4) 插入电压探针和电流探针，如图 4-36 所示。

其他元器件的型号、标注和参数选择如图 4-36 所示。

3) 静态工作点的测试

静态测试的主要任务就是观察各级电路静态工作点是否正常。为了便于测试，用一个 $8\Omega(8W)$ 的电阻代替负载。

(1) 静态工作点的调试。闭合开关 J1、J2，断开开关 J3，使输入信号为 0，输出开路。电位器 RP2 调至小。运行仿真。调节电位器 RP1，使得 $U_A = \frac{1}{2}U_{CC} = 2.5V$（电压探针 PR7 的 V(dc)的读数）。保持此时的 RP1 位置不变。调节 RP2，观察电流探针 PR1 的 I(dc)读数，直到电流值在 5～10mA，即可基本消除交越失真，且静态损耗不太大。此时，需要配合调节 RP1 和 RP2，既要让 $U_A = 2.5V$，又需要电流探针 PR1 的 I(dc)读数在 5～10mA。

(2) 输出波形观察。断开开关 J2，打开示波器，观察输入波形，若交越失真比较明显，可进一步微调增大 RP2。注意，静态时功放管的集电极电流要保持在 5～10mA。可以根据情况，适当加大或者减小输入信号的幅值，配合调节 RP1 和 RP2，确保输出信号没有饱和、截止失真和交越失真，同时让电压探针 PR7 的 V(dc)的读数为 2.5V，又需要电流探针 PR1 的 I(dc)读数在 5～10mA。

（3）测试各级静态工作点。读取 PR2～PR9 电压探针的 $V(dc)$ 值，即三个管子的静态工作点，结果记录到表 4-36 中。

表 4-36　OTL 功率放大器各三极管静态工作点测试

三极管	U_{BQ}/V	U_{CQ}/V	U_{EQ}/V	U_{BEQ}/V	U_{BCQ}/V	三极管工作状态
V1						
V2						
V3						
RP1=　　%				RP2=　　%		

4）最大输出功率和效率的测量

断开开关 J2，输入端接入 $f=1\mathrm{kHz}$ 的正弦波信号 u_i，输出端用示波器观察输出电压 u_o 的波形。按表 4-37 所示逐渐加大输入信号电压 U_i，测量各级输入信号下的输出电压 U_o（电压探针 PR12 的 $V(rms)$ 的值）、电流 I_o（电流探针 PR11 的 $I(rms)$ 的值）和电流 $I(dc)$（电流探针 PR1 的 $I(dc)$ 的值）。调节输入信号电压 U_i 的大小，直到输出波形刚好不产生削顶失真，此时负载（扬声器）两端的输出电压值为大输出电压有效值，记录此时的输入和输出电压幅值到表 4-37 中。

表 4-37　OTL 功放输出功率和效率的测量

U_{im}/mV	U_o/V	I_o/mA	I_{dC}/mA	P_o/mV	P_V/mV	η	输出波形
							不失真
							失真

根据式（4-24）～式（4-26）分别计算功放电路的输出功率、直流电源提供的总电源功率和效率：

$$P_o = U_o \times I_o \qquad (4\text{-}24)$$

$$P_V = U_{CC} \times I_{dC} \qquad (4\text{-}25)$$

$$\eta = \frac{P_o}{P_V} \times 100\% \qquad (4\text{-}26)$$

第 5 章

数字电子技术实验

5.1 DICE-D8Ⅱ型数字电路实验箱介绍

DICE-D8Ⅱ型数字电路箱设计豪华气派。主机提供了多种信号源,正面印刷字符连线,反面安装元器件。所有信号源频率计等电路全部由 CPLD 芯片和双面板构成,所有器件均选用优质产品,使整机的品质得到提高。由于元器件都装于背面,从而能有效降低和避免人为损坏的可能。本机特点:使用方便,耐用,实验项目灵活,可方便做数字模拟各类实验。本实验箱适用于高等院校及各类职业技术学校的电子技术类教学。

数字电路实验箱外观如图 5-1 所示。

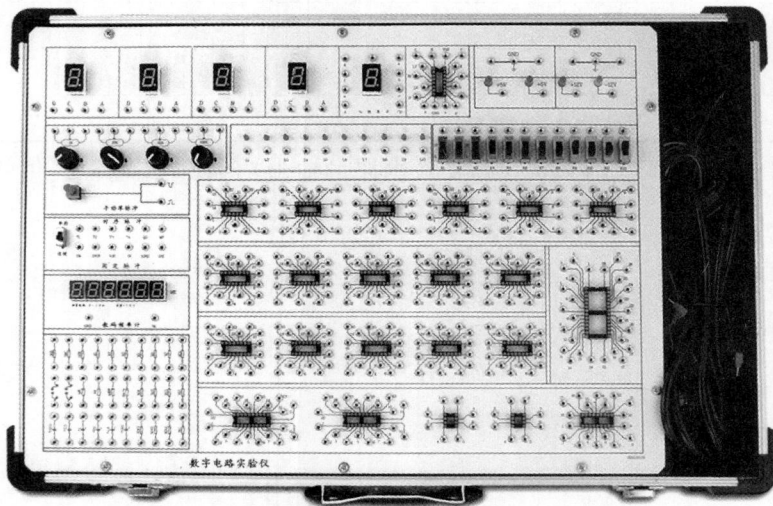

图 5-1　数字电路实验箱外观

1. 系统组成

(1)结构:铝合金框架,防火材料,环保胶水,拉手。

(2)电源:交流输入,220V±10%,50Hz,电源开关带有 LED 灯指示;直流输出,±12V/200mA,5V/2A。以上各路输出均有过流、短路、过热等保护措施,具备自动恢复功能,内阻小于 0.1Ω。

（3）手动单脉冲电路 2 组：可同时输出正负两个脉冲，脉冲幅值为 TTL 电平。

（4）连续脉冲一组，输出为 TTL 电平。固定频率脉冲源 1Hz、10Hz、1kHz、10kHz、100kHz、1MHz。

（5）六位高精度数字频率计，测量范围 0～9.9999MHz，误差＜1Hz（由 CPLD 芯片设计）。

（6）逻辑电平的输入与显示。A：12 位独立逻辑电平开关，可输出"0""1"电平（为正逻辑）。B：10 位由红色 LED 及驱动电路组成的逻辑电平显示电路。

（7）数码管显示。A：4 位由八段 LED 数码管组成的 BCD 码译码显示电路。B：1 位八段 LED 数码管，引脚全部引出，用于数码管实验。

（8）4 路时序发生器及启停控制电路。

（9）圆孔插座 DIP8 2 个，DIP14 6 个，DIP16 10 个，DIP18 1 个，DIP20 2 个，DIP28 1 个，共 22 个，可满足各种 IC 芯片接插实验。

（10）1K、10K、22K、100K 可调电位器共 4 只。

（11）元器件区提供常用规格电阻电容 28 只，并提供 2 组元件插座，可方便接插电阻、电容、二极管、三极管等元器件，方便用户自由搭建电路。

2. 特点介绍

（1）该设备功能齐全，外配一般测量仪器即可完成几乎所有的数字电路实验及课程设计和毕业设计。

（2）实验板使用新型接插件，接触稳定可靠。

（3）实验箱电源可使用用户自备电源，也可选用产品推荐使用的电源，以节省实验的费用。

5.2 实验 1 TTL 集成逻辑门的逻辑功能与参数测试

5.2.1 实验目的

（1）掌握 TTL 集成与非门、异或门的逻辑功能和主要参数的测试方法。

（2）掌握 TTL 门电路电压传输特性的测试方法。

5.2.2 实验仪器和设备

（1）数字电路实验箱一台。

（2）万用表一块。

（3）集成芯片：4 组 2 输入端与非门 74LS00、4 组 2 输入端异或门 74LS86。

5.2.3 实验原理

TTL 与非门的电压传输特性：电压传输特性表示与非门的输出电压 U_o 与输入电压 U_i 之间的关系，由该曲线可以得到以下参数：U_{oH}（输出高电平）；U_{oL}（输出低电平）和阈值电压 U_{TH}（转折区中点对应的输入电压）。

5.2.4　实验内容和步骤

1. 测试 TTL 与非门(74LS00)的逻辑功能

(1) 4 组 2 输入端与非门 74LS00 和 4 组 2 输入端异或门 74LS86 集成电路的引脚如图 5-2 所示,芯片缺口在左边,从左下角逆时针数过去,分别是引脚 1、引脚 2、引脚 3……双列直插式 DIP 封装的芯片,引脚命名均按照这个原则。TTL 芯片中标注 V_{CC} 的引脚需接电源＋5V,标注 GND 的引脚需接电源"地",集成电路才能正常工作。门电路的输入端接入高电平(逻辑 1 态)或低电平(逻辑 0 态),可由实验箱逻辑电平开关 K 提供,门电路的输入端接逻辑电平开关 K 的插线孔,用对应指示灯的亮或灭判断输出电平的高低。注意:系统电源＋5V 用 V_{CC} 标注,位于实验箱的正中间位置,有 6 个插线孔。系统地用 GND 标注,位于实验箱的正中间位置,也有 6 个插线孔。TTL 芯片的标准电压是＋5V,CMOS 芯片的标准电压是 3～18V。输入的逻辑电平开关是一排双向拨动开关,位于实验箱的右下角。显示逻辑结果的指示灯是一排红色发光二极管,位于实验箱的右上角。这 4 个部件是数字电路实验的最常用元器件。

(2) 实验线路如图 5-3 所示,与非门的输入端 A、B 分别接实验箱中逻辑电平开关 K1、K2,扳动开关即可输入 0 态或者 1 态。输出 F 接实验箱中逻辑指示灯(位于实验箱的右上角)L1,当 L1 亮时,输出为 1 态,不亮时则输出为 0 态。

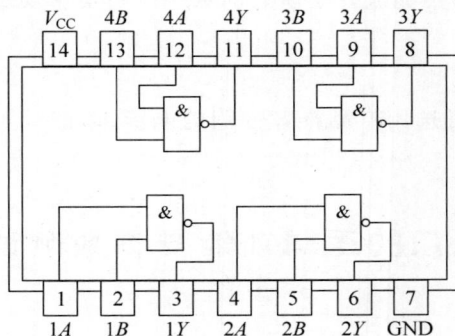

(a) 74LS00　4组2输入端与非门

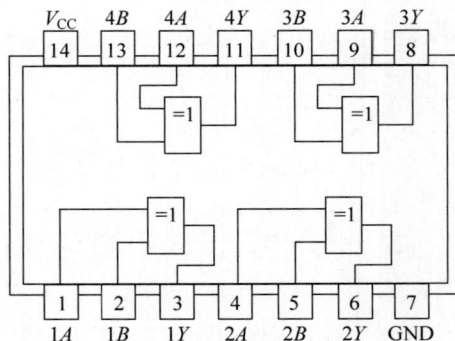

(b) 74LS86　4组2输入端异或门

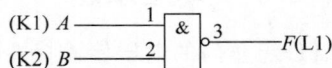

图 5-2　集成门电路 74LS00 和 74LS86 引脚图　　　　**图 5-3　TTL 与非门**

(3) 用数字表逻辑挡检测 TTL 门电路的好坏:先将集成电路电源引脚 V_{CC} 和 GND 接通电源,其他引脚悬空,数字万用表的黑表笔接电源"地",红表笔测门电路的输入端,数字万用表逻辑显示应为 1,如显示为 0 则说明 TTL 与非门输入端内部已被击穿,门电路坏了,此门电路不能再使用;红表笔测门电路的输出端,输出应符合逻辑门的逻辑关系。例如与非门(74LS00),表测量两输入端悬空都为逻辑 1,输出应符合与非门的逻辑关系,测量应为逻辑 0,如果逻辑关系不对,可判断门电路坏了。虽然理论上 TTL 输入端悬空相当于高电平,但是在实际使用中,建议还是直接连接高电平更为妥当。

(4) 将测试结果填入表 5-1 中,并写出输出 F 的逻辑表达式。

表 5-1 与非门真值表

输 入		输 出
A	B	F
0	0	
0	1	
1	0	
1	1	

2. 测试 TTL 异或门(74LS86)的逻辑功能

测试接线如图 5-4 所示。测试方法同"与非"门相同。将测试结果填入真值表 5-2 中。并写出输出 F 的逻辑表达式。

表 5-2 异或门值表

输 入		输 出
A	B	F
0	0	
0	1	
1	0	
1	1	

3. 测试 TTL 与非门电压传输特性

(1) 选用与非门(74LS00),测试接线图如图 5-5 所示,U_i 直流信号源提供 $0\sim+5\text{V}$ 可调的直流电压信号(注:TTL 门电路输入电压值应在 $0\sim+5\text{V}$)。用万用表分别测量 U_i 与 U_o 的对应值,并将测试结果填入表 5-3 中。

(2) 根据表 5-3 所列的数据点,在图 5-6 上画出电压传输特性曲线,并由作图法近似得到阈值电压 U_{th}。

图 5-4 TTL 异或门　　图 5-5 TTL 与非门　　图 5-6 电压传输特性曲线

表 5-3 输入电压 U_i 与输出电压 U_o 的对应关系

U_i/V	0	0.2	0.4	0.6	0.8	1.0	1.5	2.0	…	3.0	3.5	4.0	5.0
U_o/V									…				

5.2.5 实验报告要求

整理测试结果,填写真值表及逻辑表达式,绘制与非门的电压传输特征性曲线。

5.2.6 预习与思考题

(1) 熟悉 TTL 与非门(74LS00),异或门(74LS86)的逻辑功能及真值表。

(2) 熟悉各集成芯片的引脚图。

(3) 思考如何用与非门(74LS00)实现非门功能。

(4) 思考怎样判断三态门输入是 0 还是高阻态。

(5) 用 Multisim 完成仿真实验。

74LS00 与非门输出电压 U_{OH} 的测试电路如图 5-7(a)所示。由图 5-7(b)可知,得到的电压为 5.0V,大于标准电压 2.4V,并且有 100ns 的输出时延。

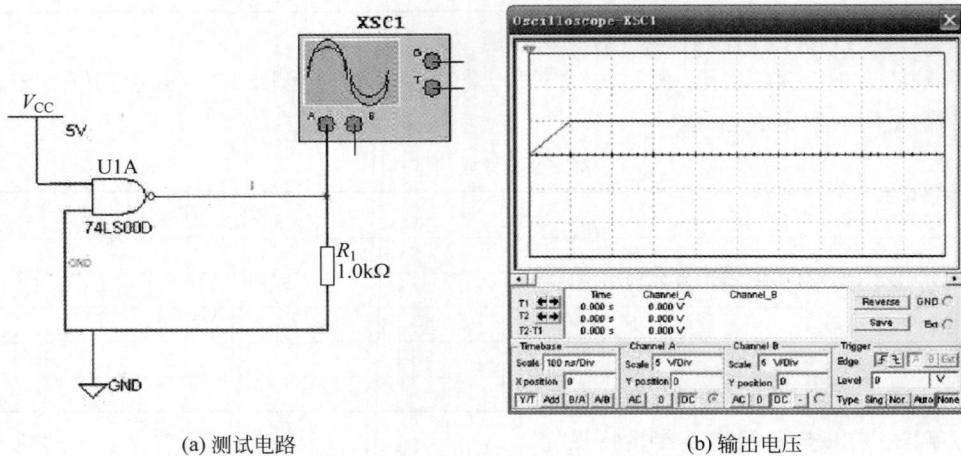

(a) 测试电路   (b) 输出电压

图 5-7 U_{OH} 测试电路和输出电压

74LS00 与非门输出电压 U_{OL} 的测试电路如图 5-8(a)所示。由图 5-8(b)可知,得到的电压为 0V,小于标准电压 0.4V。

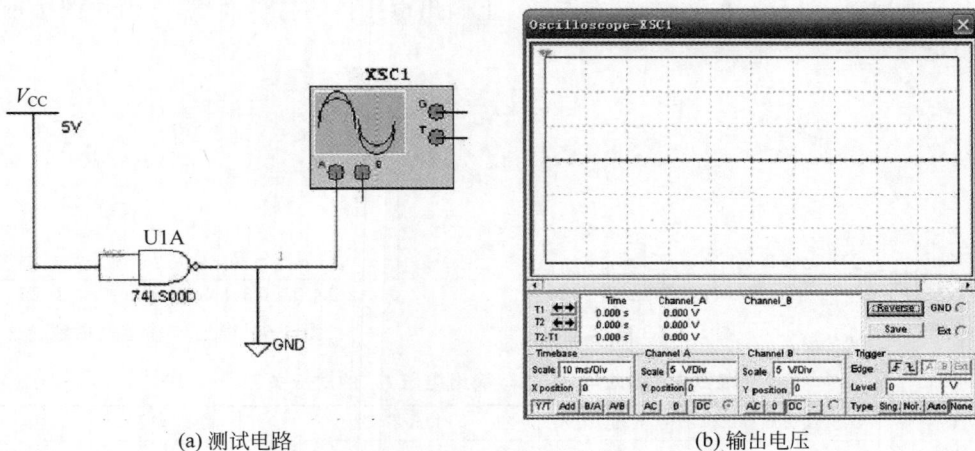

(a) 测试电路   (b) 输出电压

图 5-8 U_{OL} 测试电路和输出电压

74LS00 与非门输入短路电流 I_{is} 的测试电路如图 5-9(a)所示。启动仿真后,图 5-9(b)所示的万用表读数为 0,远小于理论值 1.6mA。

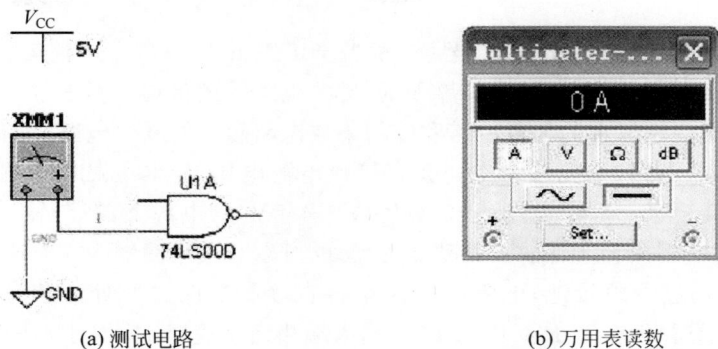

(a) 测试电路　　　　　　　　　　　　(b) 万用表读数

图 5-9　I_{is} 测试电路和万用表读数

74LS00 与非门扇出系数 N_O 的测试电路如图 5-10(a)所示。启动仿真后,图 5-10(b)所示的万用表显示最大允许负载电流 $I_{OL}=4.545$mA,而之前测得输入短路电流 I_{is} 约等于 0,故扇出系数 $N_O = \dfrac{I_{OL}}{I_{is}}$ 远大于 8。

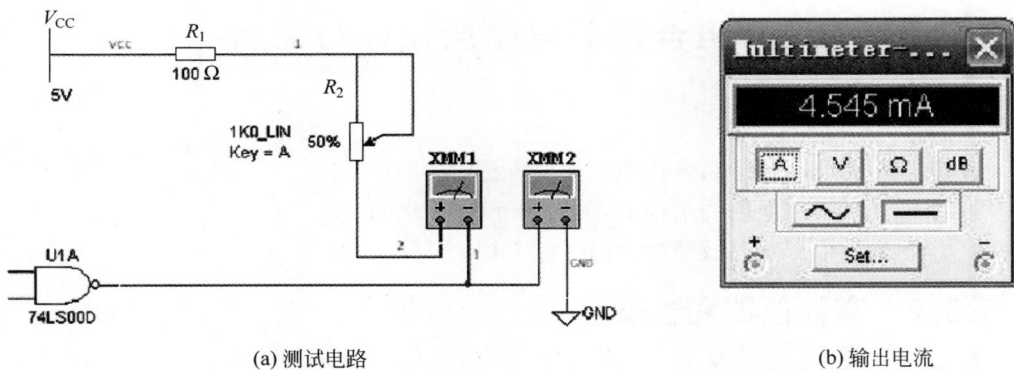

(a) 测试电路　　　　　　　　　　　　(b) 输出电流

图 5-10　扇出系数 N_O 测试电路和输出电流

5.2.7　实验注意事项

数字电路实验中所用到的集成芯片都是双列直插式(DIP)的,其引脚排列规则如图 5-11 所示。识别方法是:正对集成电路型号(如 74LS00)或看标记(左边的缺口或小圆点标记),从左下角开始按逆时针方向以 1,2,3,…依次标记到最后一个引脚(在左上角)。在标准形 TTL 集成电路中,电源端 V_{CC} 一般排在左上端,接地端 GND 一般排在右下端。若集成芯片引脚上的功能标号为 NC,则表示该引脚为空脚,与内部电路不连接。

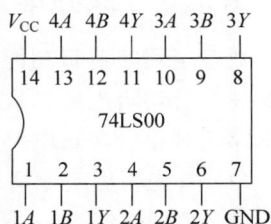

**图 5-11　74LS00 4 组 2 输入端
与非门顶视图**

TTL 集成电路的使用规则如下。

(1) 在实验室,不得私自插拔集成块,尤其严禁徒手插拔,违者实验计 0 分。如有需要,在教师同意后方可用螺丝刀插拔。

(2) 电源电压使用范围为+4.5～+5.5V,实验中要求使用 $V_{CC}=+5V$。电源极性绝对不允许接错。

(3) 闲置输入端处理方法包括①悬空,相当于正逻辑1,一般小规模集成电路的数据输入端,实验时允许悬空处理,但易受外界干扰,导致电路的逻辑功能不正常。因此,对于接有长线的输入端,中规模以上的集成电路和使用集成电路较多的复杂电路,所有控制输入端必须按逻辑要求接入电路,不允许悬空。②直接接电源电压 V_{CC}(也可以串入一只 1～10kΩ 的固定电阻)或接至某一固定电压(+2.4V≤V≤4.5V)的电源上,或与输入端为接地的多余与非门的输出端相接。③若前级驱动能力允许,可以与使用的输入端并联。

(4) 输入端通过电阻接地,电阻值的大小将直接影响电路所处的状态。当 $R≤680Ω$ 时,输入端相当于逻辑0;当 $R≥4.7kΩ$ 时,输入端相当于逻辑1。对于不同系列的器件,要求的阻值不同。

(5) 输出端不允许并联使用(集电极开路门(OC)和三态输出门电路(3S)除外)。否则不仅会使电路逻辑功能混乱,还会导致器件损坏。

(6) 输出端不允许直接接地或直接接+5V 电源,否则将损坏器件,有时为了使后级电路获得较高的输出电平,允许输出端通过电阻 R 接至 V_{CC},一般取值 R 为 3～5.1kΩ。

5.3 实验2 组合逻辑电路的设计与测试

5.3.1 实验目的

(1) 掌握用与非门设计组合逻辑电路的方法。

(2) 掌握在现有门电路的情况下,如何相互转换的方法。

(3) 学习数字电子线路故障检测的一般方法。

5.3.2 实验仪器和设备

(1) 数字电路实验箱一台。

(2) 万用表一块。

(3) 集成芯片包括四组 2 输入端与非门 74LS00 和二组 4 输入端与非门 74LS20。

5.3.3 实验原理

数字电路按逻辑功能和电路结构的不同特点,可分为组合逻辑电路和时序逻辑电路两大类。组合逻辑电路是根据给定的逻辑问题,设计出能实现逻辑功能的电路。用小规模集成电路实现组合逻辑电路,要求是使用的芯片最少,连线最少。一般设计步骤如下:

(1) 首先根据实际情况确定输入变量和输出变量的个数,列出逻辑真值表。

(2) 根据真值表,一般采用卡诺图进行化简,得出逻辑表达式。

(3) 如果已对器件类型有规定或限制,则应将函数表达式变换成与器件类型相适应的形式。

(4) 根据化简或变换后的逻辑表达式,画出逻辑电路。

(5) 根据逻辑电路图,查找所用集成器件的引脚图,将引脚号标在电路图上,再接线验证。

5.3.4 实验内容和步骤

1. 用与非门实现异或门的逻辑功能

（1）用集成电路 74LS00 和 74LS20（74LS20 引脚如图 5-12 所示），按图 5-13 连接电路（自己设计接线脚标），A、B 接输入逻辑，F 接输出逻辑显示，检查无误，然后开启电源。

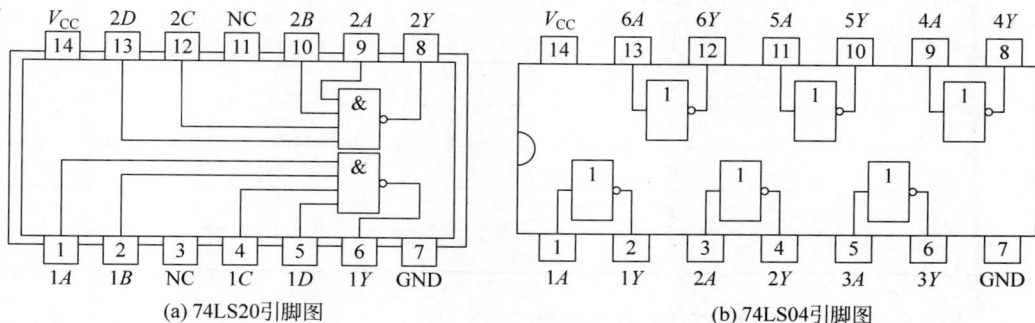

(a) 74LS20引脚图

(b) 74LS04引脚图

图 5-12 74LS20 和 74LS04 集成电路引脚图

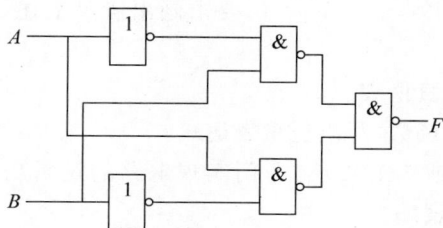

图 5-13 电路接线图

（2）按表 5-4 的要求进行测量，将输出端 F 的逻辑状态填入表内。

表 5-4 输出真值表

输　　入		输　　出
A	B	F
0	0	
0	1	
1	0	
1	1	

（3）由逻辑真值表，写出该电路的逻辑表达式。

2. 用与非门组成"三人表决电路"

（1）用 74LS00 和 74LS20 组成三人表决电路，按图 5-14 连接电路（自己设计接线脚标），A、B、C 接输入逻辑，F 接输出逻辑，检查无误，然后开启电源。

（2）按表 5-5 的要求进行测量，将输出端 F 的逻辑状态填入表内。

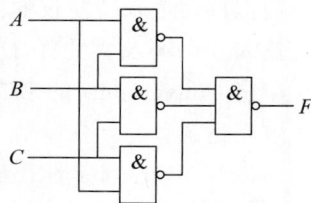

图 5-14 电路接线图

表 5-5 输出真值表

输 入			输 出
A	B	C	F
0	0	0	
0	0	1	
0	1	0	
0	1	1	
1	0	0	
1	0	1	
1	1	0	
1	1	1	

3. 用组合逻辑门实现旅客列车发车电路

旅客列车分特快、直快和普快,并依此为优先通行次序。某站台在同一时间只能有一趟列车从车站开出,即只能给出一个开车信号,要求画出满足上述要求的逻辑电路,用组合逻辑门电路实现。

(1)根据设计要求列出真值表。

(2)用卡诺图化简逻辑函数,写出逻辑表达式。

(3)用 74LS00 与非门或 74LS20 与非门实现电路的逻辑功能,画出实验电路,标出接线脚并测试,验证所列真值表。

5.3.5　实验报告要求

(1)完成"三人表决电路"和"旅客列车发车电路"的逻辑电路设计。

(2)记录实验中出现的问题,并加以总结。

5.3.6　预习与思考题

(1)为什么能够用与非门实现以上组合电路?

(2)如果没有需要的或非门,可否用与非门代替?

(3)总结实验中出现的异常现象,并进行分析和研究。

(4)用 Multisim 完成仿真实验。

虚拟仪器逻辑转换仪的使用如图 5-15 所示。

输入 3 个输入变量 A、B、C,初始函数值为"?",单击改为 0、1 或者 X,如图 5-15 所示。

单击 Conversions 的第二个按键,可以转换为函数表达式。如图 5-16 所示,真值表转换成函数表达式。

单击 Conversions 的第五个按键,可以转换为电路图。如图 5-17 所示,真值表转换成电路图。

当然也可以转换为最简电路图。如图 5-18 所示,真值表转换成最简电路图。

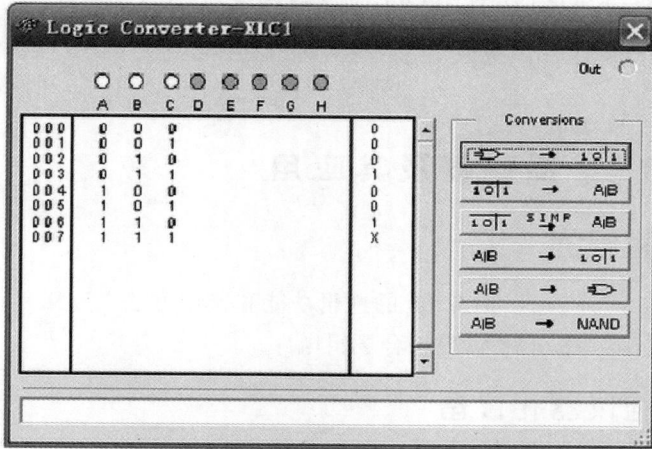

图 5-15　逻辑转换仪的初始化

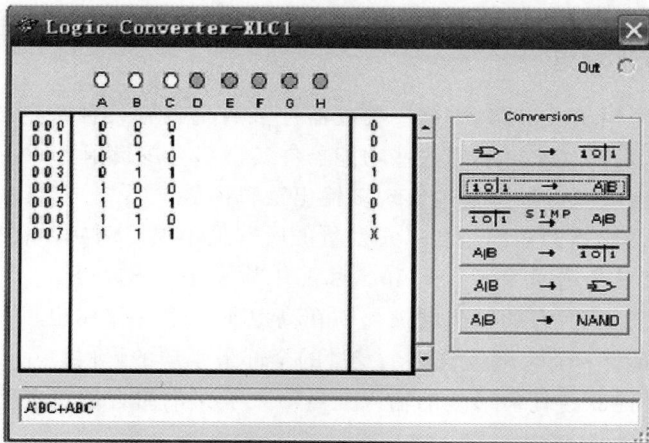

图 5-16　真值表自动转换成函数表达式

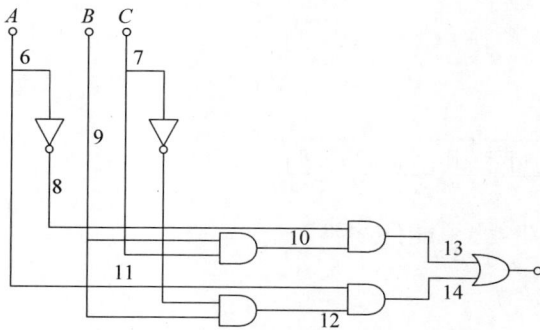

图 5-17　真值表自动转换成电路图

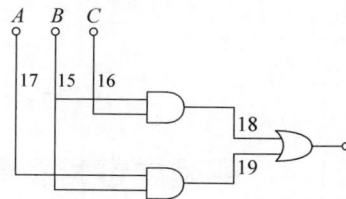

图 5-18　真值表自动转换成最简电路图

请用逻辑转换仪(Logic Converter)化简逻辑函数 $Y(A,B,C,D,E)=\sum_m(2,9,15,$ $19,20,23,24,25,27,28)+d(5,6,16,31)$ 为最简函数表达式(注:逻辑转换仪公式中的"'"表示反变量)。

5.4 实验3 译码器及其应用

5.4.1 实验目的

(1) 掌握3线/8线译码器74LS138的逻辑功能和使用方法。
(2) 学会用译码器74LS138实现组合逻辑电路。

5.4.2 实验仪器和设备

(1) 数字电路实验箱一台。
(2) 集成芯片包括四组2输入端与非门74LS00、二组4输入端与非门74LS20和3线/8线译码器74LS138。

5.4.3 实验原理

译码器属于中规模集成电路,中规模集成器件多数是具有某种特定的逻辑功能的专用器件。通过逻辑函数对比法,可利用这些功能器件实现组合逻辑函数。在一般情况下,使用译码器和附加的门电路可以较方便地实现多输出逻辑函数。

一个 n 变量的译码器的输出包含了 n 变量的所有最小项。例如,如图5-19是3线/8线译码器74LS138,有三个选通端 S_1、$\overline{S}_2$ 和 $\overline{S}_3$,只有当 $S_1=1$、$\overline{S}_2+\overline{S}_3=0$ 时,译码器才被选通,否则,译码器被禁止,所有的输出端被封锁在高电平。选片作用也可以将多片连接起来以扩展译码器的功能。8个输出包含3个变量的全部最小项的译码。用 n 变量译码器加上输出与非门电路,就能获得任何形式的输入变量不大于 n 的组合逻辑电路。

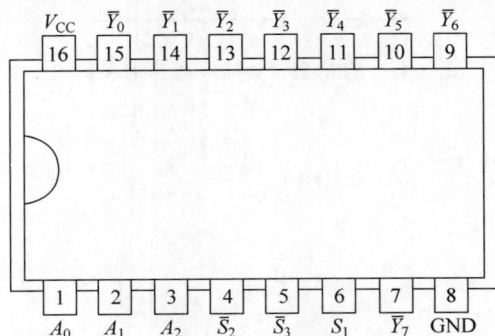

图5-19 3线/8线译码器74LS138

5.4.4 实验内容和步骤

1. 功能测试

地址输入端 $A_2A_1A_0$ 是一组三位二进制代码,其中 A_2 权最高,A_0 权最低。按实验电路图 5-20 接使能端线,测试 74LS138 译码器的逻辑功能:将译码器的使能端和地址端接至逻辑电平开关输出口,8 个输出端接在逻辑电平显示器的 8 个输入口,拨动逻辑电平开关,逐项测试 74LS138 的逻辑功能,将实现结果填入表 5-6 中。

表 5-6 74LS138 输入输出数据表

输 入			输 出
A_2	A_1	A_0	$\overline{Y}_0\ \overline{Y}_1\overline{Y}_2\ \overline{Y}_3\ \overline{Y}_4\ \overline{Y}_5\ \overline{Y}_6\ \overline{Y}_7$
0	0	0	
0	0	1	
0	1	0	
0	1	1	
1	0	0	
1	0	1	
1	1	0	
1	1	1	

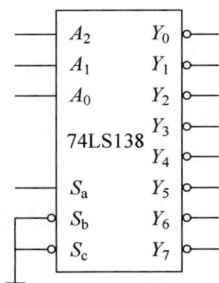

图 5-20 电路图

2. 用译码器(74LS138)和与非门(74LS20 或 74LS00)实现多输出逻辑函数

$$F_1 = A\overline{B}C + \overline{A}(B + C)$$
$$F_2 = AC$$

首先进行功能设计并确定实验步骤。

(1) 将函数 F_1 和 F_2 化简为最小项表达式,并进行变换,即

$$F_1 = A\overline{B}C + \overline{A}(B + C) = \overline{A}\overline{B}C + \overline{A}B\overline{C} + \overline{A}BC + A\overline{B}C$$
$$= m_1 + m_2 + m_3 + m_5 = \overline{\overline{m}_1\ \overline{m}_2\ \overline{m}_3\ \overline{m}_5}$$
$$F_2 = AC = A\overline{B}C + ABC = m_5 + m_7 = \overline{\overline{m}_5\ \overline{m}_7}$$

由 3 线/8 线译码器功能表可知,每个输出信号只对应一个最小项,即

$$Y_0 = m_0,\quad Y_1 = m_1,\quad Y_2 = m_2,\quad Y_3 = m_3,\quad Y_4 = m_4,\quad Y_5 = m_5$$
$$Y_6 = m_6,\quad Y_7 = m_7$$

则

$$F_1 = \overline{\overline{Y}_1\ \overline{Y}_2\ \overline{Y}_3\ \overline{Y}_5}$$
$$F_2 = \overline{\overline{Y}_5\ \overline{Y}_7}$$

(2) 将输入变量 A、B、C 分别加到译码器的地址输入端 $A_2A_1A_0$,用与非门作为 F_1、F_2 的输出门,就可以用译码器实现 F_1、F_2 函数的逻辑电路。

(3) 接排设计完成电路图 5-21,将测试结果填入表 5-7 中。

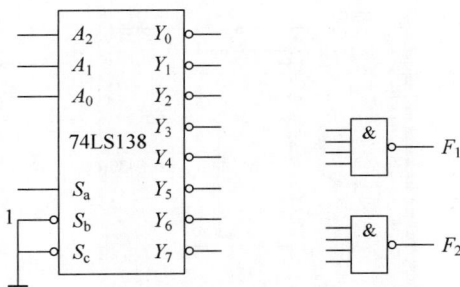

图 5-21 待完成设计电路图

表 5-7　多输出逻辑函数真值表

输　入			输　出	
A	B	C	F_1	F_2
0	0	0		
0	0	1		
0	1	0		
0	1	1		
1	0	0		
1	0	1		
1	1	0		
1	1	1		

3. 用 **74LS138** 和门电路实现三位数的奇校验电路(三个数中有奇数个 **1**,则输出为 **1**, 否则输出为 **0**)

4. 用 **74LS138** 和门电路设计一个全加器

5. 用 **74LS138** 和门电路设计一个全减器

5.4.5　实验报告要求

阅读本实验内容,完成奇校验电路和全加器的电路设计。

5.4.6　预习与思考题

(1) 熟悉各常用组合逻辑电路的引脚图和逻辑功能表。

(2) 画出实验逻辑电路图。

(3) 分析 74LS138 的 S_a、$\overline{S}_b$、$\overline{S}_c$ 端和 74LS151 的 $\overline{S}$ 端的作用。

(4) 总结用译码器设计组合电路的方法。用译码器和数据选择器实现逻辑函数有何区别?

(5) 用 Multisim 完成仿真实验。

3 线/8 线译码器的仿真,按图 5-22 所示连接好电路图,设置数字发生器的初始值。

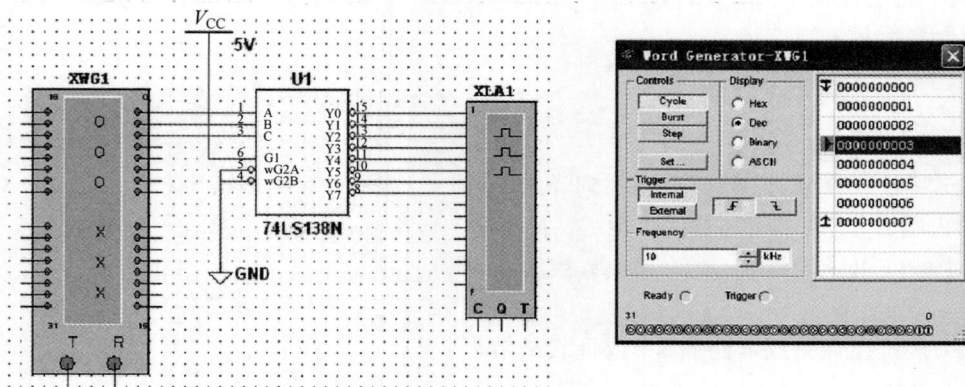

图 5-22　74LS138 功能测试

运行仿真,可见 74LS138 运行代码为 0,1,2,3,…,7 时,输出端的逻辑分析仪依次出现低电平,如图 5-23 所示。

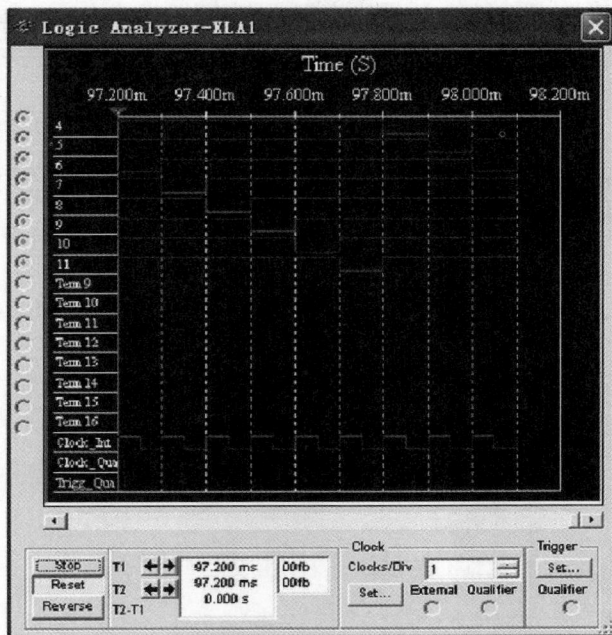

图 5-23　逻辑分析仪显示的输出波形

5.5　实验 4　触发器及其应用

5.5.1　实验目的

(1) 掌握 TTL 集成触发器的逻辑功能和主要参数的测试方法。

(2) 学会用 74LS73 和 74LS74 设计时序逻辑电路。

5.5.2　实验仪器和设备

(1) 数字电路实验箱。

(2) 器件包括四组 2 输入端与非门 74LS00、双 D 触发器 74LS74 和双 JK 触发器 74LS73 及 74LS112。

5.5.3　实验原理

触发器是能够存储一位二进制数信号的基本逻辑单元电路。根据逻辑功能的不同,可以把触发器分为基本 RS 触发器、D 触发器、JK 触发器 T 和 T′ 触发器等。在实际工作中,集成触发器因其高速性能和使用灵活方便,不仅作为独立的集成器件而被大量使用,而且还是组成计数器、移位寄存器或其他时序逻辑电路的基本单元电路。

1. D 触发器

74LS74 是带置位和清零的双 D 型触发器,每个触发器都有一个直接置 1 端 $\overline{S}_D$ 以及直接置 0 端 $\overline{R}_D$,并且有互补输出 Q。数据输入端 D 的信息只在时钟脉冲的上升沿被传递到输出端 Q。其引脚图如图 5-24 所示。

2. JK 触发器

74LS73 是带有清零的双 JK 触发器,每个触发器都有一个单独清零 CLR 输入端,有互补输出 Q。为下降沿触发型 JK 触发器。其引脚图如图 5-25 所示。

74LS112 是带有预置数和清零的双 JK 触发器,每个触发器都有一个单独清零输入端 CLR 和单独预置数端 PR,有互补输出 Q。下降沿触发型 JK 触发器引脚图如图 5-26 所示。

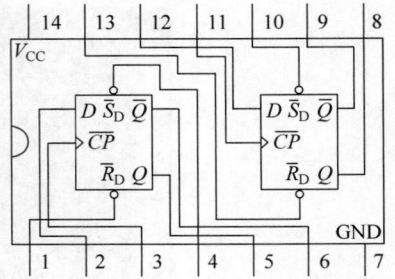

图 5-24　74LS74(双 D 触发器)引脚图

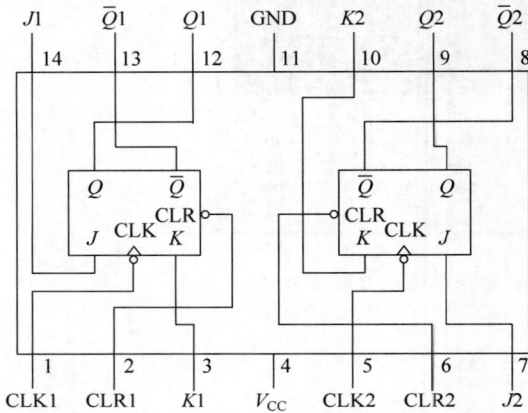

图 5-25　74LS73(双 JK 触发器)引脚图

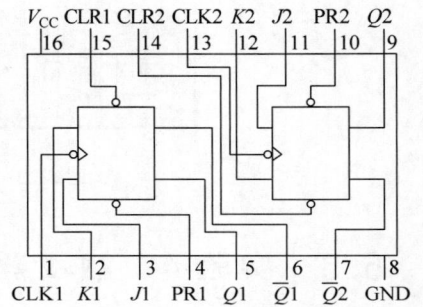

图 5-26　74LS112(双 JK 触发器)引脚图

5.5.4　实验内容和步骤

1. 基本 RS 触发器功能测试

用两个 TTL 与非门首尾相接构成的基本 RS 触发器电路如图 5-27 所示,按表 5-8 在输入端加信号,观测并记录触发器的 Q 端的状态,将结果填入该表中,并说明在上述各种输入状态下,触发器执行的是什么功能。

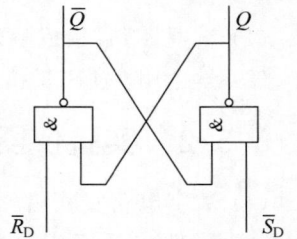

图 5-27　基本 RS 触发器电路

表 5-8　基本 RS 触发器功能测试

$\overline{S}_D$	$\overline{R}_D$	Q^{n+1}	$\overline{Q}^{n+1}$	逻 辑 功 能
0	0			
0	1			
1	0			
1	1			

2. D 触发器功能测试

参看双 D 型触发器 74LS74 的逻辑引脚图 5-24。S_D、R_D 为异步置 1 端、置 0 端(或称异步置位、复位端），CP 为时钟脉冲端。按表 5-9 的要求进行测试，并记录填表。

3. JK 触发器功能测试

参看双 JK 型触发器 74LS73 的逻辑引脚图 5-25。按表 5-10 的要求进行测试，并记录填表。

表 5-9　D 触发器功能测试

$\bar{S}_D$	$\bar{R}_D$	CP	D	Q^{n+1}	$\bar{Q}^{n+1}$
0	1	×	×		
1	0	×	×		
0	0	×	×		
1	1	1	×		
1	1	上升沿	0		
1	1	上升沿	1		

表 5-10　JK 触发器功能测试

$\overline{CLR}$	CLK	J	K	Q^{n+1}	$\bar{Q}^{n+1}$
0	×	×	×		
1	下降沿	0	0		
1	下降沿	0	1		
1	下降沿	1	0		
1	下降沿	1	1		
1	1	×	×		

说明：74LS73 有单独的 J、K、清零($\overline{CLR}$)和时钟(CLK)输入，当时钟进到高电平时，输入端被赋能，数据被接受，当时钟脉冲处于高电平时，输入端 J、K 的逻辑电平可以改变，并且只要具有最小的建立时间，那么根据真值表，双稳态即可实现，输入数据只在时钟脉冲的负沿上被传递到输出端。

4. 触发器功能转换

将 D 触发器和 JK 触发器转换成 T 触发器，列出表达式，画出实验电路图，接入连续脉冲，观察各触发器 CP 端及 Q 端的波形，比较两者的关系。按表 5-11 的要求进行测试，记录填表。

表 5-11　触发器功能转换

$\bar{S}_D$	$\bar{R}_D$	CP	T	Q^{n+1}	$\bar{Q}^{n+1}$
1	1	有边沿	0		
1	1	有边沿	1		
1	1	1	×		

5. 用 JK 触发器设计一个三进制加法计数器

要求三进制的数码为 00、01、10。

6. 用 JK 触发器设计一个三进制减法计数器

要求三进制的数码为 10、01、00。

7. 用 JK 触发器设计一个三进制可逆加减法计数器

要求三进制的数码为 00、01、10。

5.5.5 实验报告要求

(1) 推导三进制可逆加减计数器的电路图,要求有详细过程,用 JK 触发器来实现。

(2) 叙述各触发器之间的转换方法。

5.5.6 预习与思考题

(1) 熟悉 D 触发器 74LS74 和 JK 触发器 74LS73 和 74LS112 的引脚排列及其逻辑功能。

(2) 用 D 触发器设计一个 4 分频器,要求绘出逻辑电路图。

(3) 用 JK 触发器设计一个 8 分频器,要求绘出逻辑电路图。

(4) 能写出各触发器的特性方程。

(5) 总结实验中遇到的各种问题,以及解决的方法。

(6) 设计电路,完成 D、JK 触发器的相互转换。要求绘出两个转换电路,并写出转换关系。

(7) 用 Multisim 完成仿真实验。

基本触发器的仿真,按图 5-28 所示连接好电路图,电路由两个与非门交叉耦合构成。

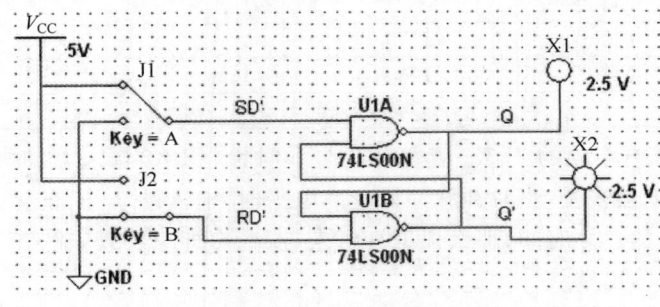

图 5-28 基本 RS 触发器功能测试

D 触发器的仿真,按图 5-29 所示连接好电路图,可以在逻辑分析仪上看到输出端波形。

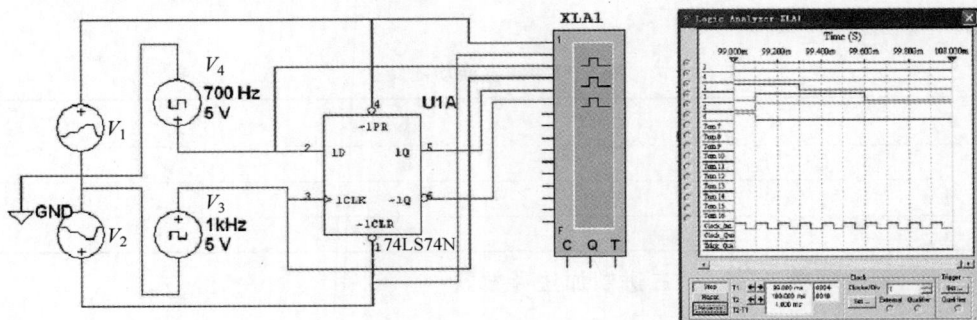

图 5-29 D 触发器功能测试

JK 触发器的仿真,按图 5-30 所示连接好电路图,可以在逻辑分析仪上看到输出端波形。

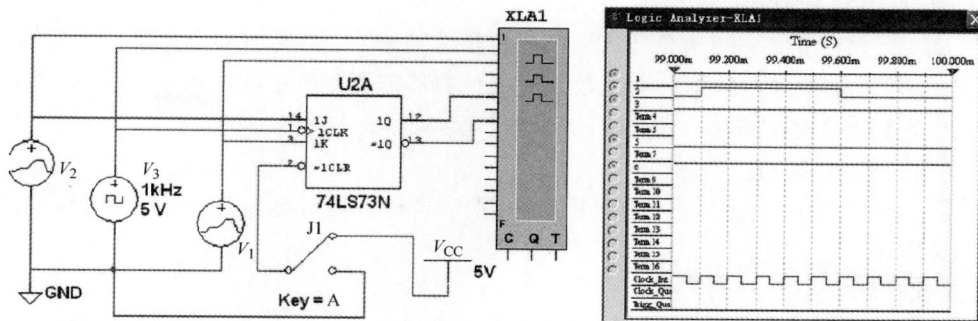

图 5-30　JK 触发器功能测试

5.6　实验 5　任意进制计数器的实现

5.6.1　实验目的

（1）掌握计数器的基本原理。

（2）学会用集成计数器芯片实现任意进制计数器。

5.6.2　实验仪器和设备

（1）数字电路实验箱。

（2）器件包括四组 2 输入端与非门 74LS00、二组 4 输入端与非门 74LS20 和 4 位二进制同步计数器 74LS161。

5.6.3　实验原理

计数器是一种中规模集成电路,其种类有很多。如果按照触发器翻转的次序分类,可分为同步计数器和异步计数器两种;如果按照计数数字的增减可分为加法计数器、减法计数器和可逆计数器三种;如果按照计数器进位规律又可分为二进制计数器、十进制计数器、可编程 N 进制计数器等多种。

4 位二进制同步计数器 74LS161 芯片引脚图如图 5-31 所示。

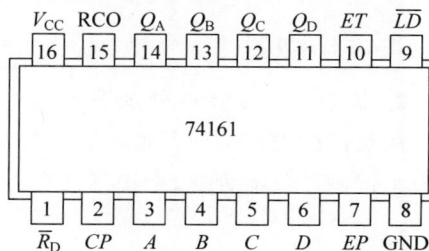

图 5-31　74161 芯片引脚图

该计数器外加适当的反馈电路可以构成十六进制以内的任意进制计数器。图 5-31 中 $\overline{LD}$ 是预置数控制端,D、C、B、A 是预置数据输入端,$\overline{R}_D$ 是清零端,EP、ET 是计数器使能控制端,RCO 是进位信号输出端,它的主要功能有以下几点。

（1）异步清零功能。

若 $\overline{R}_D=0$,则输出 $Q_D Q_C Q_B Q_A=0000$,与其他输入信号无关,也不需要 CP 脉冲的配合,所以称为"异步清零"。

（2）同步并行置数功能。

在 $\overline{R}_D=1$，且 $\overline{LD}=0$ 的条件下，当 CP 上升沿到来后，触发器 $Q_D Q_C Q_B Q_A$ 同时接收 D、C、B、A 输入端的并行数据。由于数据进入计数器需要 CP 脉冲的作用，所以称为"同步置数"，由于 4 个触发器同时置入，又称为"并行"。

（3）进位输出 RCO。

在 $\overline{R}_D=1$、$\overline{LD}=1$、$EP=1$、$ET=1$ 的条件下，当计数器计数到 1111 时 RCO=1，其余时候 RCO=0。

（4）保持功能。

在 $\overline{R}_D=1$、$\overline{LD}=1$ 的条件下，EP、ET 两个使能端只要有一个低电平，计数器将处于数据保持状态，与 CP 及 D、C、B、A 输入无关，EP、ET 区别为 $ET=0$ 时进位输出 RCO=0，而 $EP=0$ 时 RCO 不变。注意：保持功能优先级低于置数功能。

（5）计数功能。

在 $\overline{R}_D=1$、$\overline{LD}=1$、$EP=1$、$ET=1$ 的条件下，计数器对 CP 端输入脉冲进行计数，计数方式为二进制加法，状态变化在 $Q_D Q_C Q_B Q_A$ 在 0000～1111 循环。

5.6.4 实验内容和步骤

1. 验证 74LS161 的功能表

74LS161 的功能如表 5-12 所示。在实验箱中验证 74LS161 的逻辑功能。

表 5-12 74LS161 的功能表

清零	预置	使	能	时钟	预置数据				输	出		
$\overline{R}_D$	$\overline{LD}$	EP	ET	CP	D	C	B	A	Q_D	Q_C	Q_B	Q_A
0	×	×	×	×	×	×	×	×	0	0	0	0
1	0	×	×	↑	D	C	B	A	D	C	B	A
1	1	0	×	×	×	×	×	×	保	持		
1	1	×	0	×	×	×	×	×	保	持		
1	1	1	1	↑	×	×	×	×	计	数		

2. 通过对 74LS161 外加适当的反馈电路构成十六进制以内的各种计数器

用反馈的方法构成其他进制计数器一般有两种形式，即反馈清零法和反馈置数法。以构成十进制计数器为例，十进制计数器计数范围是 0000～1001，计数到 1001 后下一个状态为 0000。

（1）反馈清零法是利用清除端 $\overline{R}_D$ 的功能，即当 $Q_D Q_C Q_B Q_A=1010$（十进制数 10）时，通过反馈线强制计数器清零，如图 5-32（a）所示。由于该电路会出现瞬间 1010 状态，引起译码电路的误动作，因此很少被采用。

（2）反馈置数法是利用预置数端 $\overline{LD}$ 的功能，把计数器输入端 A、B、C、D 全部接地，当计数器计到 1001（十进制数 9）时，利用 $Q_D Q_A$ 反馈使预置端 $\overline{LD}=0$，则当第十个 CP 到来时，计数器输出端等于输入端电平，即 $Q_D=Q_C=Q_B=Q_A=0$，这样可以克服反馈清零法的缺点，如图 5-32（b）所示。

在实际中，建议采用同步反馈法，因为异步反馈法会出现瞬间状态，引起尖峰脉冲。

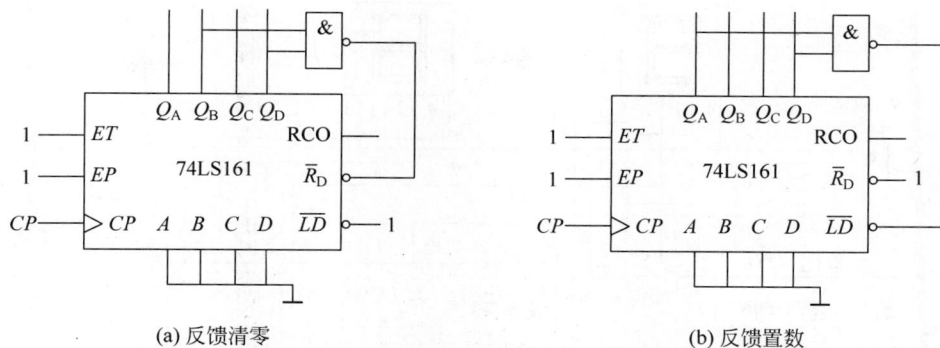

(a) 反馈清零   (b) 反馈置数

图 5-32 用 74LS161 构成十进制计数器

3. 多片计数器通过级联构成多位计数器。级联可分串行进位和并行进位两种

2 位十进制串行进位计数器的级联电路如图 5-33 所示,其缺点是速度较慢。

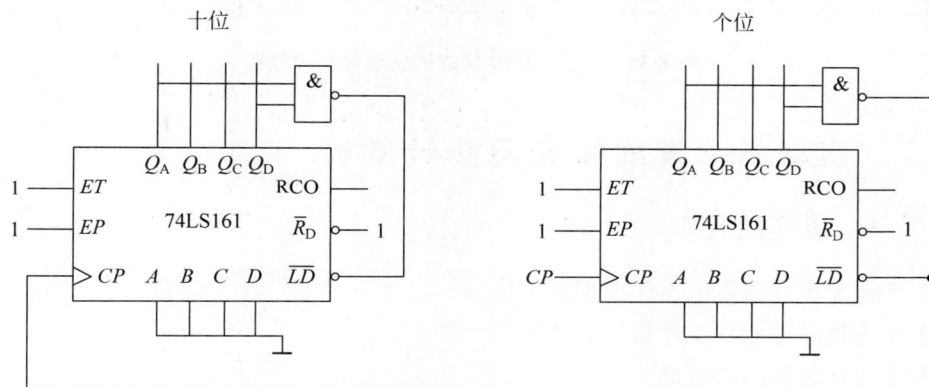

图 5-33 串行进位式 2 位十进制计数器

5.6.5 实验报告要求

(1) 画出实验电路图,简述原理(重点说明反馈控制)。

(2) 根据实验结果,绘制状态图,辅以必要的文字说明。

5.6.6 预习与思考题

(1) 熟悉集成计数器 74LS161 的引脚排列及其工作原理。

(2) 用 74LS161 设计电路,采用置数和清零法分别实现模 6 计数器,要求绘出逻辑电路图。

(3) 用 74LS161 设计电路,采用反馈清零法实现模 12 计数器,要求绘出逻辑电路图。

(4) 使用两片 74LS161 设计一个 2 位十进制并行进位式计数器。

(5) 用 Multisim 完成仿真实验。

用两片集成计数器 74160 通过反馈置数法,实现六十进制计数器,如图 5-34 所示。在数码管可以直接观察到 0~59 的数码跳变。

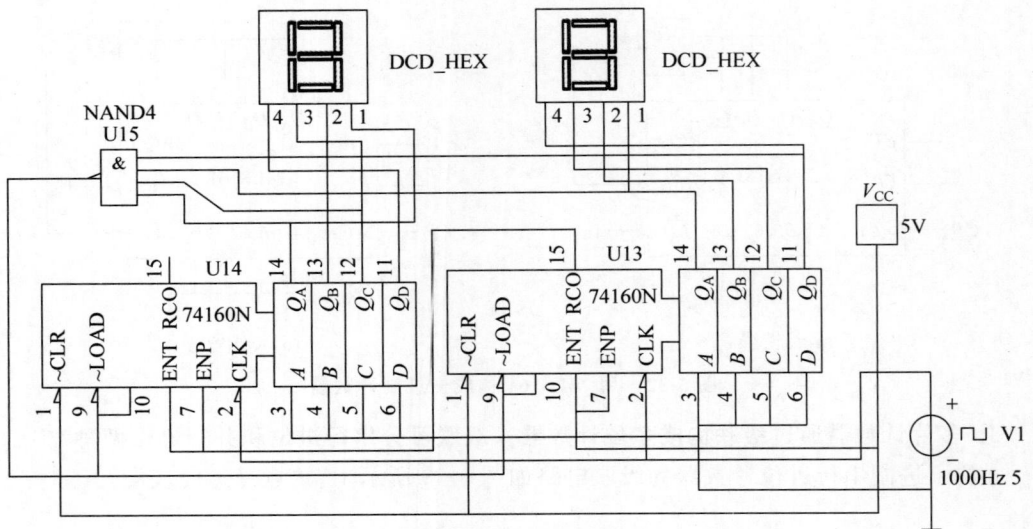

图 5-34　两片 74160 构成的六十进制计数器

5.7　实验 6　集成单元异步计数器

5.7.1　实验目的

(1) 掌握异步计数器的工作原理及方法。

(2) 熟悉集成单元异步计数器的使用。

(3) 了解计数器的自启动。

5.7.2　实验仪器和设备

(1) 数字实验箱一台。

(2) 器件包括四组 2 输入端与非门 74LS00 和 4 位二进制计数器 74LS93。

5.7.3　实验原理

计数器种类很多,分类方法也有多种。按计数器中触发器翻转秩序可分为异步计数器和同步计数器,按计数器的编码方法可分为二进制计数器、十进制计数器和其他进制计数器,按计数过程中计数的增减可分为加法计数器与减法计数器。

计数器正在计数时,其输出端将循环出现不同的状态,一个循环中计数器总共所具有的状态数,称为计数器的模。74LS93 集成芯片是由 4 个主从 JK 触发器和附加门组成,如图 5-35 所示。它是 4 位二进制计数器,其模为 16。第一个触发器是独立的二进制块,输入为 A,输出为 Q_A。后三个触发器,输入为 B,输出为 Q_B、Q_C、Q_D,构成八进制计数器。需要时,可将 B 端接入 Q_A 输出端。

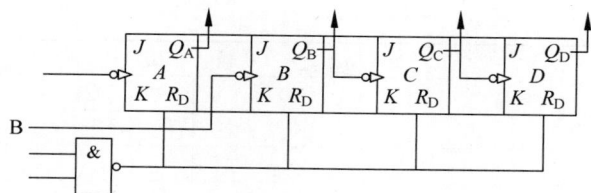

(a) 逻辑框图

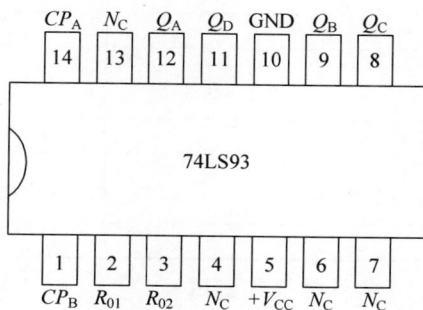

(b) 引脚图

图 5-35 74LS93 集成芯片电路

5.7.4 实验内容

1. 二-十六进制计数器

（1）将 74LS93 集成芯片按图 5-36 连接电路，Q_D、Q_C、Q_B、Q_A 分别显示四路输出。R_{01}、R_{02} 分别接输入逻辑开关，B 端连接 Q_A 构成 4 位二进制计数器。A 端接手动脉冲或秒脉冲，检查线路无误后，然后开启电源。

（2）按表 5-13 测试 R_{01}、R_{02} 端的置零或计数功能。

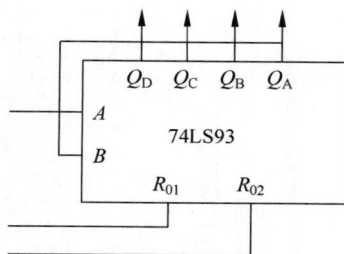

图 5-36 十六进制计数器电路

表 5-13　测试 R_{01}、R_{02} 端置零或计数功能

置 零 输 入		输　　　出			
R_{01}	R_{02}	Q_D	Q_C	Q_B	Q_A
1	1	0	0	0	0
0	×	计		数	
×	0	计		数	

（3）先清零，然后按照表 5-14 的要求，输入 CP，将 Q_D、Q_C、Q_B、Q_A 的逻辑状态填入表内，观察其计数的模。

表 5-14　74LS93 输入输出数据测试

输入 CP 数	输　　　出			
	Q_D	Q_C	Q_B	Q_A
0				
1				
2				
3				
4				

输入 CP 数	输　出			
	Q_D	Q_C	Q_B	Q_A
5				
6				
7				
8				
9				
10				
11				
12				
13				
14				
15				

2. 组成计数模为 6、10、14 的计数器并测试

参照上述实验方法对图 5-37、图 5-38 和图 5-39 所示的计数器电路进行测量,并将 Q_D、Q_C、Q_B、Q_A 的逻辑状态分别填入表 5-15、表 5-16 和表 5-17 中。

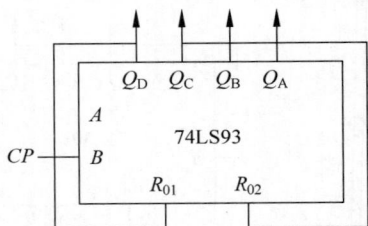

图 5-37　六进制计数器电路

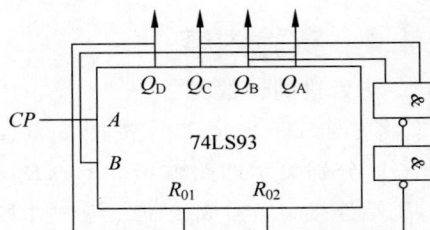

图 5-38　十进制计数器电路

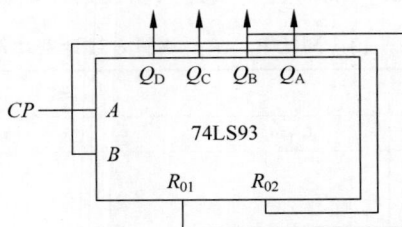

图 5-39　十四进制计数器电路

表 5-15　六进制数据测试

输入 CP 数	输　出			
	Q_D	Q_C	Q_B	Q_A
0				
1				
2				
3				
4				
5				

表 5-16　十进制数据测试

输入 CP 数	输　出			
	Q_D	Q_C	Q_B	Q_A
0				
1				
2				
3				
4				
5				
6				
7				
8				
9				

表 5-17　十四进制数据测试

输入 CP 数	输　出			
	Q_D	Q_C	Q_B	Q_A
0				
1				
2				
3				
4				
5				
6				
7				
8				
9				
10				
11				
12				
13				

3. 自己设计模为 9 的计数器

利用 74LS93 集成芯片,画出如图 5-40 所示的接线图,并将测试结果填入表 5-18 中。

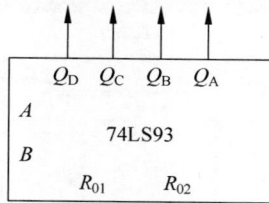

图 5-40　九进制计数器电路

表 5-18　九进制数据测试

输入 CP 数	输　出			
	Q_D	Q_C	Q_B	Q_A
0				
1				
2				
3				

续表

输入 CP 数	输　　出			
	Q_D	Q_C	Q_B	Q_A
4				
5				
6				
7				
8				

5.7.5　预习与思考题

(1) 熟悉 74LS93 的引脚排列及其工作原理。

(2) 集成芯片 74LS93 是同步还是异步计数器？是加法还是减法计数器？

(3) 总结集成芯片 74LS93 4 位二进制计数器改变模的方法。

(4) 用 Multisim 完成仿真实验。

用 7490N 构成一个 8421BCD 码十进制计数器，按图 5-41 所示连接好电路图。

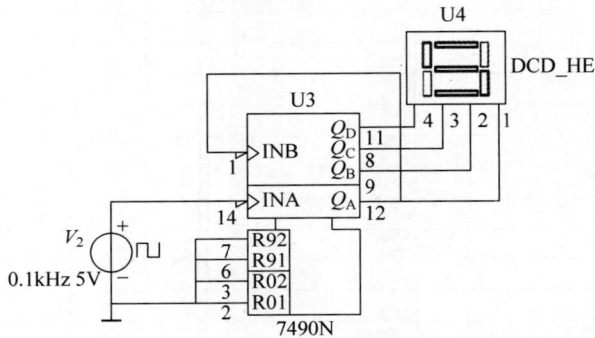

图 5-41　用 7490N 构成十进制计数器

启动仿真，可以在数码管上直接观察到 0～9 的数据跳变。也可以用逻辑分析仪观察输出波形，如图 5-42 所示。

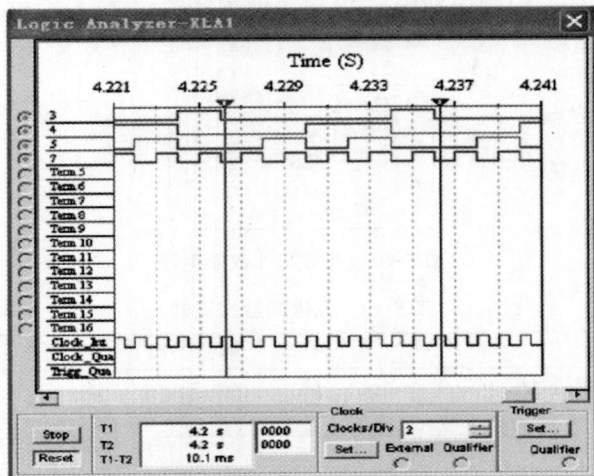

图 5-42　逻辑分析仪显示十进制波形

5.8　实验 7　555 集成定时器的应用

5.8.1　实验目的

（1）熟悉 555 定时器的功能，掌握它的典型应用。

（2）掌握多谐振荡器、单稳态触发器的基本特点及应用。

5.8.2　实验仪器和设备

（1）数字电路实验箱。

（2）双踪示波器。

（3）直流稳压电源。

（4）数字万用表。

（5）555 时基电路 2 片，100kΩ、0.5W 电位器一个，电容 $0.01\mu F$、$0.1\mu F$、$10\mu F$、$100\mu F$ 各一个，电阻若干（见实验电路），LED 指示灯一个，8Ω 动圈扬声器一个（也可用 LED 发光二极管代替）。

5.8.3　实验原理

555 定时器是一种多用途的数字模拟混合集成电路，利用它能极方便地构成施密特触发器、单稳态触发器和多谐振荡器。由于使用灵活、方便，所以 555 定时器在波形的产生与变换、测量与控制、家用电器、电子玩具等许多领域中都得到了应用。

（1）多谐振荡器电路见图 5-43，振荡周期为 $T=0.7(R_1+2R_P)C$。

（2）单稳态触发器电路见图 5-44。在负脉冲触发下，其暂稳态时间由 $T_W=1.1RC$ 决定。

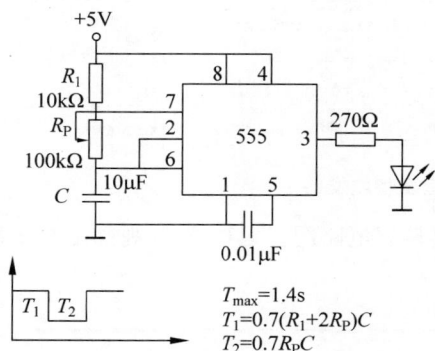

图 5-43　多谐振荡器电路

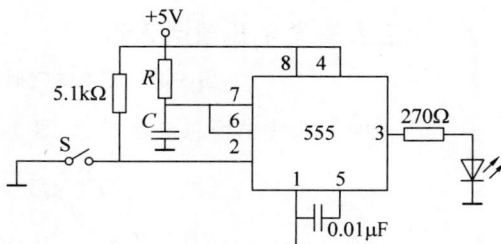

$T_{max}=1.4s$
$T_1=0.7(R_1+2R_P)C$
$T_2=0.7R_PC$

图 5-44　单稳态电路

5.8.4　实验内容和步骤

1. 多谐振荡器

（1）按图 5-43 连接好电路，取 $R_1=10k\Omega$，$R_P=100k\Omega$，$C=10\mu F$。

（2）将电容 C 调整为 $0.1\mu F$，固定电位器 R_P 为某值，用示波器观察波形。

(3) 针对步骤(1)或(2)在固定 R_P 时,验证公式 $T=0.7(R_1+2R_P)C$ 的计算结果。

2. 单稳态触发器

(1) 按图 5-44 连接好电路,取 $R=100\text{k}\Omega$,$C=10\mu\text{F}$。

(2) 扳动开关 S,即相当于在单稳态触发器的触发端加一个下降沿触发信号,电路进入暂稳态状态,这时注意观察 LED 显示,并用示波器观察输出波形。

(3) 改变 C 的取值为 $0.1\mu\text{F}$,重复步骤(2),并验证公式计算结果($T_W=0.7RC$)。

5.8.5 实验报告内容要求

(1) 写出电路原理图中的计算要求。

(2) 画出各输出点的波形。

(3) 总结电路的参数对单稳态电路和多谐振荡器输出参数的影响。

5.8.6 预习与思考题

(1) 复习 555 时基电路工作原理及由 555 时基电路组成多谐振荡器及单稳态电路的工作原理。

(2) 根据工作原理作出各输出点的波形图。

(3) 用 Multisim 完成仿真实验。

用 555 定时器构建施密特触发器,按图 5-45 所示连接好电路图。运行仿真,观察输出波形。

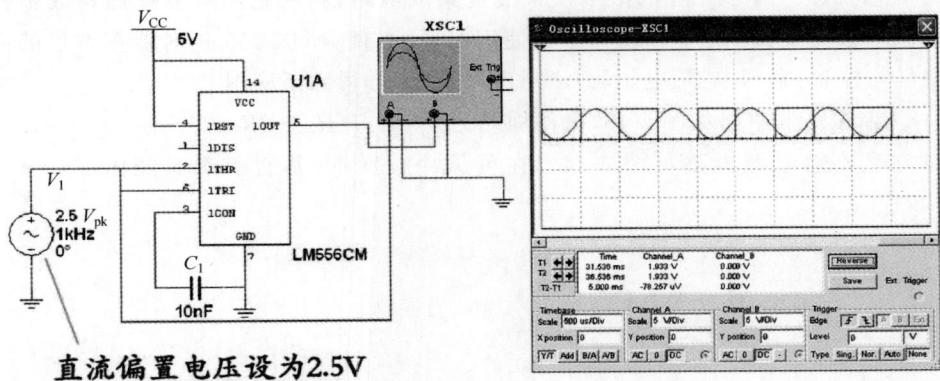

图 5-45 用 555 定时器构建的施密特触发器

用 555 定时器构建单稳态触发器,按图 5-46 所示连接好电路图。运行仿真,观察输出波形。

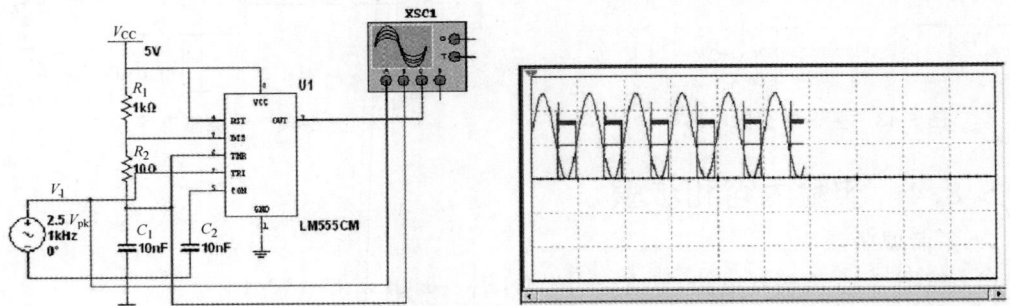

图 5-46 用 555 定时器构建的单稳态触发器

第 6 章

高频电子线路实验

6.1 高频电子线路实验箱简介

高频电子线路实验箱是由上海爱仪电子设备有限公司研制的,型号为 ASGP-1 的实验系统,如图 6-1 所示。

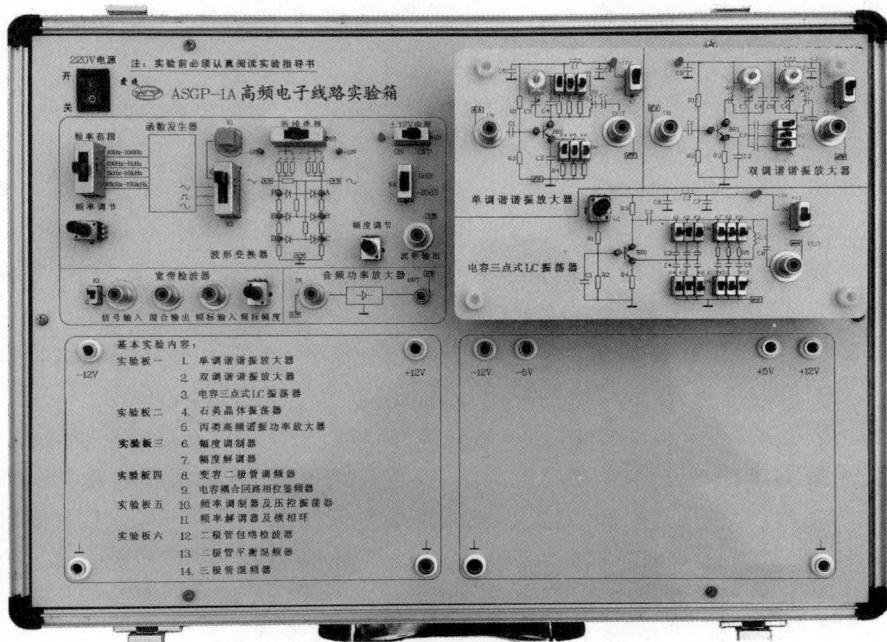

图 6-1　ASGP-1 高频电子线路实验系统

6.1.1 实验箱简单介绍

ASGP-1A 高频电子线路实验系统包括高频电子线路实验箱(简称实验箱)和 6 块实验电路板(简称实验板)两部分。实验箱上除设计有可同时安放三块实验板的通用板外,还配备了函数发生器(函数信号源)、音源、波形变换器、音频功率放大器以及±12V、±5V 直流稳压电源。它们与 6 块实验板一起可完成 14 个高频电子线路实验。

本系统两部分的有关内容简介如下。

1. 实验箱部分

(1) 函数发生器在本实验系统中常作为低频信号源,其输出频率为 10Hz～100kHz,可按十倍频程分为 4 个波段。输出波形为正弦波、三角波、方波和音乐源 4 种,且可实现输出信号幅度的连续调节(由一个 20dB、0dB 两挡固定衰减器和一个可变衰减器完成)。

(2) 波形变换器是把三角波变换为正弦波的仪器。它采用具有三转折(切换)点的折线近似电路,并有三套不同的电压转折点可选,以产生不同的近似波形。在实验 12 中要用到它。

(3) 宽带检波器配合其他实验板,一起完成扫频功能,在示波器上显示频率特性。

(4) 音频功率放大器,当用音乐源作调制信号时,收听还原后的音乐声。

(5) 电源包括输入:AC,220V±22V,50Hz±2Hz 和输出:DC,±12V、±5V 直流稳压源。

(6) 实验电路板座共有 3 个。

2. 实验板部分

(1) 实验板 1——放大振荡板:包括调谐放大电路及通频带扩展电路、双调谐放大电路、LC 振荡器电路。可用于实验 1、2、4、13、14 中。

(2) 实验板 2——丙类功放板:包括丙类高频功率放大电路单元和石英晶体振荡电路,可用于实验 3、5、14 中。

(3) 实验板 3——调幅检波板:包括幅度调制电路、幅度解调电路(同步检波器)。可用于实验 6、7 中。

(4) 实验板 4——调频鉴频板:包括变容二极管调频振荡器、相位鉴频器。可用于实验 8、9、14 中。

(5) 实验板 5——集成电路调频鉴频板:包括集成电路组成的频率调制器、集成电路组成的频率解调器。可用于实验 10、11 中。

(6) 实验板 6——混频板:包括二极管混频、三极管混频和二极管包络检波器电路。可用于实验 13 中,同时二极管包络检波器可与其他板同用。

利用本实验系统,可开设 14 个实验:单调谐回路谐振放大器、双调谐回路谐振放大器、高频谐振功率放大器、电容三点式 LC 振荡器、石英晶体振荡器、振幅调制器、振幅解调器、变容二极管调频器、电容耦合回路相位鉴频器、集成电路组成的频率调制器、集成电路组成的频率解调器、三角波-正弦波变换器、混频器、无线发送和接收。根据实验的内容以及相互联系,这 14 个实验又可组合成 7 个单元,分别为:实验 1、2,实验 3,实验 4、5,实验 6、7,实验 8、9,实验 10、11,实验 12,实验 13、14。开设实验时,每次可安排 1～2 个单元进行,但不宜把一个单元中的实验分开进行。一般安排方式是分为 7 次,即实验 1、2,实验 3,实验 4、5,实验 6、7,实验 8、9,实验 10、11,实验 12、13、14。

6.1.2　高频实验注意事项

高频电子线路的主要特点是高频、非线性。高频是指射频(无线电频率),因而必存在无线电干扰;非线性会产生新的频率分量,尤其是各种各样的组合频率分量。这些特点使得人们在做高频电子线路实验时往往并不顺利。为尽量减小各种各样的干扰,本实验系统在研制过程中进行了充分考虑：精心设计电路,元器件布局合理,尤其是统一采用电缆(取代导线)作为系统连接线,从而大幅度减小了高频电子线路在实验中的干扰。尽管如此,在进行高频电子线路实验时仍需注意下列几点。

(1) 实验前必须充分预习,认真阅读实验教程,掌握实验原理,熟悉实验步骤,并进行必要的理论计算和仿真,从而知道"做什么,怎么做",对实验结果做到心中有数。

(2) 实验前对要使用的仪器要有充分的了解,尤其是与本实验系统密切配合的 AS1637 函数信号发生器/频率计。在做实验 1 之前,应该仔细阅读相关资料,重点理解它作为高频信号发生器、数字频率计、扫频仪时的使用方法和工作原理。

(3) 实验中遵循"先断电,后插拔"原则,无论是在插拔实验板,还是插拔连接电缆时,均应如此。

(4) 实验中若遇到与理论不一致的情况,应多加观察、实验,并详细记录实验现象、波形和数据,以备课后分析。

(5) 在用本实验系统进行实验时,还需提前注意下列两点:①除非另有所指,在 ASGP-1A 高频电子线路实验系统、AS1637 函数信号发生器/频率计以及本实验教程中,所指的"幅度"均是指峰-峰值。采用峰-峰值的主要优点是便于在示波器上进行测量。②实验步骤中,常会遇到对可变元件(可变电容器、电位器)进行调节的情形。要求在每次完成可变元件调节实验后,均应把它调回原处。在利用本实验系统做实验时,需配备的仪器包括函数信号发生器 AS1637 一台、20MHz 双踪示波器一台及万用表一台。

6.1.3　高频实验内容简介

为便于对本实验系统有一个总的了解,表 6-1 给出了实验一览表。

表 6-1　实验一览表

实验序号	实验名称	实验主要内容/知识点	需用的实验系统	需用的实验仪器
一	单调谐回路谐振放大器	• 放大器静态工作点 • LC 并联谐振回路 • 单调谐放大器幅频特性	实验板 1 箱上宽带检波器	AS1637、万用表 双踪示波器
二	双调谐回路谐振放大器	• 电容耦合双调谐放大器 • 放大器动态范围	实验板 1 箱上宽带检波器	AS1637、万用表 双踪示波器
三	高频谐振功率放大器	• 谐振功放基本工作原理 • 谐振功放工作状态与计算 • 特性分析	实验板 2	AS1637、万用表 双踪示波器
四	电容三点式 LC 振荡器	• 三点式 LC 振荡器/克拉普电路 • 特性分析	实验板 1	频率计、万用表 双踪示波器
五	石英晶体振荡器	• 串联型晶体振荡器 • 特性分析	实验板 2	频率计、万用表 双踪示波器
六	振幅调制器	• 幅度调制 • 模拟乘法器实现幅度调制 • MC1496 四象限模拟相乘器	实验板 3 箱上函数发生器	AS1637、万用表 双踪示波器

续表

实验序号	实验名称	实验主要内容/知识点	需用的实验系统	需用的实验仪器
七	振幅解调器	• 振幅解调 • 模拟乘法器实现同步检波 • 二极管包络检波器	实验板 3 实验板 6 箱上函数发生器	AS1637、万用表 双踪示波器
八	变容二极管调频器	• 变容二极管调频 • 静态、动态调制特性	实验板 4 箱上函数发生器	频率计、万用表 双踪示波器
九	电容耦合回路相位鉴频器	• FM 波的解调 • 电容耦合回路相位鉴频器 • S 形鉴频特性	实验板 4 箱上宽带检波器 箱上函数发生器	AS1637、万用表 双踪示波器
十	频率调制器	• 集成电路组成 • 集成电路组成的调频器原理	实验板 5 箱上函数发生器	频率计、万用表 双踪示波器
十一	频率解调器	• 集成电路组成 • 集成电路组成的鉴频器原理	实验板 5 箱上函数发生器	万用表 双踪示波器
十二	三角波-正弦波变换器	• 三角波-正弦波变换原理 • 三角波-正弦波变换方法	箱上波形变换器 箱上函数发生器	万用表 双踪示波器
十三	混频器	• 二极管/三极管混频器 • 二极管包络检波器	实验板 1 实验板 6	AS1637 双踪示波器
十四	无线发送和接收	• AM 发送和接收 • FM 发送和接收	实验板 1 实验板 2 实验板 4 实验板 6 箱上函数发生器	AS1637 双踪示波器

6.2 实验 1 单调谐回路谐振放大器

6.2.1 实验目的

(1) 熟悉电子元器件和高频电子线路实验系统。

(2) 熟悉放大器静态工作点的测量方法。

(3) 熟悉放大器静态工作点和集电极负载对单调谐放大器幅频特性(包括电压增益、Q 值、带宽)的影响。

(4) 掌握用点测法测量放大器幅频特性的方法。

6.2.2 实验仪器和设备

(1) 实验板 1(调谐放大电路及通频带扩展电路单元,简称单调谐放大器单元)。

(2) AS1637 函数信号发生器/频率计(简称 AS1637 函数信号发生器或 AS1637)。

(3) 双踪示波器。

(4) 万用表。

6.2.3 实验原理

1. 单调谐回路谐振放大器原理

单调谐回路谐振放大器原理电路如图 6-2 所示。图中,R_{B1}、R_{B2}、R_E 可以保证晶体管工作于放大区域,使放大器工作于甲类。C_E 是 R_E 的旁路电容,C_B、C_C 是输入、输出耦合电容,L、C 是谐振回路,R_C 是集电极(交流)下级负载(对回路 Q 值有影响),输出端采用了部分接入方式。

2. 单调谐回路谐振放大器实验电路

单调谐回路谐振放大器实验电路如图 6-3 所示。其基本部分与图 6-2 相同。图中,C_3 用于调谐,K1、K2、K3 用于改变集电极电阻,可以观察集电极负载变化对谐振回路(包括电压增益、带宽、Q 值)的影响。K4、K5、K6 用于改变射极偏置电阻,以观察放大器静态工作点变化对谐振回路(包括电压增益、带宽、Q 值)的影响。

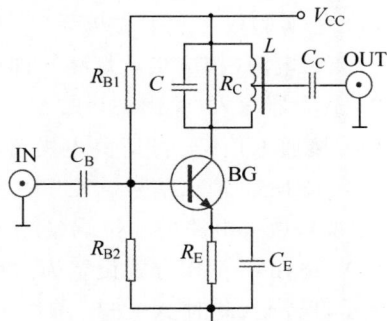

图 6-2 单调谐回路谐振放大器原理电路

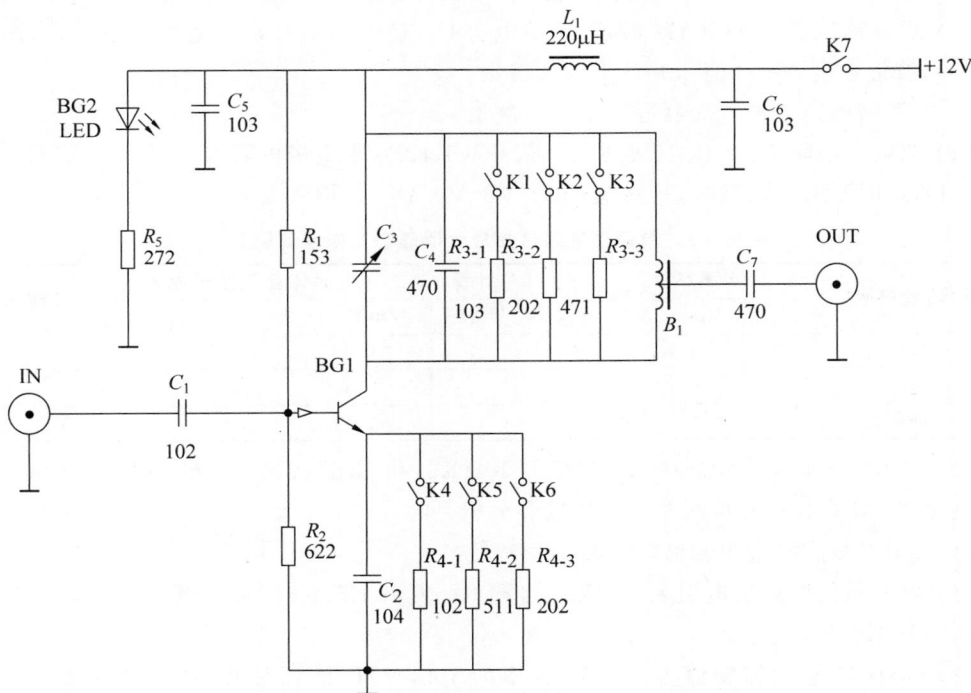

图 6-3 单调谐回路谐振放大器实验电路

6.2.4 实验内容和步骤

1. 实验内容

(1)用万用表测量晶体管各点(对地)电压 V_B、V_E、V_C,并计算放大器静态工作点。

(2)用示波器观察放大器输入、输出波形。

（3）采用点测法测量单调谐放大器的幅频特性。

2. 实验步骤

1）实验准备

（1）在实验箱上插上实验板 1。接通实验箱上电源开关,此时电源指示灯点亮。

（2）把实验板 1 左上方单元(单调谐放大器单元)的电源开关(K7)拨到 ON 位置,就接通了＋12V 电源(相应指示灯亮),即可开始实验。

2）放大器输入、输出波形观察

（1）接通 K1、K4,此时集电极负载为 10kΩ,发射极电阻为 1kΩ。

（2）AS1637 输出信号(OUTPUT 50Ω)连接到单调谐放大电路的 IN 端(并以示波器 CH1 监视),放大电路的输出端(OUT)接到示波器 CH2 上。

（3）AS1637 工作方式设置为内计数,并设置输出波形为正弦波。工作方式:按键左边 5 个指示灯皆暗,此时 AS1637 工作于信号源方式。

（4）输出幅度设置为 100mV。设置方法:使－40dB 衰减器工作,再调输出幅度调节旋钮(AMPL),使输出显示为 100mV(峰-峰值)。

（5）输出频率设置为 10.7MHz。设置方法:使用频率调谐旋钮调节,使频率显示为 10700(与此同时,kHz 灯点亮,表明输出频率为 10.7MHz)。

（6）观察示波器 CH1、CH2 波形,调节电容 C_3,使输出波形幅度最大且不失真,读取放大器输出波形幅度(峰-峰值),并计算放大倍数。

3）单调谐回路谐振放大器静态工作点测量

（1）取射极电阻 $R_4=1\text{k}\Omega$(接通 K4,断开 K5、K6),集电极电阻 $R_3=10\text{k}\Omega$(接通 K1,断开 K2、K3),用万用表测量各点(对地)电压 V_B、V_E、V_C,并填入表 6-2 中。

表 6-2 单调谐回路谐振放大器静态工作点测量表

射极偏置电阻	实测/V			计算			晶体管工作于放大区		理由
	V_B	V_E	V_C	V_{BE}/V	V_{CE}/V	I_C/mA	是	否	
$R_4=1\text{k}\Omega$									
$R_4=510\Omega$									
$R_4=2\text{k}\Omega$									

（2）当 R_4 分别取 510Ω(接通 K5,断开 K4、K6)和 2kΩ(接通 K6,断开 K4、K5)时,重复上述过程,将结果填入表 6-2,并进行比较和分析。

4）采用点测法测量单调谐放大器幅频特性

（1）放大器仍取射极电阻 $R_4=1\text{k}\Omega$(接通 K4,断开 K5、K6),集电极电阻 $R_3=10\text{k}\Omega$(接通 K1,断开 K2、K3)。

（2）AS1637 输出振幅值为 80mV,频率为 10.7MHz 的正弦波,并连接单调谐放大器 IN 端。将示波器 CH1 通道探头连接单调谐放大器 IN 端,示波器 CH2 通道探头连接单调谐放大器 OUT 端。仔细调节 AS1637 输出正弦波幅度,使输出波形不失真。此后应保持 AS1637 输出幅度不变。

（3）用示波器读得此时单调谐放大器的输出幅度值 $V_{0\text{max}}$。

（4）从 10.7MHz 起,每隔 100kHz 逐点增大 AS1637 输出频率,读得相应输出幅度值 $V_{0\text{pp}}$,并把数据填入表 6-3 中,直到输出幅度值小于 $0.707\times V_{0\text{max}}$ 时为止。

（5）从 10.7MHz 起，每隔 100kHz 逐点减小 AS1637 输出频率，重复（4）。

（6）计算放大器通频带宽度。

表 6-3　点测法测量单调谐放大器幅频特性

频率/MHz				10.7				
V_{0pp}	$0.707V_{0max}$			V_{0max}				$0.707V_{0max}$

6.2.5　实验报告要求

（1）画出图 6-3 电路的直流通路，计算放大器直流工作点，并与实测结果作比较。

（2）由实验现象归纳静态工作点变化和集电极负载变化对单调谐放大器幅频特性形状的影响，并予以说明。

（3）根据表 6-3，画出放大器幅频特性曲线，并计算带宽。

（4）总结由本实验所获得的体会。

6.2.6　实验预习

（1）复习单调谐回路谐振放大器工作原理，掌握静态工作点计算和谐振电压增益的计算。

（2）为得到 10.7MHz 的谐振频率，谐振回路的电感和电容一般在什么范围取值？

（3）仿真实验电路。

按照图 6-4 画好仿真电路，元器件按照图中参数进行取值。

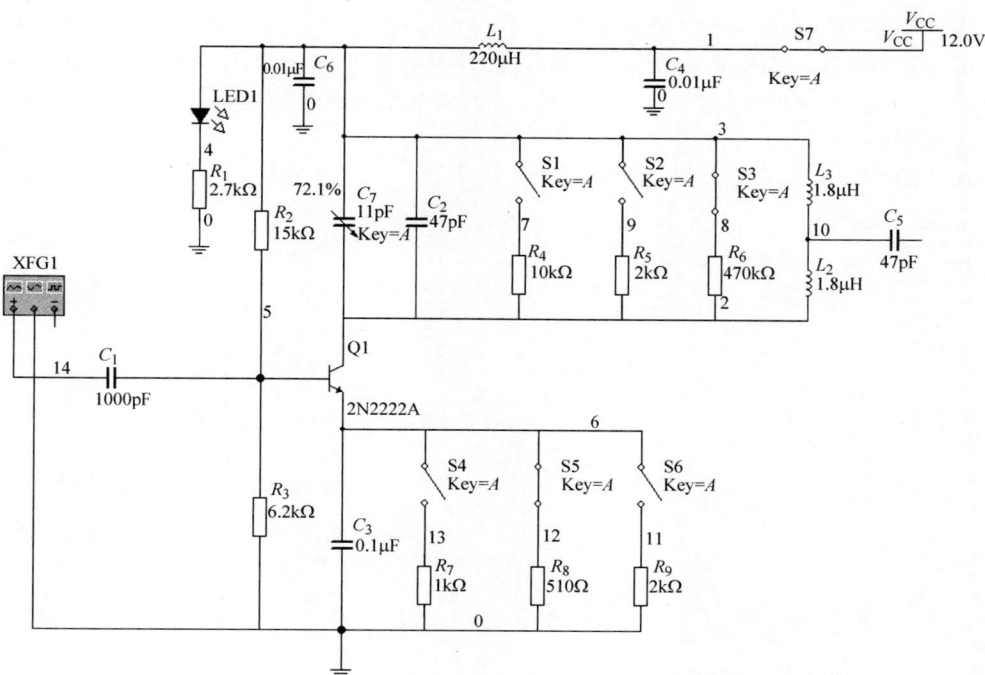

图 6-4　仿真电路图

选择菜单栏的 Options→Sheet properties,打开 Sheet properties 子菜单,在选项卡 Sheet visibility 中的 Net names 中选中 Show all,原理图中将显示出所有节点的标号。

选择菜单栏的 Simulate→Analysis→DC operating points,选择需要仿真的直流电压节点,单击 Simulate 按钮,显示如图 6-5 所示。

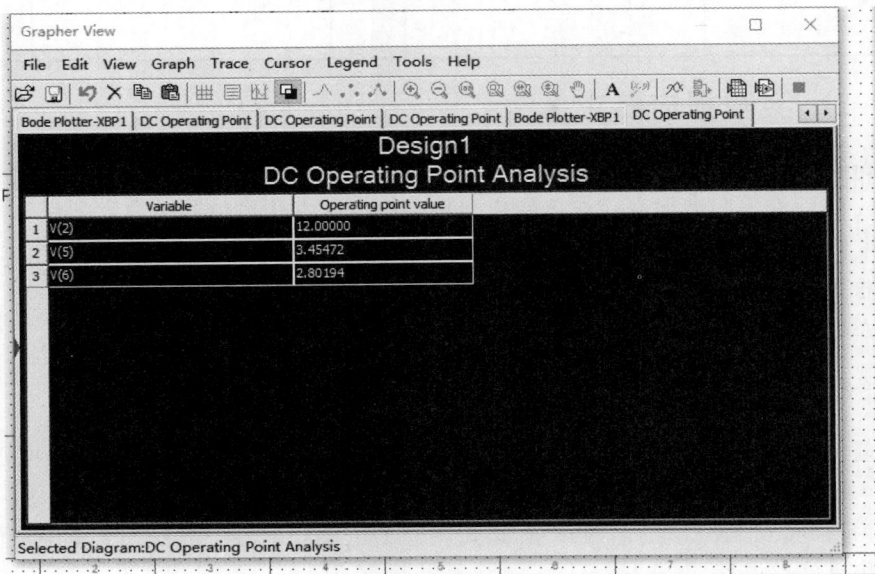

图 6-5 静态电压的仿真图表

选择菜单栏的 Simulate→Analysis→AC Analysis,在选项 AC Analysis 中,Frequency parameters 的设置如图 6-6(a)所示,Output 的设置如图 6-6(b)所示。AC Analysis 设置完成后,单击 Simulate 按钮,显示如图 6-7 所示,得到电路的频率特性曲线。

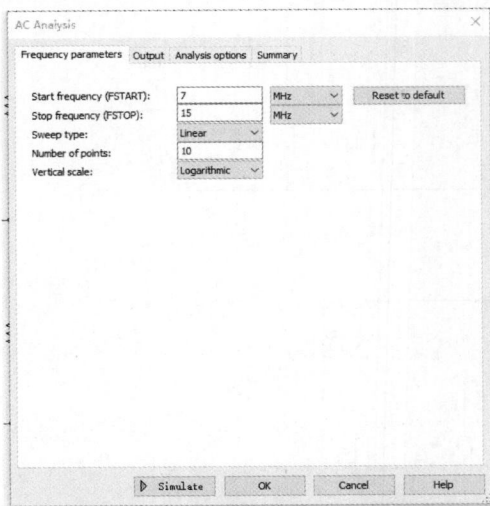

(a) Frequency parameters设置   (b) Output设置

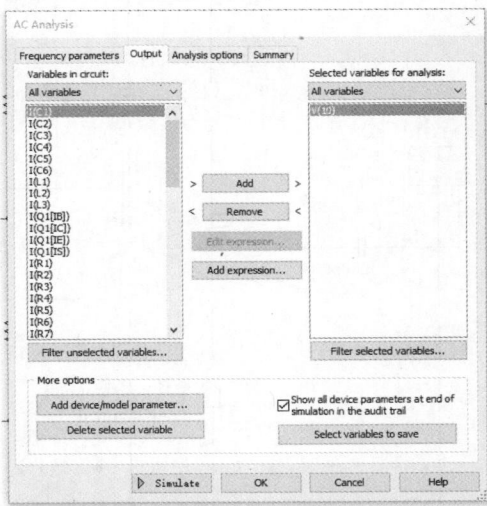

图 6-6 AC Analysis 仿真时的参数设置

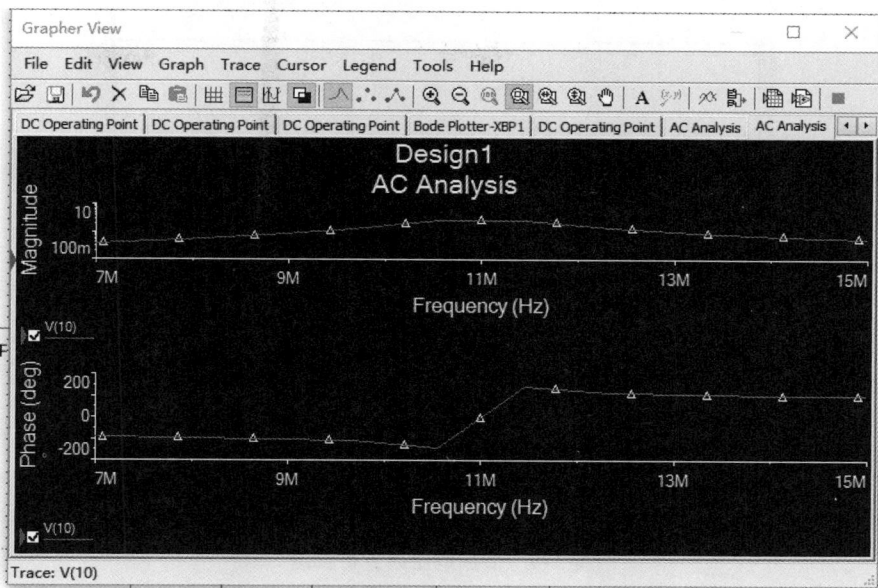

图 6-7 单调谐放大电路的频率特性曲线

利用两个标尺读出谐振频率点为 10.5759MHz,下限频率为 10.1452MHz,同理,可以读出上限频率为 11.8809MHz。得出通频带 $BW=11.880\text{MHz}-10.1452\text{MHz}=1.7357\text{MHz}$,如图 6-8(a)所示。调谐回路的并联电阻由 $10\text{k}\Omega$ 改为 470Ω,重新测量电路的频率特性曲线(可微调可变电容,使谐振频率基本保持不变),利用两个标尺读出谐振频率点为 10.3479MHz,下限频率为 8.6888MHz,同理,可以读出上限频率为 15.9536MHz。得出通频带 $BW=15.9536\text{MHz}-8.6888\text{MHz}=7.2648\text{MHz}$,如图 6-8(b)所示。

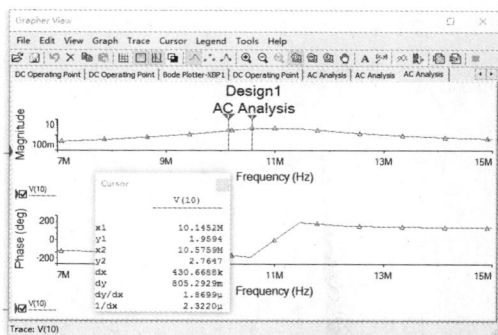

(a) 并联电阻为$10\text{k}\Omega$

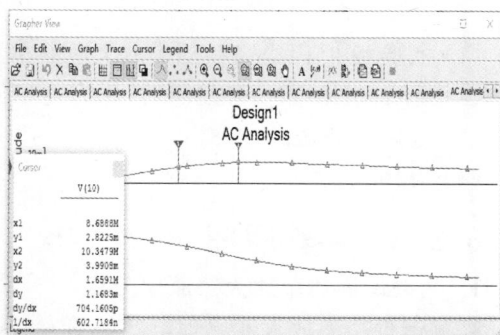

(b) 并联电阻为470Ω

图 6-8 接不同电阻时通频带的变化

然后进行谐振电压增益仿真,如图 6-9 所示,得到电压增益为 -117.233。

问题思考:仿真的电压增益和理论是否一致?误差由什么原因造成?

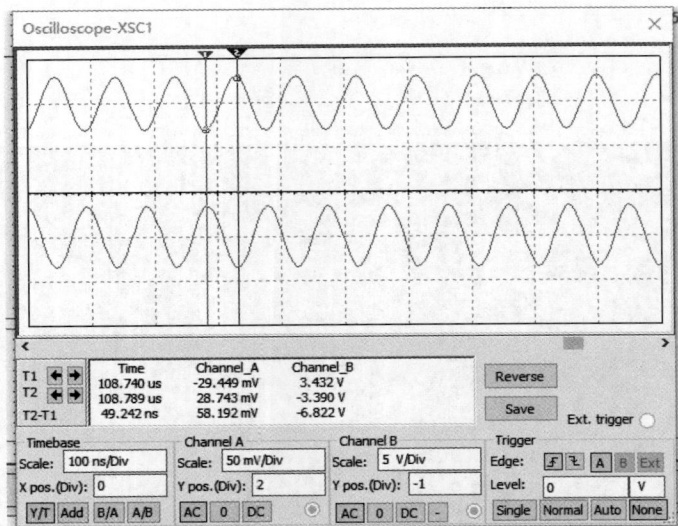

图 6-9　谐振电压增益仿真图

6.3　实验 2　高频谐振功率放大器

6.3.1　实验目的

(1) 熟悉电子元器件和高频电子线路实验系统。
(2) 熟悉高频谐振功率放大器的基本工作原理,三种工作状态,功率、效率计算。
(3) 了解集电极电源电压与集电极负载变化对谐振功率放大器工作的影响。

6.3.2　实验仪器和设备

(1) 实验板 2(丙类高频功率放大电路单元)。
(2) AS1637 函数信号发生器(作为高频信号源)。
(3) 双踪示波器。
(4) 万用表。

6.3.3　实验原理

1. 高频谐振功率放大器原理分析

高频谐振功率放大器原理电路如图 6-10 所示。图中,L_2、L_3 是扼流圈,分别提供晶体管基极回路、集电极回路的直流通路。R_{10}、C_9 产生射极自偏压,并经由扼流圈 L_2 加到基极上,使基射极间形成负偏压,从而放大器工作于丙类。C_{10} 是隔直流电容,L_4、C_{11} 组成了放大器谐振回路负载,它们与其他参数一起,对信号中心频率谐振。L_1、C_8 与其他参数一起,对信号中心频率构成串联谐振,使输入信号能顺利加入,并滤除高次谐波。C_8 还起隔直流作用。R_{12} 是放大器集电极负载。

2. 高频谐振功率放大器实验电路

高频谐振功率放大器电路如图 6-11 所示,其第 3 级部分与图 6-10 相同。BG1、BG2 是

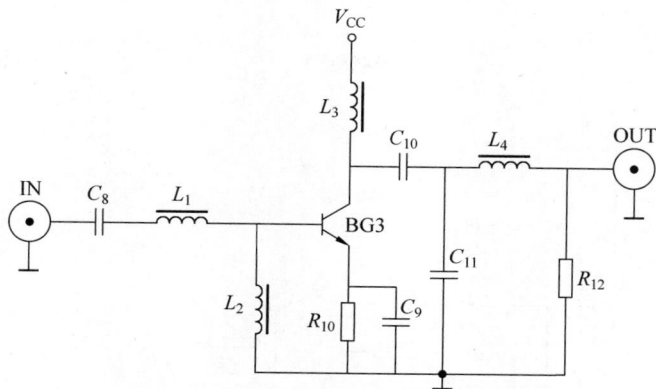

图 6-10　高频谐振功率放大器原理电路

两级前置放大器，C_2、C_6 用于调谐，A、B 点为这两级的输出测试点。BG3 为末级丙类功率放大器，当 K4 断开时可在 C、D 间串入万用表（直流电流挡），以监测 I_{C0} 值。同时，E 点可近似作为集电极电流 i_C 波形的测试点（$R_{10}=100\Omega$，$C_9=100\text{pF}$，因而 C_9 并未对 R_{10} 构成充分的旁路）。K1～K3 用于改变集电极负载电阻。

6.3.4　实验内容和步骤

1. 实验内容

（1）熟悉电子元器件和高频电子线路实验系统。

（2）熟悉高频谐振功率放大器的基本工作原理，三种工作状态，功率、效率计算。

（3）了解集电极电源电压与集电极负载变化对谐振功率放大器工作的影响。

2. 实验步骤

1）实验准备

（1）在实验箱上插上实验板 2（丙类高频功率放大电路单元）。接通实验箱上电源开关，电源指示灯点亮。

（2）实验板 2 右上方的电源开关（K5）拨到上面的 ON 位置，接通＋12V 电源（相应指示灯亮），即可开始实验。

（3）AS1637 输出频率为 10.7MHz、峰-峰值为 80mV 的正弦波，并连接实验板 2 的输入（IN）端。

2）两级前置放大器调谐

先将 C、D 两点断开（K4 置"OFF"位置）。然后把示波器高阻（带钩）探头接 A 点（监测第 1 级输出），调节 C_2 使输出正弦波幅度最大，相应的回路谐振。再把示波器高阻（带钩）探头接 B 点（监测第 2 级输出），调节 C_6 使输出正弦波幅度最大，相应的回路谐振。然后，仍把示波器探头接 B 点，再反复小幅调节 C_2、C_6，使输出幅度最大。

3）末级谐振功率放大器（丙类）测量

（1）对谐振功率放大器工作状态观察前，需要进行的实验准备包括：断开开关 K1～K3，接通开关 K4（拨到 ON）；示波器 CH1 连接实验板 2 的 OUT 点；示波器 CH2 连接 E 点；再反复小幅调节 C_2、C_6，使输出幅度最大。

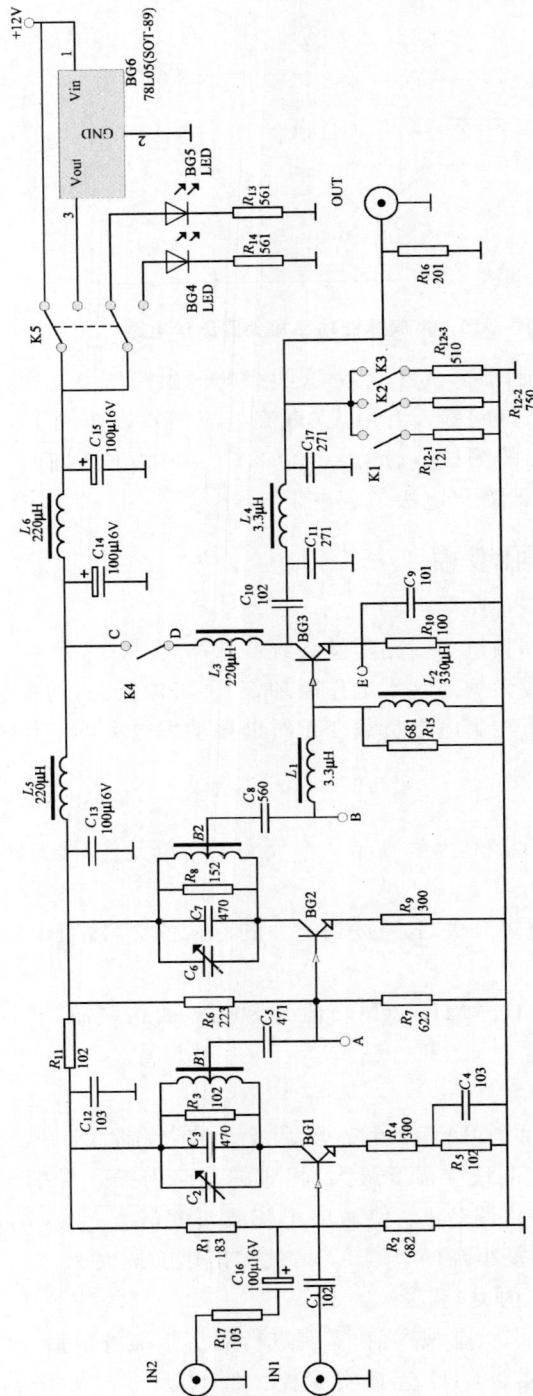

图 6-11 高频谐振功率放大器实验电路

然后逐渐增大输入信号幅度,并观察放大器输出电压波形(OUT 点)和集电极电流波形(E 点)。随着输入信号幅度的增大,在一定范围内,放大器的输出电压振幅和集电极电流脉冲幅度亦随之增大,说明放大器工作在欠压状态。

当输入信号幅度增大到一定程度时(例如超过 $120\mathrm{mV_{P-P}}$),放大器的输出电压振幅增长缓慢,而集电极电流脉冲则出现凹陷,说明放大器已进入过压状态。

(2)集电极负载电阻对谐振功率放大器工作的影响,首先是 $V_{\mathrm{Ip-p}}$(AS1637 输出信号)为 80mV 时的测量,此时取 $R_{12}=120\Omega$,接通 K1,断开 K2、K3 进行测量,用示波器观察功放级的输入、输出电压波形(B 点、OUT 点),并测量输入、输出电压峰-峰值 $V_{\mathrm{bp-p}}$、$V_{\mathrm{cp-p}}$;用万用表测量集电极直流电流值 I_{C0},并把结果填入表 6-4 中。测量 I_{C0} 的方法是:在 C、D 两点间串入万用表(直流电流,200mA 挡),再断开 K4,便可读得 I_{C0} 值,然后接通 K4,取走表笔。取 $R_{12}=75\Omega$ 时,接通 K2,断开 K1、K3,重做前面步骤,观察集电极负载电阻减小对谐振功率放大器工作的影响。取 $R_{12}=50\Omega$ 时,接通 K3,断开 K1、K2,再重做前面步骤,观察集电极负载电阻进一步减小对谐振功率放大器工作的影响。$V_{\mathrm{Ip-p}}$ 为 120mV 时的测量,重复前面的步骤。

(3)集电极直流电源电压对谐振功率放大器工作的影响,实验板 2 右上方的电源开关(K5)拨到最下面,接通 +5V 电源(相应指示灯点亮),重做步骤(2),以观察集电极直流电源电压的减小对谐振功率放大器工作的影响,并把相应数据也填入表 6-4。

表 6-4 谐振功率放大器实验数据记录表

测 试 条 件			实 测			计 算				
			$V_{\mathrm{bp-p}}$ /V	$V_{\mathrm{cp-p}}$ /V	I_{c0} /mA	I_{c1m} /mA	P_{o} /mW	P_{D} /mW	P_{c} /mW	η_{c}
$V_{\mathrm{CC}}=12\mathrm{V}$	$V_{\mathrm{Ip-p}}=$ 80mV	$R_{12}=120\Omega$								
		$R_{12}=75\Omega$								
		$R_{12}=51\Omega$								
	$V_{\mathrm{Ip-p}}=$ 120mV	$R_{12}=120\Omega$								
		$R_{12}=75\Omega$								
		$R_{12}=51\Omega$								
$V_{\mathrm{CC}}=5\mathrm{V}$	$V_{\mathrm{Ip-p}}=$ 80mV	$R_{12}=120\Omega$								
		$R_{12}=75\Omega$								
		$R_{12}=51\Omega$								
	$V_{\mathrm{Ip-p}}=$ 120mV	$R_{12}=120\Omega$								
		$R_{12}=75\Omega$								
		$R_{12}=51\Omega$								

说明:(1)表中"计算"列内各符号的含义如下。I_{c1m} 表示集电极电流基波振幅;P_{o} 表示集电极输出功率;P_{D} 表示集电极直流电源供给功率;P_{c} 表示集电极耗散功率;η_{c} 表示集电极效率。

(2)作计算时应注意:在本实验的实测中常用(电压)峰-峰值,而在本书的计算公式中则常用振幅值,两者相差一倍。

(3)集电极负载应为 R_{12} 和 R_{16} 并联后的阻值大小。

6.3.5 实验报告要求

(1)根据实验测量数据,计算各种情况下的 I_{c1m}、P_{o}、P_{D}、P_{c}、η_{c}。

（2）对实验结果进行分析,说明输入信号振幅 V_{bm}、集电极电源电压 V_{CC}、集电极负载对谐振功率放大器工作的影响(工作状态,电压、电流波形,功率、效率)。

（3）倘若实验结果与理论学习时的结论不一,请分析其可能存在的原因。

（4）总结由本实验所获得的体会。

6.3.6　实验预习

（1）复习高频谐振功率放大器工作原理,理解高频谐振功率放大器的三种工作状态。

（2）掌握高频谐振功率放大器功率、效率的计算。

（3）仿真实验电路,了解集电极电源电压与集电极负载变化对谐振功率放大器工作的影响。按照图 6-12 画好仿真电路,元器件按照图中参数进行取值。

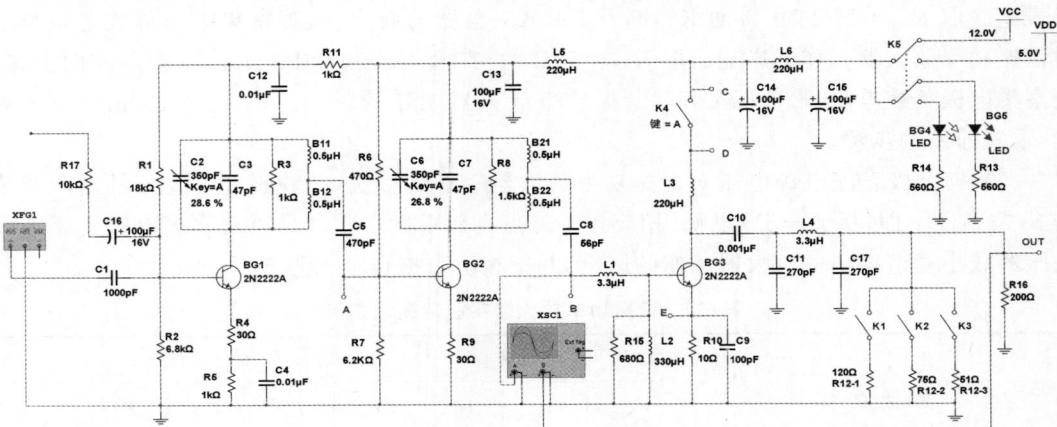

图 6-12　高频谐振功率放大器仿真电路图

双击函数信号发生器,弹出参数设置对话框,按图 6-13 所示设置输出频率和输出幅度等参数,再关闭对话框。断开开关 K1～K4,K5 接 12V 电压,示波器 A 通道接在 B 点上,单击运行按钮 ▷,运行电路仿真,调节可调电容 C_2、C_6,观察 B 点波形的变化。

单击停止按钮 ■,停止电路仿真,示波器 A 通道接 E 点,B 通道接放大器输出 OUT 点,接通开关 K4,单击运行按钮 ▷,运行电路仿真,双击函数信号发生器,观察放大器输出电压幅度和集电极电流脉冲波形,逐渐增大函

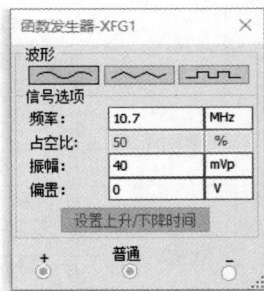

图 6-13　函数信号发生器参数设置

数信号发生器的输出信号幅度,直到放大器输出电压幅度增长缓慢,而集电极电流脉冲出现凹陷,解释此现象。最后将函数信号发生器输出参数恢复原状。

单击停止按钮 ■,停止电路仿真,示波器 A 通道接 B 点,B 通道接放大器输出 OUT 点,接通开关 K4,单击运行按钮 ▷,运行电路仿真,分别单独接通开关 K1、K2 和 K3,观察输入、输出电压峰-峰值如何变化。接着,开关 K5 接通 5V 电压,分别单独接通开关 K1、K2 和 K3,观察输入、输出电压峰-峰值如何变化。

思考:对比开关 K5 分别接通 12V 和 5V 时,分别单独接通开关 K1、K2 和 K3 时的输入、输出电压峰-峰值变化,分析原因。

6.4　实验3　振幅调制器

6.4.1　实验目的

（1）熟悉电子元器件和高频电子线路实验系统。

（2）掌握用 MC1496 来实现 AM 和 DSB-SC 的方法，并研究已调波与调制信号、载波之间的关系。

（3）掌握在示波器上测量调幅系数的方法。

（4）通过实验中波形的变换，学会分析实验现象。

6.4.2　实验仪器和设备

（1）实验板 3（幅度调制电路单元）。

（2）实验箱上函数发生器（用作调制信号源）。

（3）AS1637 函数信号发生器（用作载波源）。

（4）双踪示波器。

（5）万用表。

6.4.3　实验原理

1. MC1496 简介

MC1496 是一种四象限模拟相乘器，其内部电路以及用作振幅调制器时的外部连接如图 6-14 所示。由图可见，电路中采用了以反极性方式连接的两组差分对（$V_1 \sim V_4$），且这两组差分对的恒流源管（V_5、V_6）又组成了一个差分对，因而 MC1496 亦称为双差分对模拟相乘器。其典型用法是：8、10 端间接一路输入（称为上输入 U_1），1、4 端间接另一路输入（称为下输入 U_2），6、12 端分别经由集电极电阻 R_c 接到正电源 +12V 上，并从 6、12 端间取输出 U_o。2、3 端间接负反馈电阻 R_y。5 端到地之间接电阻 R_5，它决定了恒流源电流 I_0 的数值，典型值为 $6.8\text{k}\Omega$。14 端接负电源 -8V。7、9、11、13 端悬空不用。由于两路输入 U_1、U_2 的极性皆可取正或负，因而称之为四象限模拟相乘器。可以证明

$$U_o = \frac{2R_c}{R_y} U_2 \cdot \text{th}\left(\frac{U_1}{2U_T}\right) \tag{6-1}$$

因而，仅当上输入满足 $U_1 \leqslant U_T (26\text{mV})$ 时，方有

$$U_o = \frac{R_c}{R_y U_T} U_1 \cdot U_2 \tag{6-2}$$

这才是真正的模拟相乘器。本实验即为此例。

2. MC1496 组成的调幅实验电路

用 MC1496 组成的调幅器实验电路如图 6-15 所示。图中，与图 6-14 相对应之处是：R_8 对应 R_y，R_9 对应 R_5，R_3、R_{10} 对应 R_C。此外，W_1 调节 1、4 端之间的平衡，W_2 调节 8、10 端之间的平衡。本实验利用 W_1 在 1、4 端之间产生附加的直流电压，当 IN2 输入端加入调制信号时即可产生 AM 波。晶体管 BG1 为射极跟随器，可以提高调制器的带负载能力。

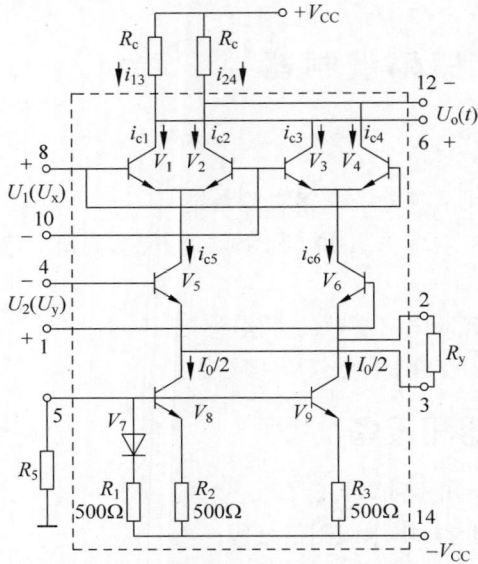

图 6-14   MC1496 内部电路及外部连接图

(注：U_x 为载波信号，接在 8、10 端；U_y 为调制信号，接在 1、4 端；R_y 为负反馈电阻，接在 2、3 端；U_o 为输出信号，接在 6、12 端。)

6.4.4   实验内容和步骤

1. 实验内容

(1) 模拟相乘调幅器的输入失调电压调节、直流调制特性测量。

(2) 用示波器观察 DSB-SC 波形。

(3) 用示波器观察 AM 波形，测量调幅系数。

(4) 用示波器观察调制信号为方波时的调幅波。

2. 实验步骤

1) 实验准备

(1) 在实验箱上插上实验板 3。接通实验箱上电源开关，电源指示灯点亮。

(2) 实验板 3 上幅度调制电路单元右上方的电源开关(K1)拨到 ON 位置，接通 ±12V 电源(相应指示灯亮)，开关 K2 拨到 1，即可开始实验。

(3) 调制信号源：采用实验箱左上角的函数发生器，其参数调节如下(示波器监测)：

- 频率范围：1kHz；
- 波形选择：正弦波、音源(如用音源作为调制信号，经解调后可在音频功放输出端插入耳机听到还原后的音源声音)；
- 幅度衰减：−20dB；
- 输出峰-峰值：100mV。

(4) 载波源：采用 AS1637 函数信号发生器，其参数调节如下：

- 工作方式：内计数("工作方式"按键左边 5 个指示灯皆暗，此时才用作为信号源)；
- 函数波形选择(FUNCTION)：正弦波；
- 工作频率：100kHz；
- 输出幅度(峰-峰值)：80mV。

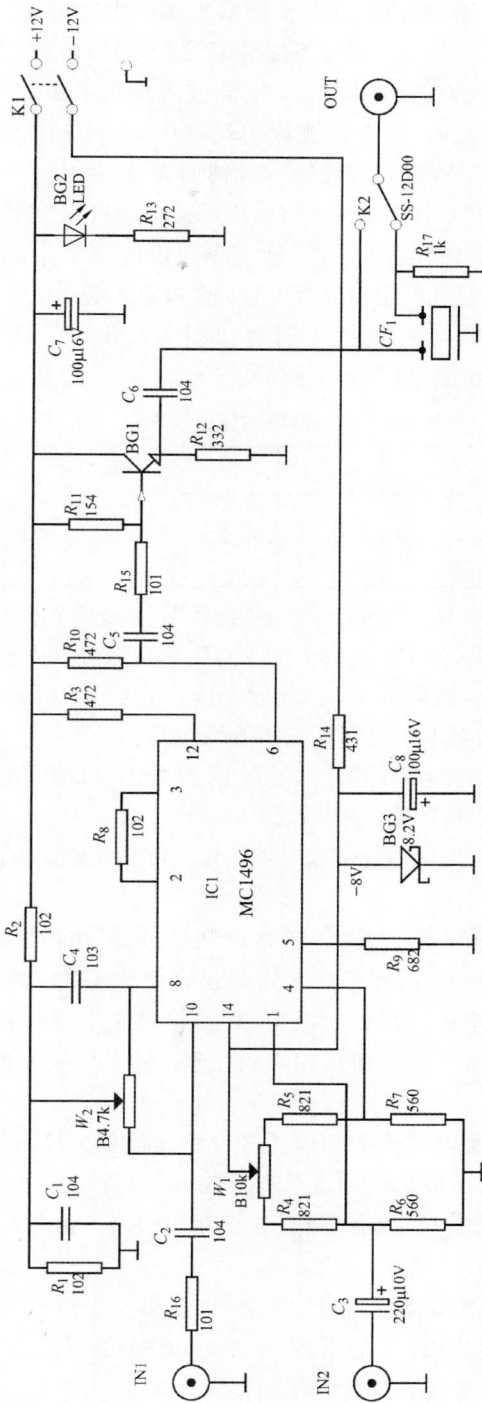

图 6-15　MC1496 组成的调幅实验电路

2) 静态测量

(1) 载波输入端(IN1)输入失调电压调节：把调制信号源输出的调制信号加到输入端 IN2(IN1 的载波源不连接)，并用示波器 CH2 监测输出端(OUT)的输出波形。调节电位器 W_2 使此时输出端(OUT)的输出信号(称为调制输入端馈通误差)最小。然后断开调制信号源。

(2) 调制输入端(IN2)输入失调电压调节：把载波源输出的载波加到输入端 IN1(IN2 的调制信号源不连接)，并用示波器 CH2 监测输出端(OUT)的输出波形。调节电位器 W_1 使此时输出端(OUT)的输出信号(称为载波输入端馈通误差)最小。

(3) 直流调制特性测量：仍然不加调制信号，用示波器 CH2 监测输出端(OUT)的输出波形，并用万用表测量 A、B 之间的电压 V_{AB}。改变 W_1 以改变 V_{AB}，记录 V_{AB} 值(由表 6-5 给出)对应的输出电压峰-峰值 V_o(可用示波器 CH1 监测输入载波，并观察它与输出波形之间的相位关系)。再根据公式 $V_o = kV_{AB}V_{cp\text{-}p}$ 计算出相乘系数 k 值($V_{cp\text{-}p}=80\text{mV}$)，并填入表 6-5。最后仍把输出电压调到最小(参阅上面的(2))。

表 6-5 静态数据测量记录表

V_{AB}/V	-0.4	-0.3	-0.2	-0.1	0	0.1	0.2	0.3	0.4
V_o/V									
k/V^{-1}									

需要指出的是，对相乘器，有 $z = kxy$，在这里有 $V_o = kV_cV_\Omega$(V_o、V_c、V_Ω 相应的是 OUT、IN1、IN2 端电压)。因此，当 $V_\Omega = 0$ 时，即使 $V_c \neq 0$，仍应有 $V_o = 0$。若 $V_o \neq 0$，则说明 MC1496 的 1、4 输入端失调，应调节 W_1 来达到平衡，这就是上面实验2(2)的做法。另外，在下面的实验中，又要利用对 W_1 的调节获得直流电压，把它先与 V_Ω 相加后再与 V_c 相乘，便可获得 AM 调制。这与"失调"是两个完全不同的概念，切勿混淆。

3) DSB-SC(抑制载波双边带调幅)波形观察

在 IN1、IN2 端已进行输入失调电压调节(对应 W_2、W_1 的调节)的基础上，可进行 DSB-SC 测量。

(1) DSB-SC 信号波形观察。示波器 CH1 接调制信号(可用带"钩"的探头连接 IN2 端旁的接线)，示波器 CH2 接 OUT 端，即可观察到调制信号及其对应的 DSB-SC 信号波形。

(2) DSB-SC 信号反相点观察。增大示波器 X 轴扫描速率，仔细观察调制信号过零点时刻所对应的 DSB-SC 信号，能否观察到反相点(试把调制信号频率增大到 $2\sim5\text{kHz}$ 来进行观察)?

(3) DSB-SC 信号波形与载波波形的相位比较。将示波器 CH1 改接 IN1 点，把调制器的输入载波波形与输出 DSB-SC 波形的相位进行比较，可以发现：在调制信号正半周期间，两者同相；在调制信号负半周期间，两者反相(建议用 DSB-SC 波形(CH2)触发，X 轴扫描用 $50\mu s$ 挡)。

4) SSB(抑制载波单边带混频)波形观察

(1) 上变频(和频)。将实验板"1"的电容三点式 LC 振荡器的 K1、K4、K7、K12 接通，K2、K3、K5、K6、K8、K9、K10、K11 断开，使振荡器输出幅度为 $2V_{P\text{-}P}$，频率约为 7.5MHz。将 LC 振荡器的输出加到实验板的 IN1 端。将 AS1637 函数信号发生器的输出(幅度为 $2V_{P\text{-}P}$、频率约为 3.2MHz 的正弦波)连接到实验板的 IN2 端。将本实验板的 K2 拨到 2 位置,然后缓慢调节 AS1637 函数信号发生器的输出频率,在输出端用示波器应能观察到混频输出(频率为 10.7MHz),输出幅度为 300mV_{P-P} 左右。

(2)下变频(差频)。首先将实验板"1"的电容三点式 LC 振荡器的 K1、K4、K7、K12 接通,K2、K3、K5、K6、K8、K9、K10、K11 断开,使振荡器输出幅度为 2V_{P-P},频率约为 7.5MHz。将 LC 振荡器的输出加到本实验板的 IN1 端。将 AS1637 函数信号发生器的输出(幅度为 2V_{P-P}、频率约为 18.2MHz 的正弦波)连接到本实验板的 IN2 端。将本实验板的 K2 拨到 2 位置,然后缓慢调节 AS1637 函数信号发生器的输出频率,在输出端用示波器观察应能看到混频输出(频率为 10.7MHz),输出幅度约为 250mV_{P-P}。

5)AM(常规调幅)波形测量

(1)AM 正常波形观察。在保持 W_2 已进行载波输入端(IN1)输入失调电压调节的基础上,改变 W_1,并观察 V_{AB} 从 -0.4V 变化到 $+0.4$V 时的 AM 波形(示波器 CH1 接 IN2,CH2 接 OUT)。可以发现:当 $|V_{AB}|$ 增大时,载波振幅增大,因而调制度 m 减小;而当 V_{AB} 的极性改变时,AM 波的包络亦会有相应的改变。当 $V_{AB} = 0$ 时,则为 DSB-SC 波。记录 $m = 0.3$ 时 V_{AB} 值和 AM 波形,最后再返回到 $V_{AB} = 0.1$V 的情形。

(2)不对称调制度的 AM 波形观察。在保持 W_1 已调节到 $V_{AB} = 0.1$V 的基础上,观察改变 W_2 时的 AM 波形(示波器 CH1 接 IN2,CH2 接 OUT)。可观察到调制度不对称的情形。最后仍调整到调制度对称的情形。

(3)100% 调制度观察。在上述实验的基础上(示波器 CH1 仍接 IN2,CH2 仍接 OUT),逐步增大调制信号源输出的调制信号幅度,可以观察到 100% 调制时的 AM 波形。增大示波器 X 轴扫描速率,可仔细观察到包络零点附近时的波形(建议用 AM 波形(CH2)触发,X 轴扫描用 0.1ms 挡;待波形稳定后,再按下"$\times$10 MAG"按键扩展)。

(4)过调制时的 AM 波形观察。继续增大调制信号源输出的调制信号幅度,可观察到过调制时的 AM 波形,并与调制信号波形作比较。调 W_1 使 $V_{AB} = 0.1$V 逐步变化为 -0.1V (用万用表监测),观察在此期间 AM 波形的变化,并把 V_{AB} 为 -0.1V 时的 AM 波形与 V_{AB} 为 0.1V 时的 AM 波形作比较。记录 $V_{AB} = 0$ 时是什么波形以及最后调到 $m = 0.3$ 时的 AM 波形。

6)上输入为大载波时的调幅波观察

保持下输入不变,逐步增大载波源输出的载波幅度,并观察输出已调波。可以发现:当载波幅度增大到某值(如 0.2V_{P-P})时,已调波形开始有失真(顶部变圆);而当载波幅度继续增大到某值(如 0.6V_{P-P})时,已调波形开始变为方波。最后把载波幅度复原(80mV)。

7)调制信号为方波时的调幅波观察

保持载波源输出的载波不变,但把调制信号源输出的调制信号改为方波(峰-峰值为 100mV),观察当 V_{AB} 从 0.1V 变化到 -0.1V 时的(已)调幅波波形。记录 $V_{AB} = 0$ 时的波形,最后仍把 V_{AB} 调节为 0.1V。

8)调制信号为三角波时的调幅波观察

同上,把调制信号源输出的调制信号改为三角波。

6.4.5　实验报告要求

(1)根据实验测量数据,用坐标纸画出直流调制特性曲线。

（2）由本实验得出 DSB-SC 波形与调制信号、载波间的关系。

（3）由本实验得出 $m<100\%$、$m=100\%$、$m>100\%$ 这三种情况下的 AM 波形与调制信号、载波间的关系。

（4）画出 DSB-SC 波形及 $m=100\%$ 时的 AM 波形，比较两者的区别。

（5）解释在 MC1496 组成的调幅器中，把载波作为上输入的理由。

（6）总结由本实验所获得的体会。

6.4.6　实验预习

（1）查阅用 Multisim 软件画子电路的方法。

（2）仿真 MC1496 组成的调幅实验电路。

按照图 6-14 画好 MC1496 的内部电路，如图 6-16(a)所示。

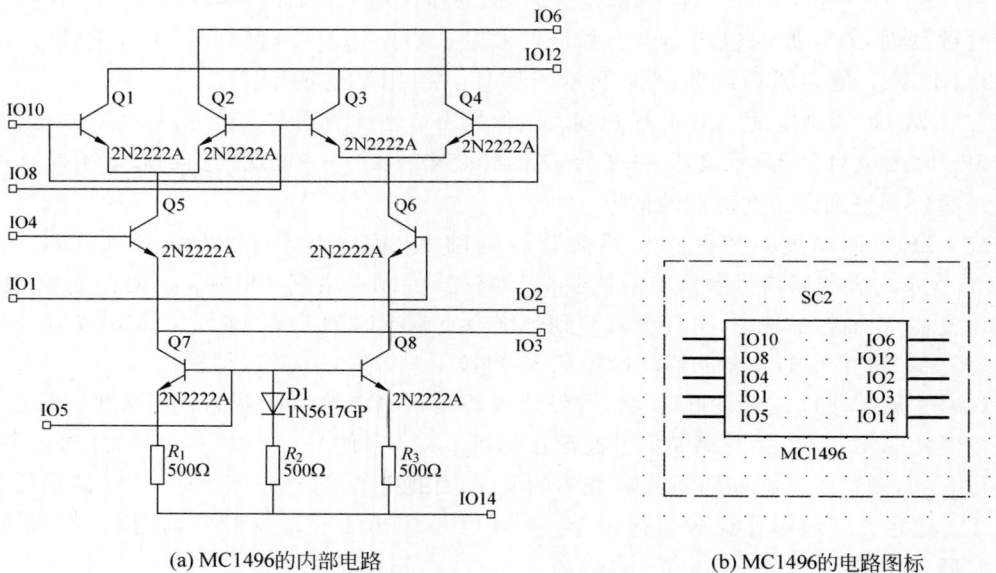

(a) MC1496的内部电路　　　　　(b) MC1496的电路图标

图 6-16　绘制 MC1496 的内部电路

选择 Place/Replace by Subcircuit 命令，屏幕上出现 Subcircuit Name 对话框，在对话框中输入 MC1496，单击 OK 按钮，完成子电路的创建选择电路复制到用户器件库，同时给出子电路图标，如图 6-16(b)所示。

按照图 6-17 绘制 MC1496 组成的调幅实验电路。

双边带调幅波的观察与调节。电阻 R_9 在中点位置，观察的双边带调幅波如图 6-18 所示。

普通调幅波的观察与调节。调节电阻 R_9，使之不在中点位置，观察到的普通调幅波如图 6-19 所示。

过调制的观察与调节。增大调制信号的幅度，可以观察到过调制的出现，如图 6-20 所示。

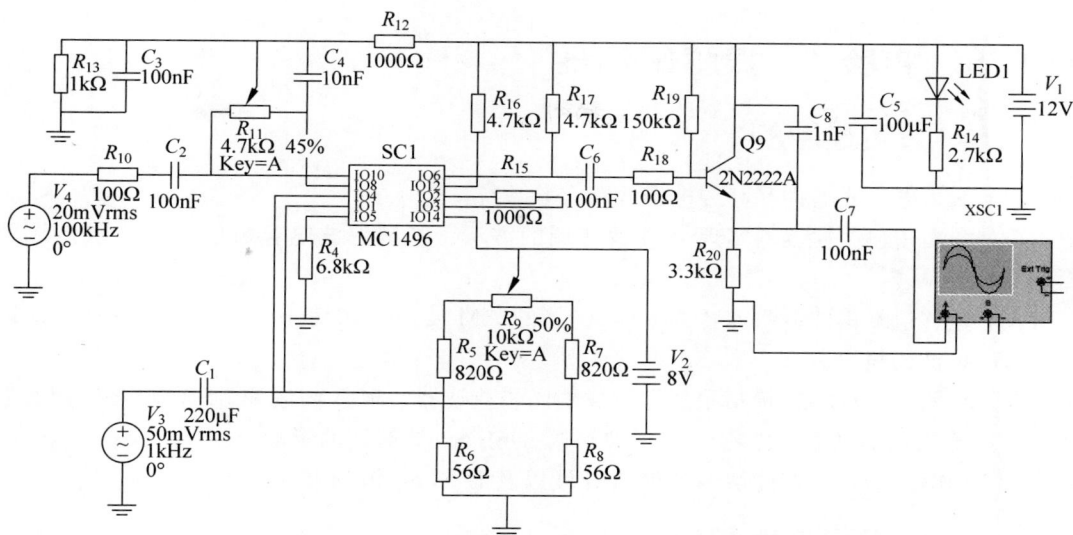

图 6-17 MC1496 组成的调幅仿真电路

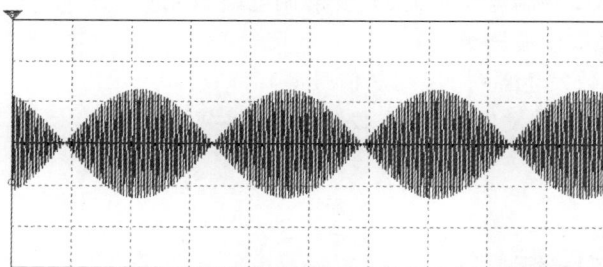

图 6-18 DSB 调幅波

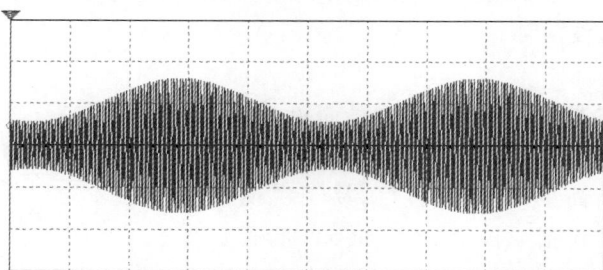

图 6-19 AM 调幅波

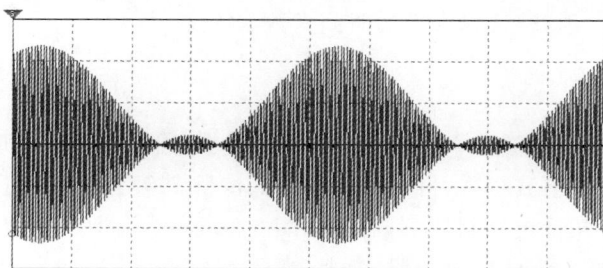

图 6-20 过调制现象的观察

6.5 实验 4 振幅解调器

6.5.1 实验目的

(1) 熟悉电子元器件和高频电子线路实验系统。

(2) 掌握用包络检波器实现 AM 波解调的方法。了解滤波电容数值对 AM 波解调的影响。

(3) 理解包络检波器只能解调 $m \leqslant 100\%$ 的 AM 波,而不能解调 $m > 100\%$ 的 AM 波以及 DSB-SC 波的概念。

(4) 掌握用 MC1496 模拟乘法器组成的同步检波器实现 AM 波和 DSB-SC 波解调的方法。了解输出端的低通滤波器对 AM 波解调、DSB-SC 波解调的影响。

(5) 理解同步检波器能解调各种 AM 波以及 DSB-SC 波的概念。

6.5.2 实验仪器和设备

(1) 实验板 3(幅度调制电路单元、幅度解调电路单元)。

(2) 实验板 6(包络检波器单元)。

(3) 实验箱上函数发生器(用作调制信号源)。

(4) AS1637 函数信号发生器(用作载波源、恢复载波源)。

(5) 双踪示波器。

(6) 万用表。

6.5.3 实验原理

振幅解调即是从已调幅波中提取调制信号的过程,亦称为检波。通常,振幅解调的方法有包络检波和同步检波两种。

1. 包络检波

二极管包络检波器是包络检波器中最简单、最常用的一种电路。它适合解调信号电平较大(俗称大信号,通常要求峰-峰值为 1.5V 以上)的 AM 波。它具有电路简单,检波线性好,易于实现等优点。本实验电路主要包括二极管 BG2 和 RC 低通滤波器,如图 6-21 所示,此电路主要利用二极管的单向导电性使得电路的充放电时间常数不同的功能(实际上,相差很大)来实现检波。因此,选择合适的时间常数 RC 很重要。

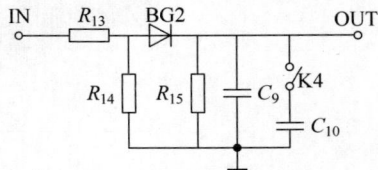

图 6-21 二极管包络检波器电路

2. 同步检波

同步检波,又称相干检波。它利用与已调幅波的载波同步(同频、同相)的一个恢复载波(又称基准信号)与已调幅波相乘,再用低通滤波器滤除高频分量,从而解调得到调制信号。本实验采用 MC1496 集成电路组成解调器,如图 6-22 所示。图中,恢复载波 V_c 先加到输入端 IN1,再经过电容 C_1 加在 8、10 引脚之间。已调幅波 V_{amp} 先加到输入端 IN2,再经过电

容 C_2 加在(1)、(4)引脚之间。相乘后的信号由(12)引脚输出，再经过由 C_4、C_5、R_6 组成的 Π型低通滤波器滤除高频分量后，在解调输出端(OUT)提取出调制信号。

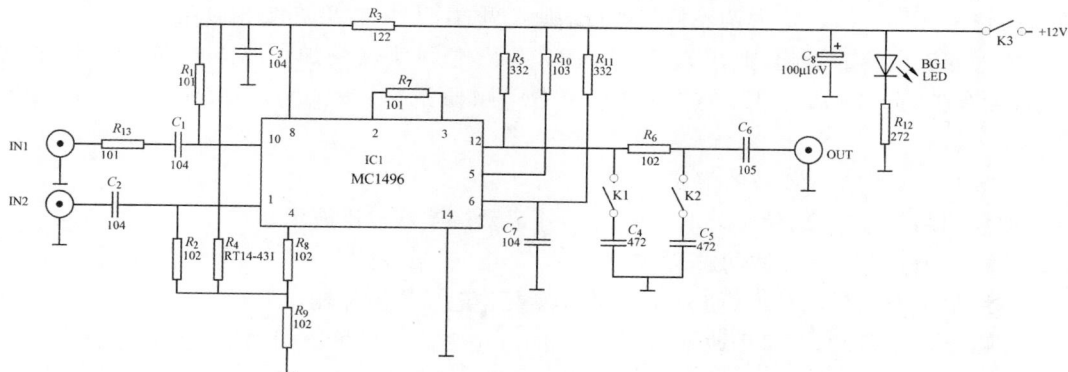

图 6-22　MC1496 组成的振幅解调实验电路

需要指出的是，在图 6-22 中对 MC1496 采用了单电源(+12V)供电，因而 14 引脚需接地，且其他引脚亦应偏置相应的正电位，恰如图 6-22 所示。

6.5.4　实验内容和步骤

1. 实验内容

(1) 用示波器观察包络检波器解调 AM 波、DSB-SC 波时的性能。

(2) 用示波器观察同步检波器解调 AM 波、DSB-SC 波时的性能。

(3) 用示波器观察包络检波器的滤波电容过大对 AM 波解调的影响。

(4) 用示波器观察同步检波器输出端的低通滤波器对 AM 波解调、DSB-SC 波解调的影响。

2. 实验步骤

1) 实验准备

(1) 在实验箱上插上实验板 3、实验板 6。接通实验箱上电源开关，电源指示灯亮。

(2) 把实验板 3 上幅度调制电路单元的电源开关(K1)拨到 ON 位置，接通±12V 电源(相应指示灯亮)；把幅度解调电路单元的电源开关(K3)拨到 ON 位置，接通+12V 电源(相应指示灯亮)，即可开始实验。

注意：做本实验时仍需重复前一个实验中的部分内容，先产生调幅波，再供解调之用。

2) 二极管包络检波器

二极管包络检波器的实验电路如图 6-21 所示，开关 K4 置 OFF 位置。

(1) AM 波的解调。

• $m = 30\%$ 的 AM 波的解调。

AM 波的获得与振幅调制器实验中的 AM 正常波形观察的实验内容相同，以实验箱上的函数发生器作为调制信号源(输出 1kHz、100mV 的正弦波)，以 AS1637 作为载波源(输出 100kHz、80mV 的正弦波)，再调节 W_1 使得从幅度调制电路单元上输出 $m = 30\%$ 的 AM 波，其输出幅度(峰-峰值)至少应为 $300\text{mV}_{\text{P-P}}$。

AM 波的包络检波器解调：把上面得到的 AM 波加到包络检波器输入端(IN)，即可用示波器在 OUT 端观察到包络检波器的输出(提示：用 DC 挡)，记录输出波形。为了更好地观察包络检波器的解调性能，可将示波器 CH1 接包络检波器的输入，示波器 CH2 接包络检波器的输出(下同)。若增大调制信号幅度，则解调输出信号幅度亦会相应增大。

加大滤波电容的影响，把开关 K4 置 ON 位置，便可观察到加大滤波电容的影响(输出减小，且有失真)，然后把 K4 重置 OFF 位置。顺便指出：$R_{15} = 4.7\text{k}\Omega$，$C_9 = 0.022\mu\text{F}$，$C_{10} = 0.1\mu\text{F}$。

- $m = 100\%$ 的 AM 波的解调。

加大调制信号幅度，使 $m = 100\%$，观察并记录检波器输出波形。

- $m > 100\%$ 的 AM 波的解调。

继续加大调制信号幅度，使 $m > 100\%$，观察并记录检波器输出波形。

在做上述实验时，亦可用改变 $W_1(V_{AB})$ 的方法来获得各种不同类型的调幅波。

(2) DSB-SC 波的解调。

保持载波信号的峰-峰值不变，将调制信号源输出的调制信号峰-峰值增大到 180mV，并调节 W_1，使得在调制器输出端产生 DSB-SC 信号。然后把它加到二极管包络检波器的输入端，观察并记录检波器的输出波形，并与调制信号作比较。

3) 同步检波器

同步检波器的实验电路如图 6-22 所示。

(1) AM 波的解调。

- 输出端接上Π型低通滤波器时的解调，先将幅度解调电路单元中的开关 K1、K2 置 ON 位置(即输出端接上Π型低通滤波器)，然后将三通连接器连接在 AS1637 的输出端插座上。三通连接器的一路输出用作为 AM 调制的载波，并采用与振幅调制实验中相同的方法来获得调制度分别为 $m = 30\%$、$m = 100\%$、$m > 100\%$ 的三种 AM 波，将它们依次加到幅度解调电路的 IN2 输入端。三通连接器的另一路输出接到解调器的 IN1 端上(用作为恢复载波)。示波器 CH1 接调制信号，CH2 接同步检波器的输出(幅度解调电路单元的 OUT 端)，分别观察并记录三种 AM 波的解调输出波形，并与调制信号作比较。

- 输出端不接Π型低通滤波器时的解调，开关 K1、K2 置 OFF 位置(即不用Π型低通滤波器)，观察并记录 $m = 30\%$ 的 AM 波输入时的解调器输出波形，与调制信号相比较。然后把开关 K1、K2 重置 ON 位置。

(2) DSB-SC 波的解调。

- 输出端接上Π型低通滤波器时的解调，采用振幅调制实验里"实验步骤 3)"中相同的方法来获得 DSB-SC 波，并加到幅度解调电路的 IN2 输入端，而其他连线均保持不变(K1、K2 置 ON)，观察并记录解调器输出波形，并与调制信号作比较。

- 输出端不接Π型低通滤波器时的解调，K1、K2 置 OFF 位置，观察并记录解调器输出波形，并与调制信号作比较。

4) 音源调制

如在以上实验中将调制信号改为音源信号，经解调后，将信号送入音频功放，在音频功放输出端插入耳机(将实验箱大底板上幅度衰减开关拨到 -20dB，输出幅度电位器旋到最小)。按下 K1 按钮可听到还原后的音频声音。

6.5.5　实验报告要求

（1）由本实验归纳出两种检波器的解调性能，以"能否正确解调"填入表 6-6 中，并作必要说明。

表 6-6　检波与调幅系数的关系

调　幅　波		AM			DSB-SC
		$m=30\%$	$m=100\%$	$m>100\%$	
能否正确解调	包络检波				
	同步检波				

（2）由本实验知：图 6-21 中的并联电容 C_{10} 对 AM 波的解调有何影响？由此可以得出什么结论？

（3）由本实验知：图 6-22 中的 Π 型低通滤波器对 AM 波、DSB-SC 波的解调有何影响？由此可以得出什么结论？

（4）总结由本实验所获得的体会。

6.5.6　实验预习

（1）复习已调波与调制信号、载波之间的关系。

（2）观察调幅波，复习调幅系数 m 的测量。

（3）仿真实验电路。

下面介绍如何测量调幅系数 m。不失真的调幅波如图 6-23 所示，按调幅系数的定义，

$m=\dfrac{\Delta U_{cm}}{U_{cm}}$。$U_{cm}$ 为载波的幅值，同时也是调幅波包络的平均值，故有 $U_{cm}=\dfrac{1}{2}(U_{max}+U_{min})$。

ΔU_{cm} 为载波幅值的最大变化量，故有 $\Delta U_{cm}=\dfrac{1}{2}(U_{max}-U_{min})$。

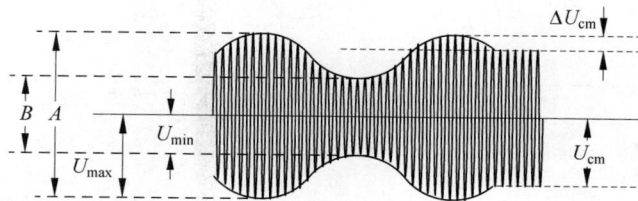

图 6-23　调幅系数 m 的测量

因此，m 可表示为

$$m=\frac{\Delta U_{cm}}{U_{cm}}=\frac{\dfrac{1}{2}(U_{max}-U_{min})}{\dfrac{1}{2}(U_{max}+U_{min})}=\frac{2U_{max}-2U_{min}}{2U_{max}+2U_{min}}=\frac{A-B}{A+B}\times100\%$$

按照图 6-24 画好二极管包络检波器仿真电路，元器件按照图中参数进行取值。将调幅仿真实验电路的输出端连接到此电路的输入端 IN，依次调整调幅仿真电路的调幅系数为 $m=30\%$、$m=100\%$ 和 $m>100\%$ 时的 AM 波，观察输出端 OUT 的波形变化，并说明能否正确解调。

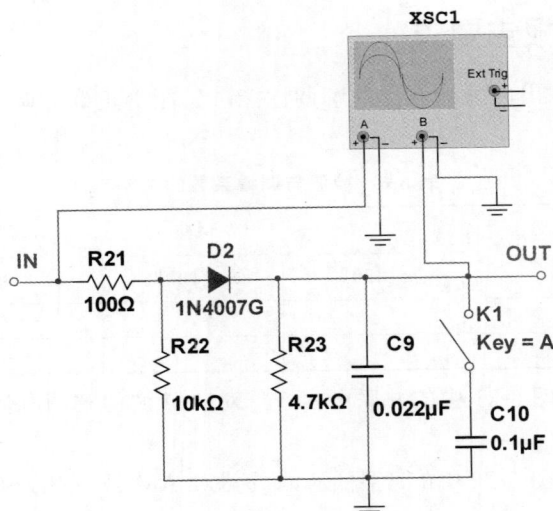

图 6-24 二极管包络检波器仿真电路

当调幅仿真电路中 R_{11} 阻值调整为 50%、R_9 阻值调整为 95% 时,二极管包络检波器的输入输出波形如图 6-25 所示。闭合开关 K1,观察输出波形变化,并说明原因。

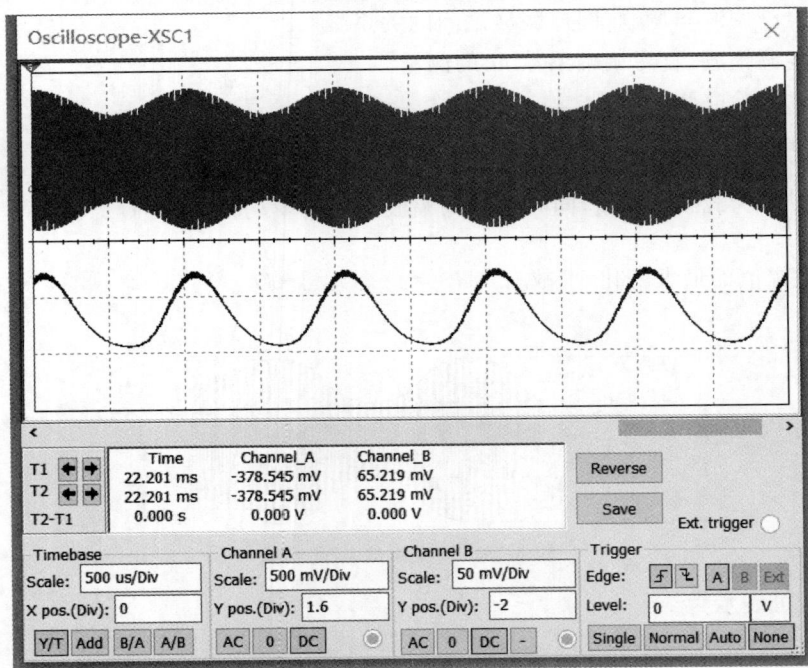

图 6-25 二极管包络检波器输入输出波形

按照图 6-26 画好同步检波器仿真电路,元器件按照图中参数进行取值。将调幅仿真实验电路 AM 调制的载波连接到此电路的输入端 IN1(用作恢复载波),调幅仿真实验电路的输出端连接到此电路的输入端 IN2,依次调整调幅仿真电路的调幅系数为 $m=30\%$、$m=100\%$ 和 $m>100\%$ 时的 AM 波,观察输出端 OUT 的波形变化,并说明能否正确解调。

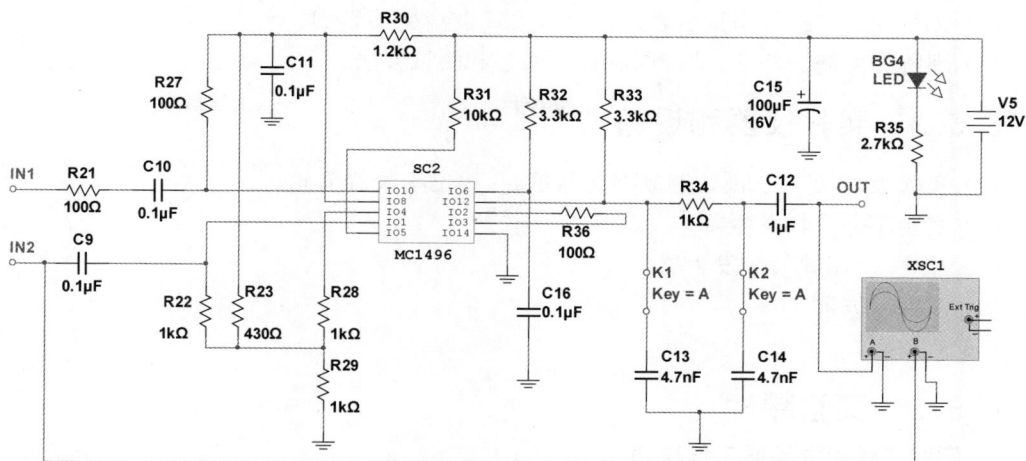

图 6-26　同步检波器仿真电路

当调幅仿真电路中 R_{11} 阻值调整为 50%、R_9 阻值调整为 50% 时，同步检波器的输出输入波形如图 6-27 所示。断开开关 K1、K2，观察输出波形变化，并说明原因。

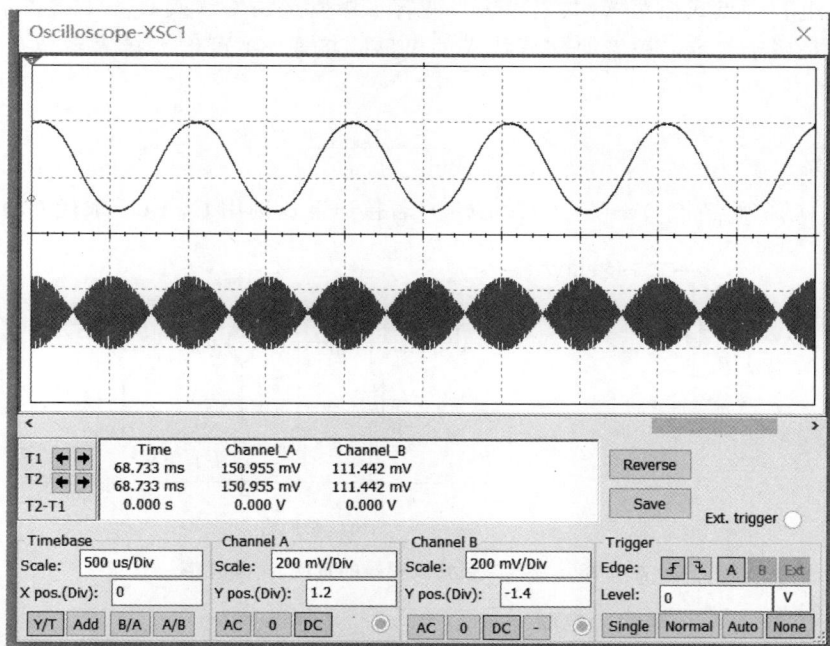

图 6-27　同步检波器输出输入波形

6.6　实验 5　变容二极管调频器

6.6.1　实验目的

（1）熟悉电子元器件和高频电子线路实验系统。

（2）掌握用变容二极管调频振荡器实现 FM 的方法。

(3) 了解变容二极管串接电容的数值对 FM 波产生的影响。

(4) 理解静态调制特性、动态调制特性概念和测试方法。

6.6.2　实验仪器和设备

(1) 实验板 4(变容二极管调频振荡器单元,相位鉴频器单元)。

(2) 实验箱上函数发生器。

(3) AS1637 函数信号发生器。

(4) 双踪示波器。

(5) 万用表。

6.6.3　实验原理

1. 变容二极管调频器工作原理

变容二极管调频器的直流通路如图 6-28(a)所示,高频通路如图 6-28(b)所示(已设 K1 断开)。由图 6-28(a)可见,加到变容二极管上的直流偏置就是 +12V 经由 R_3、W_1 分压后, 从 W_1 滑动端上取出的电压,因而调节 W_1 即可调整偏压。由图 6-28(b)可见,该调频器本 质上是一个电容三点式振荡器(共集接法),变容二极管经由 C_4(或 C_3+C_4)再加到回路的 L_2 上,因而是属于变容二极管取部分接入的电路。接通 K1 可增大接入系数。显然,振荡 频率 f_{osc} 为

$$f_{osc} = \frac{1}{2\pi\sqrt{L_2 C_\Sigma}}$$

式中,$C_\Sigma = (C_2 // C_j // C_4) + (C_5 // C_6 // C_7)$(若接通 K1,则用 C_3+C_4 取代 C_4)。

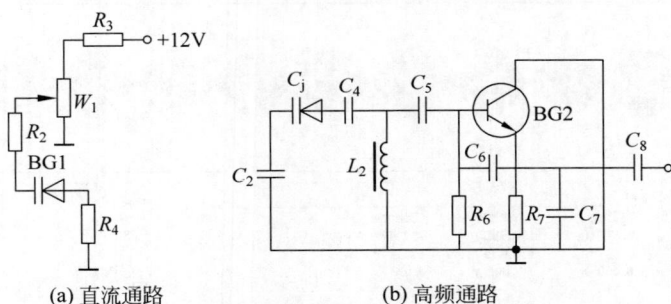

图 6-28　变容二极管调频器的直流、高频通路

2. 变容二极管调频器实验电路

变容二极管调频器实验电路如图 6-29 所示。图中,BG2 本身为电容三点式振荡器级, 它与 BG1(变容二极管)一起组成了直接调频器。BG3 为共射放大器,BG4 为射极跟随器。 W_1 用来调节变容二极管偏压,W_2 用来调节 BG2 级的静态工作点,它们都会影响 FM 波载 波频率。W_3 用来调节输出(OUT)电压幅度。

对输入音频信号而言,C_1、L_1 短路,C_2 开路,从而音频信号可加到变容二极管 BG1 上。只要改变 C_j,即可改变 C_Σ,从而改变振荡频率,这就是变容二极管调频器的工作 原理。

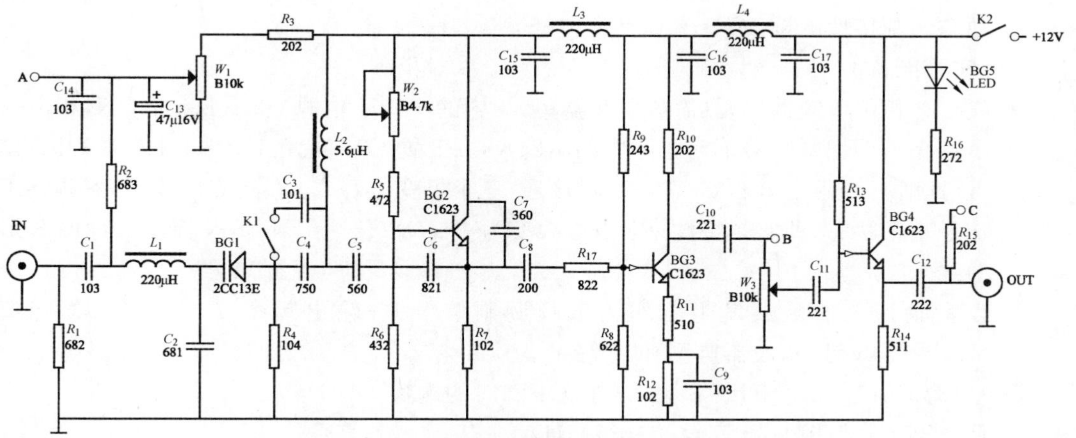

图 6-29　变容二极管调频器实验电路

6.6.4　实验内容和步骤

1. 实验内容

(1) 用示波器观察调频器输出波形,考察各种因素对于调频器输出波形的影响。

(2) 变容二极管调频器静态调制特性测量(不接 C_3 与接入 C_3 两种情况)。

(3) 变容二极管调频器动态调制特性测量(不接 C_3 与接入 C_3 两种情况)。

2. 实验步骤

1) 实验准备

(1) 在实验箱上插上实验板 4。接通实验箱上电源开关,电源指示灯点亮。

(2) 把实验板 4 上变容二极管调频振荡器单元(简称调频器单元)的电源开关(K2)拨到 ON 位置,接通+12V 电源(相应指示灯亮),即可开始实验。

2) 静态调制特性测量

输入 IN 端先不接音频信号,将频率计接到调频器单元 OUT 端的 C 点(在本单元最右边中部)。调节 W_2 使得 BG2 射极到地之间的电压为 4V(即集电极电流 $I_{c0}=1\text{mA}$,因为 $R_7=1\text{k}\Omega$),此后应保持不变。

(1) 电容 C_3(100pF)不接(开关 K1 置 OFF)时的测量。

调整 W_1 使得振荡频率 $f_0=10.7\text{MHz}$(用频率计测量),用万用表测量此时 A 点(在调频器单元最左边中部)电位值,填入表 6-7 中。然后重新调节电位器 W_1,使 A 点电位在 0.5~8V 变化,并把相应的频率值填入表 6-7。最后仍需将振荡频率调回 10.7MHz。

(2) 电容 C_3 接入(开关 K1 置 ON)时的测量:同上,将对应的频率填入表 6-7。最后仍需将振荡频率调回 10.7MHz。

(3) 调节 W_2 以改变 BG2 级工作点电压,观测它对于调频器输出波形的影响。最后仍需将 BG2 射极到地之间的电压调回 4V。

(4) 调节 W_3 以改变输出(OUT)电压幅度,观测它对于调频器输出波形的影响。

表 6-7　静态调制特性测量数据记录表

V_A/V			0.5	1	2	3	4	5	6	7	8
f_0/MHz	不接 C_3	10.7	空格								
	接入 C_3	空格	10.7								

3) 动态调制特性测量

(1) 实验准备。

- 先接通相位鉴频器单元(简称鉴频器单元)中的＋12V 电源(开关 K7 置 ON,相应指示灯亮),再把鉴频器单元电路中的 K2、K3、K5 置 ON 位置,K1、K4、K6 置 OFF 位置(此时三个固定电容 C_5、C_9、C_{10} 接通,三个可变电容 C_4、C_{11}、C_{12} 断开,鉴频器工作于正常状态,即鉴频特性是:中心频率为 10.7MHz、上下频偏及幅度对称的 S 形曲线)。

- 以实验箱上的函数发生器作为音频调制信号源,输出频率 $f = 1\text{kHz}$、峰-峰值 $V_{\text{P-P}} = 0.4\text{V}$(用示波器监测)的正弦波。

(2) 电容 C_3(100pF)不接(开关 K1 置 OFF)时的测量。

- 调整 W_1 使得振荡频率 $f_0 = 10.7\text{MHz}$。

- 把实验箱上的函数发生器输出的音频调制信号加到调频器单元的 IN 端,便可在调频器单元的 OUT 端上观察到 FM 波。

- 把调频器单元的 OUT 端连接到鉴频器单元的 IN 端上,便可在鉴频器单元的 OUT 端上观察到经解调后的音频信号。

- 调节调制信号源输出峰-峰值 $V_{\text{ip-p}}$,使之按表 6-8 的要求变化,并将对应的解调信号输出(鉴频器单元 OUT 端)峰-峰值 $V_{\text{op-p}}$ 填入表 6-8 中。

需要指出的是,动态调制特性(实为调频特性)的本义是:调频器的输出频偏与输入电压之间的关系曲线。这里,用相位鉴频器作为频偏仪。只要相位鉴频器的鉴频线性足够好,就可以鉴频器的输出电压代替鉴频器输入频偏(两者之间相差一个系数),本实验即为此。

(3) 电容 C_3 接入(开关 K1 置 ON)时的测量:同上,将对应的频率填入表 6-8 中。

(4) 调节 W_2 改变 BG2 级工作点电压,观测它对于鉴频器解调输出波形的影响。

(5) 调节 W_3 改变输出(OUT)电压幅度,观测它对于鉴频器解调输出波形的影响。

表 6-8　动态调制特性测量数据记录表

$V_{\text{ip-p}}$/V		0.1	0.2	0.3	0.4	0.5	0.6	0.7	0.8	0.9	1.0
不接 C_3	$V_{\text{op-p}}$/V										
接入 C_3	$V_{\text{op-p}}$/V										

6.6.5　实验报告要求

(1) 根据实验数据,在同一坐标纸上画出电容 C_3 不接和电容 C_3 接入两种情况下的静态调制特性曲线,分别求出其调频灵敏度,说明曲线斜率受哪些因素的影响,并进行比较。

(2) 在坐标纸上画出电容 C_3 不接和电容 C_3 接入两种情况下的动态调制特性曲线,并进行比较。

(3) 根据本实验总结:在图 6-29 中的并联电容 C_3 对 FM 波的产生有何影响?由此可以得出什么结论?

(4) 说明 W_2、W_3 对于调频器工作的影响。

(5) 总结由本实验所获得的体会。

第 7 章

电子技术课程设计

7.1 电子技术课程设计概述

电子技术课程设计是电子、电气及其相关专业教学中的一个重要组成部分。通过电子技术课程设计的训练,可以全面调动学生的主观能动性,融会贯通"模拟电子技术""数字电子技术""电路"等课程的基本原理和基本分析方法,进一步把书本知识与工程实际需要结合起来,实现知识向技能的迁移。

通常电路设计的最终任务是制造出成品电路板或整机。而电子技术课程设计的任务可以分成两种:一种是纯理论设计,即仅要求设计出电路图纸和写出设计报告;另一种是不仅要求设计出电路图纸和写出设计报告,还要求做出实物。一般来说,电路设计步骤大致如下。

1. 课题分析

根据课题设计要求和技术指标,结合已掌握的基本理论,查阅文献资料,收集同类电路图作为参考,并分析同类电路的性能;然后考虑这些参考电路中哪些元器件需要改动或替换,哪些参数需要另外计算才能达到设计要求等。从总体上把握设计方案,从而对课题的可行性做出准确判断。

2. 方案论证

根据系统的总体要求,把电路划分成若干功能模块,得到系统框图。每个框图可以是一个或几个基本单元电路,将总体指标分配给每个单元电路,根据各单元电路所要完成的任务决定电路的总体结构。为完成系统的总体要求,由系统框图到单元电路的具体结构是多种多样的,经过较为详细的方案比较和论证,以技术的可行性、使用的安全可靠性和较高的性价比为主要依据,最后选定方案。

3. 方案实现

尽量选用市场上可以提供的中、大规模集成电路芯片和各种分立元件等电子元器件,并通过应用性设计实现各功能单元的要求以及各功能单元之间的协调关系。

本步骤的要点是:①熟悉目前数字或模拟集成电路等电子元器件的分类、特点,从而合理选择所需要的电子元器件,基本要求是工作可靠、价格低廉;②对所选功能元器件进行应用性设计时,要根据所用元器件的技术参数和应完成的任务正确估算外围电路的参数,对数字集成电路要正确处理各功能输入端;③要保证各功能器件协调一致地工作。对于模拟系统,按照需要采用不同耦合方式把它们连接起来;对于数字系统,协调工作主要通过控制器来完成。

4. 仿真验证

为了提高设计的成功率,一般建议首先用仿真方法验证方案的正确性。常用的电子电路仿真软件有 Multisim、Proteus 等。仿真软件使用方法大致相同,在软件仿真面板搭建好电路,根据给定的输入信号,利用万用表、示波器、频谱仪等虚拟仪器观察是否有相应的输出信号,是否满足方案的预定目标。如果满足,则可以按该方案采购元件进行组装调试;如果输出信号与预定有偏差,则需要重新考虑方案设计是否有偏差。

5. 电路组装

首先将所设计的电子系统在实验板或逻辑电路实验箱上进行组装,目的是使所设计的电路达到任务书中的各项要求。电路元器件如果在实验箱上均有配备且对于体积不做要求,可以直接利用实验箱面板完成。如果需要单独组装一个电路板,可以选用面包板或万用板。

面包板专为电子电路的无焊接实验设计制造。整板使用热固性酚醛树脂制造,板底有金属条,板底往往用一块塑料薄膜覆盖(塑料薄膜上涂覆有黏结胶),撕开塑料薄膜就可以清楚地看到金属条以及连接结构。一般将每5个板底用一条金属条连接。板子中央一般有一条凹槽,这是针对需要集成电路、芯片实验而设计的。面包板上每一列由上下5个插孔组成,这5个插孔是欧姆相通的,但是上半部分和下半部分欧姆不通,在最上方和最下方的行中,5个插孔组成一组,不仅它们是欧姆相通的,而且整行可能都是欧姆相通的,具体情形需要根据测量来确定。由于最上一行和最下一行往往都是相通的,所以这两行常用于连接电路的电源线和地线,而元器件之间的连接往往采用中间的各列。

图 7-1 为 SYB-118 型面包板示意图,为 4 行 59 列,每条金属簧片上有 5 个插孔,插入这5 个孔内的导线就被金属簧片连接在一起。使用时可以将一块面积比较小的面包板拼合成比较大的面包板,以搭接元器件较多的电路。

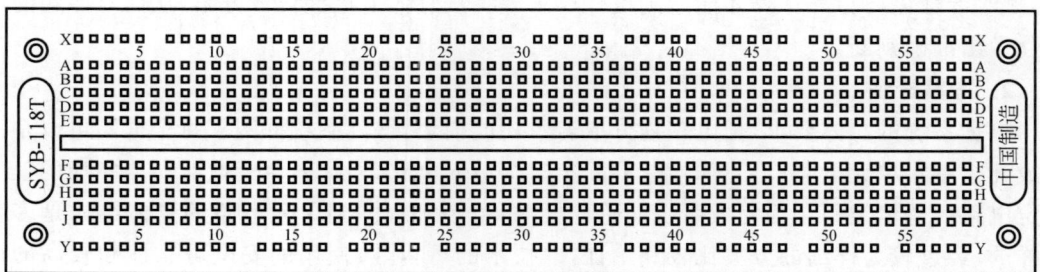

图 7-1 SYB-118 型面包板示意图

万能板又叫洞洞板,是一种按照标准 IC 间距(2.54mm)布满焊盘、可按自己的意愿插装元器件及连线的印制电路板。相比专业的 PCB,万能板具有以下优势:使用门槛低,成本低廉,使用方便,扩展灵活。比如在学生电子设计竞赛中,作品通常需要在几天时间内争分夺秒地完成,所以大多使用万能板。万能板在使用时要注意元器件布局要合理,电流较大的信号要考虑接触电阻、地线回路、导线容量等方面的影响。单点接地可以解决地线回路的影响,这点容易被忽视。建议用不同颜色的导线表示不同的信号。走线要规整,边焊接边在原理图上做出标记。注意焊接工艺,尤其是待焊引脚的镀锡处理。同样,焊锡丝也不能太粗,建议选择线径为 $0.5\sim1\mathrm{mm}$。一个焊点的焊接时间不宜超过 $2\mathrm{s}$。点阵式万能实验小板如图 7-2 所示。

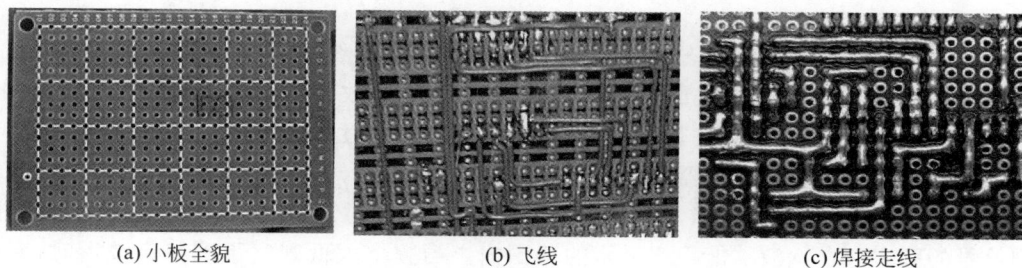

(a) 小板全貌　　　　　　(b) 飞线　　　　　　(c) 焊接走线

图 7-2　点阵式万能实验小板

对于点阵板的焊接方法,可以利用细导线进行飞线连接,飞线连接尽量做到水平和竖直走线,整洁清晰,见图 7-2(b)所示。还有一种锡接走线法,性能稳定,但比较浪费锡,如图 7-2(c)所示。点阵板焊接时可以先拉一根细铜丝,再随着细铜丝进行拖焊。洞洞板的焊接方法是很灵活的,找到适合自己的方法即可。

6. 调试

调试过程应按照先局部后整机的原则,根据信号的流向逐个单元进行,使各功能单元都要达到各自技术指标的要求,然后把它们连接起来进行统调和系统测试。

调试包括调整与测试两部分:调整主要是调节电路中可变元器件或更换元器件,使之达到性能的改善;测试是采用电子仪器测量电路相关节点的数据或波形,以便准确判断设计电路的性能。调试步骤大致如下。

1) 通电观察

在电路与电源连线检查无误后,方可接通电源。电源接通后,不要急于测量数据和观察结果,要先检查有无异常,包括有无打火冒烟,是否闻到异常气味,用手触摸元器件是否发烫,电源是否有短路现象等。如发现异常应立即关断电源,排除故障后方可重新通电。然后测量电路总电源电压及各元器件引脚的电压,以保证各元器件正常工作。

2) 分块调试

分块调试是把电路按功能不同分成不同部分,把每个部分看作一个模块进行调试。在分块调试过程中逐渐扩大范围,最后实现整机调试。

分块调试顺序一般按信号流向进行,这样可把前面调试过的输出信号作为后一级的输入信号,为最后联调创造有利条件。

分块调试包括静态调试和动态调试。静态调试是指在无外加信号的条件下测试电路各点的电位并加以调整,以达到设计值。如模拟电路的静态工作点,数字电路的各输入端和输出端的高、低电平值和逻辑关系等。通过静态测试可及时发现已损坏和处于临界状态的元器件。静态调试的目的是保证电路在动态情况下正常工作,并达到设计要求。动态调试可以利用自身的信号,检查功能块的各种动态指标是否满足设计要求,包括信号幅值、波形形状、相位关系、频率、放大倍数等。对于信号电路一般只看动态指标。

测试完毕后要把静态和动态测试结果与设计指标加以比较,经深入分析后对电路参数进行调整,使之达标。

3) 整机联调

在分块调试的过程中逐步扩大调试范围,实际上已完成某些局部电路间的联调工作。在联调前先要做好各功能块之间接口电路的调试工作,再把全部电路连通,然后进行整机联调。

整机联调就是检测整机动态指标,把各种测量仪器及系统本身显示部分提供的信息与设计要求逐一对比,找出问题,进一步修改、调整电路的参数直至完全符合设计要求为止。在有微机系统的电路中,先分别进行硬件和软件调试,最后通过软件、硬件联调实现目的。

调试过程中要始终借助仪器观察,而不能凭感觉和印象。使用示波器时,最好把示波器信号输入方式置于直流(DC)挡,它是直流耦合方式,可同时观察被测信号的交直流成分。被测信号的频率应在示波器能稳定显示的范围内。当频率太低观察不到稳定波形时,应改变电路参数后再测量。例如,观察只有几赫兹的低频信号时,可以通过改变电路参数使频率提高到几百赫兹以上,就能在示波器中观察到稳定信号并记录各点的波形形状及相互间的相位关系。测量完毕再恢复到原来的参数,继续测试其他指标。

7. 撰写课程设计报告

完成安装调试,达到设计任务的各项技术指标后一定要撰写课题设计报告,以便验收和评审。

课程设计报告的内容如下。

(1) 课题名称。

(2) 设计任务及主要技术指标和要求。

(3) 电路的设计包括以下几部分。

① 确定方案,对于考虑的方案经过比较后,选择最佳方案。

② 单元电路的设计和元器件的选择。

③ 画出完整的电路图和必要的波形图,并说明工作原理。

④ 计算各元器件的主要参数,并标在电路图中恰当的位置。

⑤ 画出印制电路板图和装配图。

⑥ 焊接和装配电路元器件。

⑦ 调试电路的有关技术指标。

(4) 整理测试数据,并分析是否满足要求。

(5) 列出元器件清单。

(6) 说明在设计和安装调试中遇到的问题及解决问题的措施。

(7) 总结设计收获,并对本次设计提出建议。

(8) 列出主要参考书目。

7.2 数字电子技术课程设计选题

7.2.1 课题一 出租车计费器

一、设计任务

出租车自动计费器是根据客户用车的实际情况而自动计算并显示车费的数字表。数字表根据用车起步价、行车里程计费及等候时间计费三项显示客户用车总费用,打印单据,还可设置起步、停车的音乐提示或语言提示。

（1）自动计费器具有起步价、行车里程计费和等候时间计费三部分,三项计费统一用4位数码管显示,最大金额为99.99元。

（2）行车里程单价设为1.80元/km,等候时间计费设为1.5元/10min,起步价设为8.00元。要求行车时,计费值每公里刷新一次;等候时每10min刷新一次;行车不到1km或等候不足10min则忽略计费。

（3）在启动和停车时给出声音提示。

二、设计方案

方案1:采用计数器电路为主实现自动计费。

分别将行车里程、等候时间都按相同的比价转换成脉冲信号,然后对这些脉冲进行计数,而起步价可以通过预置送入计数器作为初值,如图7-3所示。行车里程计数电路每行车1km输出一个脉冲信号,启动里程单价计数器输出与单价对应的脉冲数,例如单价是1.80元/km,则设计一个一百八十进制计数器,每公里输出180个脉冲到总费计数器,即每个脉冲为0.01元。等候时间计数器将来自时钟电路的秒脉冲作六百进制计数,得到10min信号,用10min信号控制一个一百五十进制计数器（10min单价计数器）向总费计数器输入150个脉冲。这样,总费计数器根据起步价所置的初值,加上里程脉冲、等候时间脉冲即可得到总的用车费用。

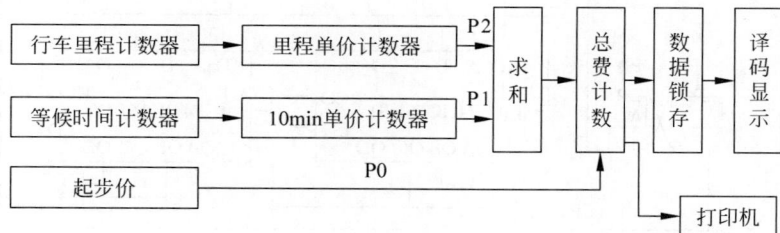

图7-3　出租车计费器原理一

上述方案中,如果将里程单价计数器和10min等候单价计数器用比例乘法器完成,则可以得到较简练的电路。它将里程脉冲乘以单价比例系数得到代表里程费用的脉冲信号,等候时间脉冲乘以单位时间的比例系数得到代表等候时间的时间费用脉冲,然后将这两部分脉冲求和。

如果总费计数器采用BCD码加法器,即利用每计满1km的里程信号、每等候10min的时间信号控制加法器加上相应的单价值,就能计算出用车费用。

方案2:采用单片机为主实现自动计费。

单片机具有较强的计算功能,以8位51系列的单片机89C51加上外围电路同样能方便地实现设计要求。电路框图如图7-4所示。

方案3:采用VHDL编程,用FPGA/CPLD制作成自动计费器的专用集成电路芯片,加上少数外围电子元器件,即能实现设计要求。

将各种方案进行比较,根据设计任务的要求、各方案的优缺点、设计制作所具备的条件,任选其中的一种方案进行具体设计。本例作为传统电子设计方法的实例,采用方案1实现。

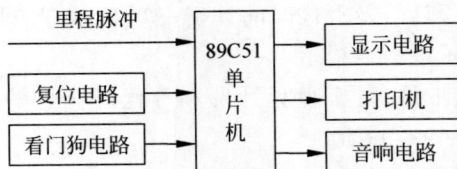

图 7-4　出租车计费器原理二

三、各单元电路设计

1. 里程计费电路设计

里程计费电路如图 7-5 所示。安装在与汽车轮相接的涡轮变速器上的磁铁使干簧继电器在汽车每前进 10m 时闭合一次,即输出一个脉冲信号。汽车每前进 1km 则输出 100 个脉冲。此时,计费器应累加 1km 的计费单价,本电路设为 1.80 元。在图 7-3 中,干簧继电器产生的脉冲信号经施密特触发器整形得到 CP0。CP0 送入由两片 74HC161 构成的一百进制计数器,当计数器计满 100 个脉冲时,一方面使计数器清 0,另一方面将基本 RS 触发器的 Q1 置为 1,使 74HC161(3)和(4)组成的一百八十进制计数器开始对标准脉冲 CP1 计数,计满 180 个脉冲后,使计数器清 0。RS 触发器复位为 0,计数器停止计数。在一百八十进制计数器计数期间,由于 Q1＝1,则 $P2=\overline{CP1}$,使 P2 端输出 180 个脉冲信号,代表每公里行车的里程计费,即每个脉冲的计费是 0.01 元,称为脉冲当量。

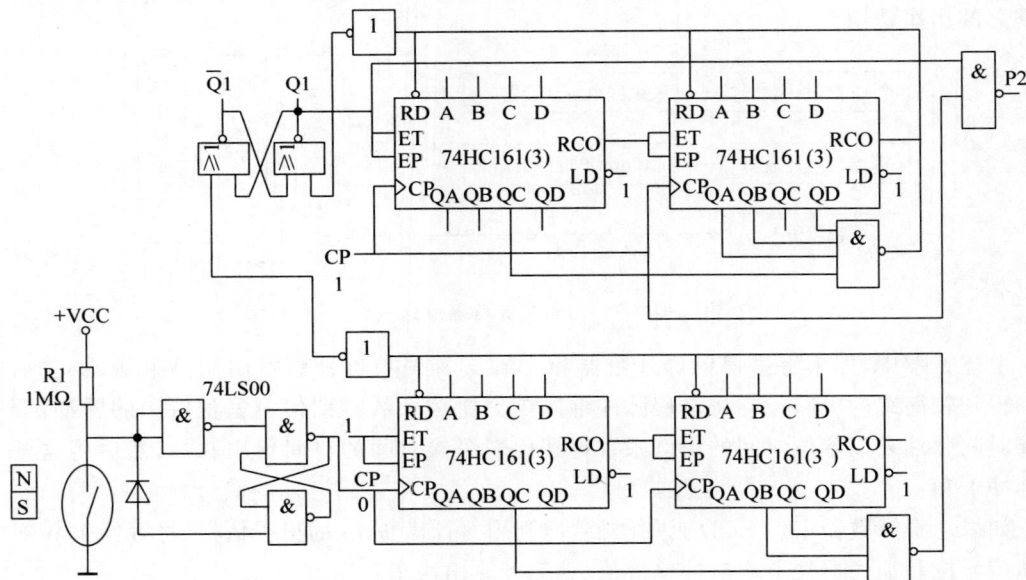

图 7-5　里程计费电路

2. 等候时间计费电路

等候时间计费电路如图 7-6 所示,由 74HC161(1)、(2)、(3)构成的六百进制计数器对秒脉冲 CP2 作计数,当计满一个循环时也就是等候时间满 10min。一方面对六百进制计数器清零,另一方面将基本 RS 触发器置为 1,启动 74HC161(4)和(5)构成的一百五十进制计数器(10min 等候单价)开始计数,计数期间同时将脉冲从 P1 输出。在计数器计满 10min 等候单价时将 RS 触发器复位为 0,停止计数。从 P1 输出的脉冲数就是每等候 10min 输出

150 个脉冲，表示单价为 1.50 元，即脉冲当量为 0.01 元，等候计时的起始信号由接在 74HC161(1) 的手动开关给定。

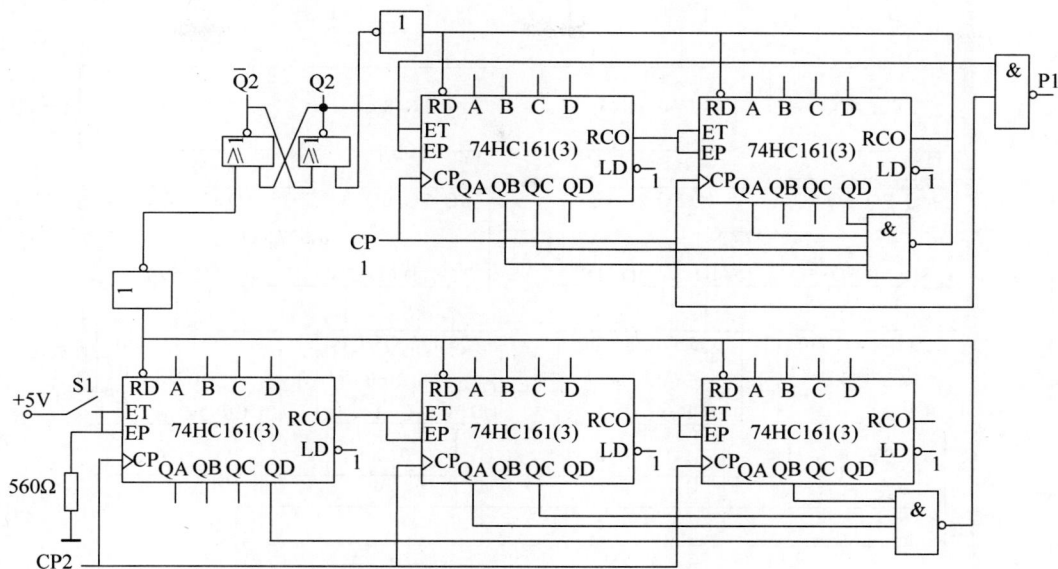

图 7-6　等候时间计费电路

3．计数、锁存、显示电路

如图 7-7 所示，其中计数器由 4 位 BCD 码计数器 74LS160 构成，对来自里程计费电路的脉冲 P2 和来自等候时间计费电路的脉冲 P1 进行十进制计数。计数器所得到的状态值送入由 2 片 8 位锁存器 74LS273 构成的锁存电路锁存，然后由七段译码器 74LS48 译码后送到共阴数码管显示。

计数、译码、显示电路为使显示数码不闪烁，需要保证计数、锁存和计数器清 0 信号之间正确的时序关系。由图 7-8 的时序结合图 7-5 的电路可见，在 Q2 或 Q1 为高电平 1 期间，计数器对里程脉冲 P2 或等候时间脉冲 P1 进行计数，当计数完 1km 脉冲（或等候 10min 脉冲）时则计数结束。现在应将计数器的数据锁存到 74LS273 中以便进行译码显示，锁存信号由 74LS123(1) 构成的单稳态电路实现，当 Q1 或 Q2 由 1 变 0 时启动单稳电路延时产生一个正脉冲，这个正脉冲的持续时间保证数据锁存可靠。锁存到 74LS273 中的数据由 74LS48 译码后，在显示器中显示出来。只有在数据可靠锁存后才能清除计数器中的数据。因此，电路中用 74LS123(2) 设置了第二级单稳电路，该单稳电路用第一级单稳输出脉冲的下跳沿启动，经延时后第二级单稳输出产生计数器的清 0 信号。这样就保证了计数—锁存—清零的先后顺序，保证计数和显示的稳定可靠。

图 7-7 中的 S2 为上电开关，能实现上电时自动置入起步价目，S3 可实现手动清零，使计费显示为 00.00，其中小数点为固定位置。

4．时钟电路

时钟电路提供等候时间计费电路的计时基准信号，同时作为里程计费电路和等候时间计费电路的单价脉冲源，电路如图 7-9 所示。

在图 7-9 中，555 定时器产生 1kHz 的矩形波信号，经 74LS90 组成的 3 级十分频后，得

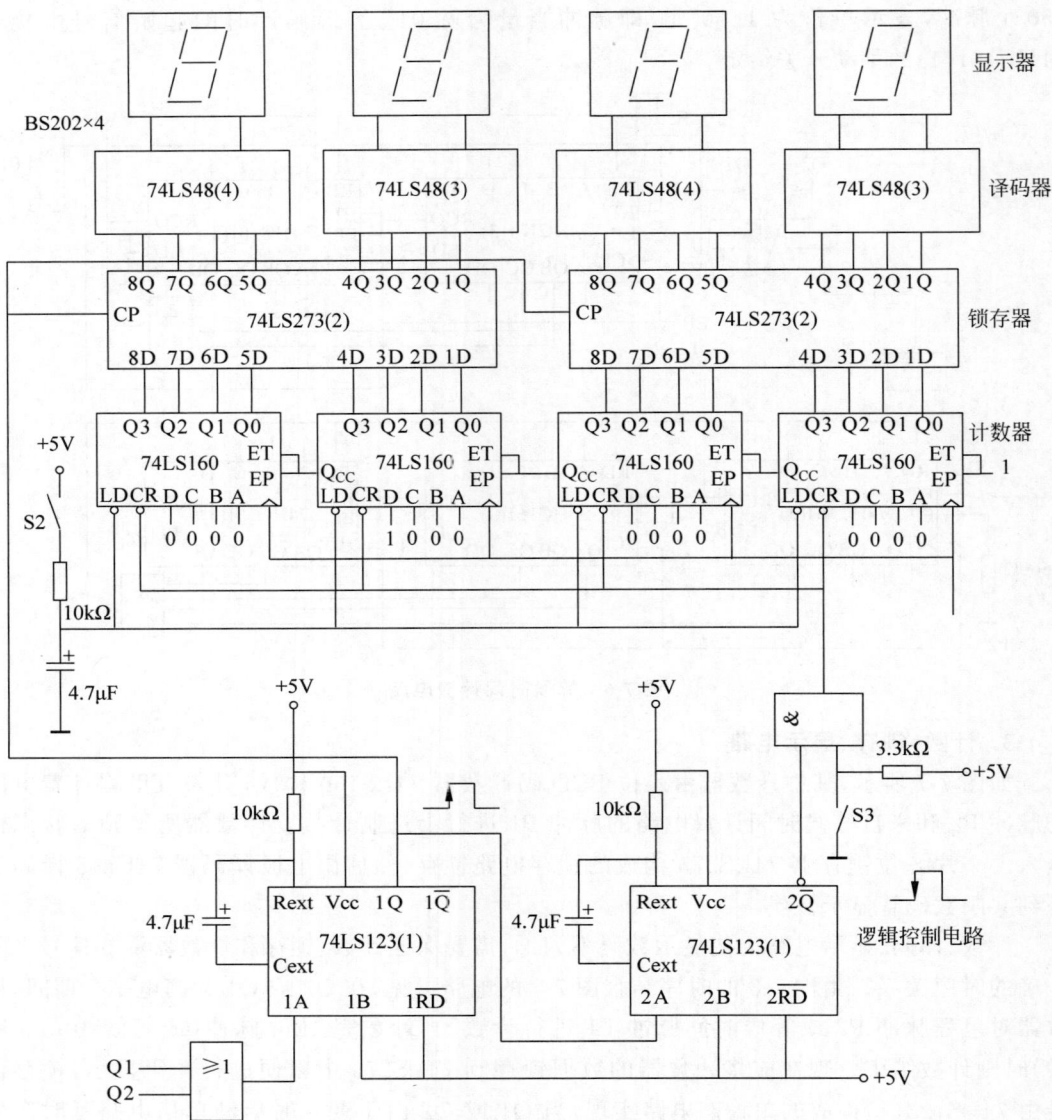

图 7-7 计数、锁存、显示电路

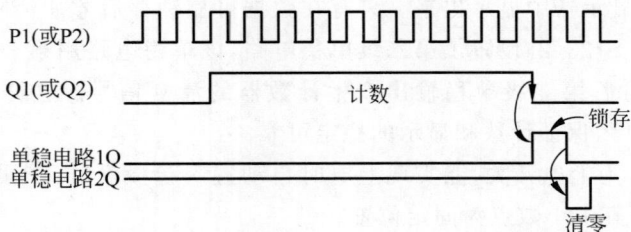

图 7-8 计数、锁存清零信号的时序图

到 1Hz 的脉冲信号,可作为计时的基准信号。同时,可选择经分频得到的 500Hz 脉冲作为 CP1 的计数脉冲,也可采用频率稳定度更高的石英晶体振荡器。

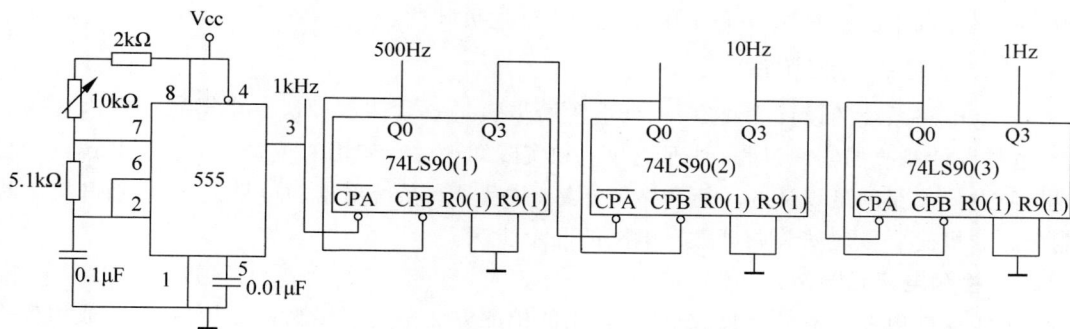

图 7-9 时钟电路

5. 置位电路和脉冲产生电路的设计

在数字电路的设计中,常常还需要产生置位、复位的信号,如 S_D、R_D。这类信号分高电平有效、低电平有效两种。由于实际电路在接通电源瞬间的状态往往是随机的,需要通过电路自动产生置位、复位电平使之进入预定的初始状态,如前面设计中的图 7-7,其中 S2 就是通过上电实现计数器的数据预置。图 7-10 表示了几种上电自动置位、复位或置数的电路。

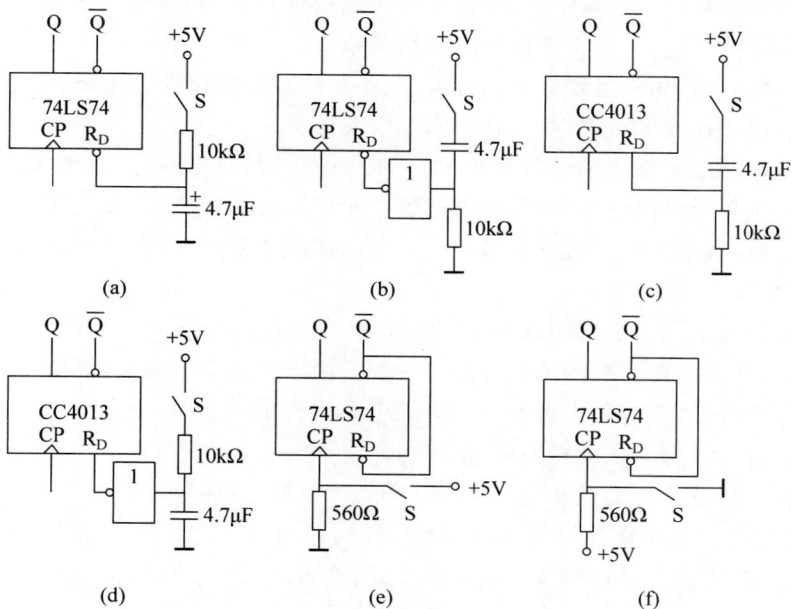

图 7-10 开机置位、复位和置数命令产生电路

在图 7-10(a)中,当 S 接通电源时,由于电容 C 两端电压不能突变仍为零,使 R_D 为 0,产生 Q 置 0 的信号。此后,电容充电,使电容两端的电压上升直到 R_D 为 1 时,D 触发器进入计数状态。图 7-10(b)则由于非门对开关产生的信号进行了整形而得到更好的负跳变波形。图 7-10(c)和图 7-10(d)中的 CC4013 是 CMOS 双 D 触发器,这类电路置位和复位信号是高电平有效,由于开关闭合时电容可视为短路而产生高电平,使 $R_D=1$,$Q=0$;若将此信号加到 S_D,则 $S_D=1$,$Q=1$;置位、复位后,电容充电而使 $R_D(S_D)$ 变为 0,电路可进入计数状态。

图 7-10(e)是用开关电路产生点动脉冲,每按一次开关产生一个正脉冲,使触发器构成

的计数器计数 1 次；图 7-10(f)是用开关电路产生负脉冲,每按一次开关产生一个负脉冲。

四、电路的安装调试

数字电路系统的设计完成后,一个重要的步骤是安装调试。这一步是对设计内容的检验,也是设计修改的实践过程,是理论知识和实践知识综合应用的重要环节。安装调试的目标是使设计电路满足设计的功能和性能指标,并且具有系统要求的可靠性、稳定性和抗干扰能力。这里简要叙述安装调试数字电路的几个步骤。

1. 检测电路元器件

最主要的电路元器件是集成电路,常用的检测方法是用仪器测量、用实验电路或用替代方法接入已知的电路中。集成电路的检测主要使用集成电路测试仪,还可用数字电压表进行简易测量。实验电路则模拟现场应用环境测试集成芯片的功能。替代法测试必须具备已有的完好工作电路,将待测元件替代原有器件后观察工作情况。

除集成电路外,还应检测各种准备接入的其他各种元器件,如三极管、电阻、电容、开关、指示灯、数码管等。确信元器件的功能正确可靠才能进行电路安装。

2. 电路安装

数字电路系统在设计调试中,往往是先用面包板进行试装,只有试装成功,经调试确定各种待调整的参数合适后,才考虑设计成印制电路。

试装中,首先要选用质量较好的面包板,使各接插点和接插线之间松紧适度。安装中的问题往往集中在接插线的可靠性上,特别需要引起注意。

安装的顺序一般是根据信号流向的顺序,按照先单元后系统、边安装边测试的原则进行。先安装调试单元电路或子系统,在确定各单元电路或子系统成功的基础上,逐步扩大电路的规模。各单元电路的信号连接线最好有标记,如用特别颜色的线,以便能断开进行测试。

3. 系统调试

系统调试将安装测试成功的各单元连接起来,加上输入信号进行调试,发现问题则先对故障进行定位,找出问题所在的单元电路。一般采用故障现象估测法(根据故障情况估计问题所在位置)、对分法(将故障大致所在部分的电路对分成两部分,逐一查找)、对比法(将类型相同的电路部分进行对比或对换位置)等。

系统测试一般分静态测试和动态测试。静态测试时,在各输入端加入不同电平值,加高电平(一般接 $1k\Omega$ 以上电阻到电源)或低电平(一般接地)后,用数字万用表测量电路各主要点的电位,分析是否满足设计要求。动态测试时,在各输入端接入规定的脉冲信号,用示波器观察各点的波形,分析它们之间的逻辑关系和时延。

除了调试电路的正常工作状态,另外特别要注意调试初始状态、系统清零、预置等功能,检查相应的开关、按键、拨盘是否可靠,手感是否正常。

7.2.2 课题二 数字电子钟逻辑电路设计

一、设计任务

数字电子钟是一种用数字显示秒、分、时、日的计时装置,与传统的机械钟相比,它具有走时准确、显示直观、无机械传动装置等优点,因而得到了广泛的应用,小到人们日常生活中的电子手表,大到车站、码头、机场等公共场所的大型数显电子钟。

数字电子钟的电路组成框图如图 7-11 所示。

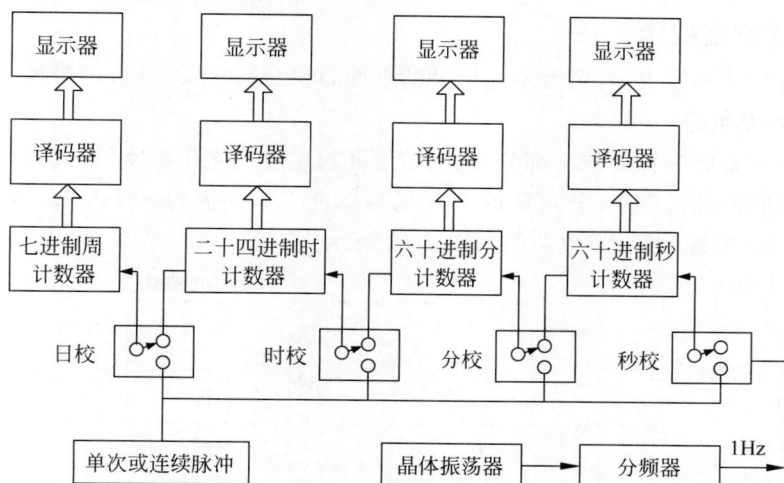

图 7-11　数字电子钟的电路组成框图

由图 7-11 可见,数字电子钟由以下几部分组成:石英晶体振荡器和分频器组成的秒脉冲发生器,校时电路,六十进制秒、分计数器,二十四进制(或十二进制)计时计数器,秒/分/时的译码显示等。

二、设计任务和要求

用中小规模集成电路设计一台能显示日、时、分、秒的数字电子钟,具体要求如下。

(1) 由晶振电路产生 1Hz 标准秒信号。

(2) 秒、分为 00~59 的六十进制计数器。

(3) 时为 00~23 的二十四进制计数器。

(4) 周显示从一~日为七进制计数器。

(5) 可手动校时,能分别进行秒、分、时、日的校时,只要将开关置于手动位置,可分别对秒、分、时、日进行手动脉冲输入调整或连续脉冲输入的校正。

(6) 整点报时,整点报时电路要求在每个整点前鸣叫五次低音(500Hz),整点时再鸣叫一次高音(1kHz)。

三、可选用器材

(1) 通用实验底板。

(2) 直流稳压电源。

(3) 集成电路:CD4060、74LS74、74LS161、74LS248 及门电路。

(4) 晶振:32768Hz。

(5) 电容:100μF/16V、22pF、3~22pF。

(6) 电阻:200Ω、10kΩ、22MΩ 等。

(7) 电位器:2.2kΩ 或 4.7kΩ。

(8) 数显:共阴显示器 LC5011-11。

(9) 开关:单次按键。

(10) 三极管:8050。

（11）喇叭：$1/4$W，8Ω。

四、设计方案提示

根据设计任务和要求，对照数字电子钟的框图，可以分以下几部分进行模块化设计。

1. 秒脉冲发生器

脉冲发生器是数字钟的核心部分，它的精度和稳定度决定了数字钟的质量，通常用晶体振荡器发出的脉冲经过整形、分频获得1Hz的秒脉冲。如晶振为32768Hz，通过15次二分频后可获得1Hz的脉冲输出，电路图如图 7-12 所示。

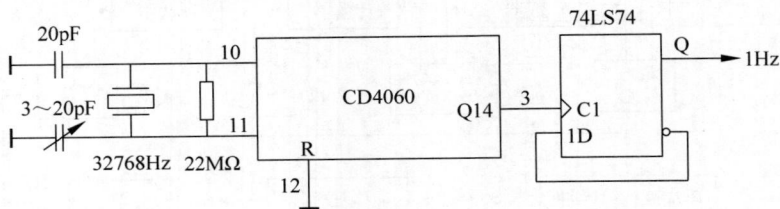

图 7-12　秒脉冲发生器

2. 计数译码显示

秒、分、时、日分别为六十、六十、二十四、七进制计数器。秒、分均为六十进制，即显示$00\sim59$，它们的个位为十进制，十位为六进制。时为二十四进制计数器，显示为$00\sim23$，个位仍为十进制，而十位为三进制，但当十进位计到2，而个位计到4时清零，就为二十四进制了。

周为七进制数，按人们一般的概念一周的显示日期"日、1、2、3、4、5、6"，所以我们设计这个七进制计数器，应根据译码显示器的状态表来进行，如表 7-1 所示。

表 7-1　输出显示状态表

Q4	Q3	Q2	Q1	显　　示
1	0	0	0	日
0	0	0	1	1
0	0	1	0	2
0	0	1	1	3
0	1	0	0	4
0	1	0	1	5
0	1	1	0	6

按表 7-1 状态表不难设计出"日"计数器的电路（日用数字8代替）。

所有计数器的译码显示均采用 BCD-七段译码器，显示器采用共阴或共阳的显示器。

3. 校时电路

在刚刚开机接通电源时，由于日、时、分、秒为任意值，所以需要进行调整。

置开关在手动位置，分别对时、分、秒、日进行单独计数，计数脉冲由单次脉冲或连续脉冲输入。

4. 整点报时电路

当时计数器在每次计到整点前 6s 时，需要报时，这可用译码电路来解决。即当分为59时，则秒在计数计到 54 时，输出一延时高电平去打开低音与门，使报时声按 500Hz 频率鸣叫 5 声，直至秒计数器计到 58 时，结束此高电平脉冲；当秒计数到 59 时，则去驱动高音

1kHz 频率输出而鸣叫 1 声。

五、参考电路

数字电子钟逻辑电路参考图如图 7-13 所示。

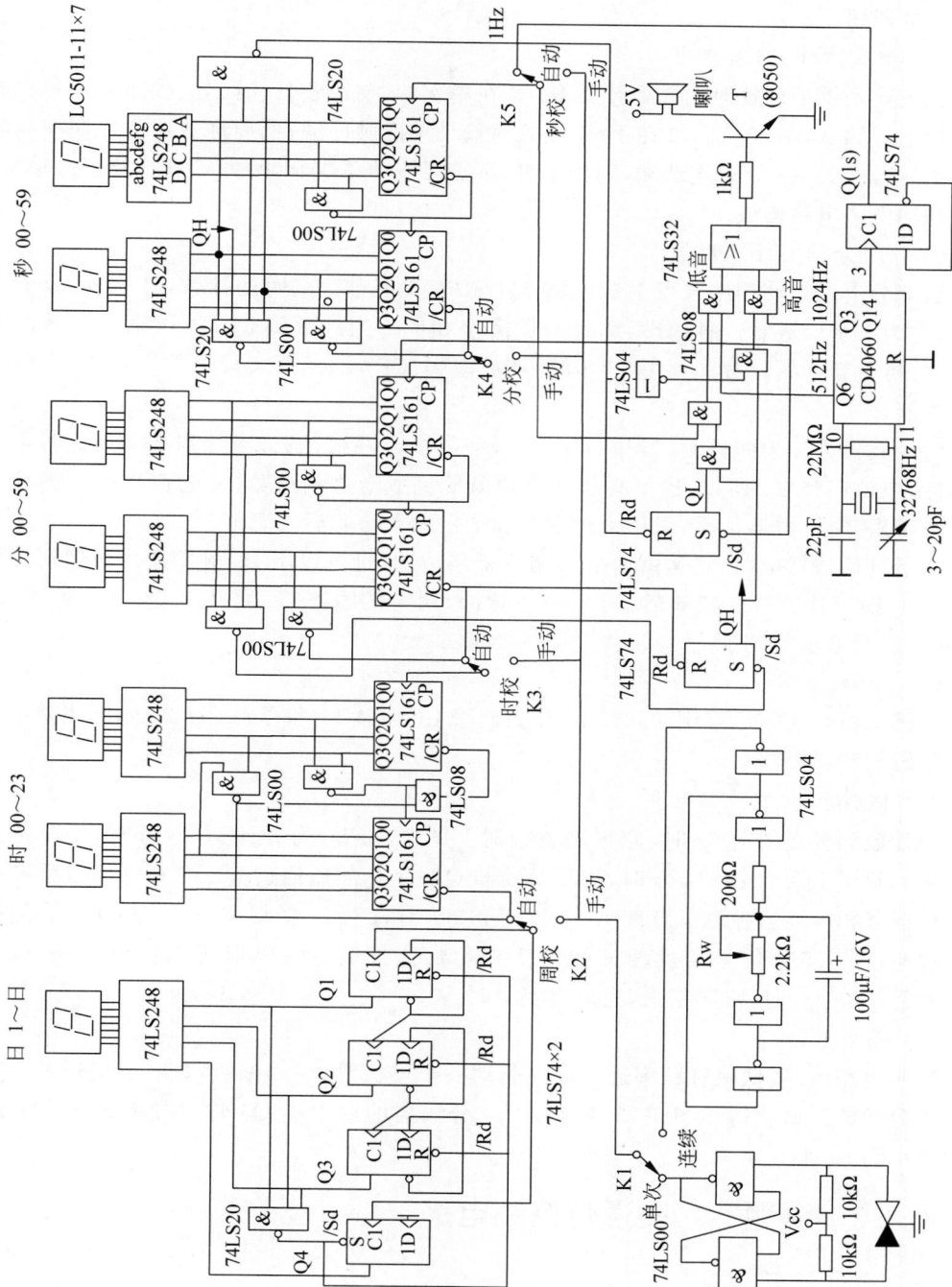

图 7-13　数字电子钟逻辑电路

六、参考电路简要说明

（1）秒脉冲电路。

由晶振 32768Hz 经 14 分频器分频为 2Hz，再经一次分频，即得到 1Hz 标准秒脉冲，供时钟计数器用。

（2）单次脉冲、连续脉冲。

这主要是供手动校时用。若开关 K1 打在单次端，要调整日、时、分、秒即可按单次脉冲进行校正。如 K1 在单次，K2 在手动，则此时按动单次脉冲键，使周计数器从星期一到星期日计数。若开关 K1 处于连续端，则校正时，不需要按动单次脉冲，即可进行校正。单次、连续脉冲均由门电路构成。

（3）秒、分、时、日计数器。

这部分电路均使用中规模集成电路 74LS161 实现秒、分、时的计数，其中秒、分为六十进制，时为二十四进制。秒、分两组计数器完全相同。当计数到 59 时，再来一个脉冲变成 00，然后再重新开始计数。利用"异步清零"反馈到 /CR 端，从而实现个位十进制、十位六进制的功能。

时计数器为二十四进制，当开始计数时，个位按十进制计数，当计到 23 时，这时再来一个脉冲，应该回到 0。所以，这里必须使个位既能完成十进制计数，又能在高低位满足"23"这一数字后，时计数器清零，采用十位的 2 和个位的 4 与非后再清零。

对于日计数器电路，它是由 4 个 D 触发器组成的（也可以用 JK 触发器），其逻辑功能满足了表 1，即当计数器计到 6 后，再来一个脉冲，用 7 的瞬态将 Q4、Q3、Q2、Q1 置数，即为"1000"，从而显示"日"。

（4）译码、显示。

译码、显示很简单，采用共阴极 LED 数码管 LC5011-11 和译码器 74LS248，当然也可用共阳数码管和译码器。

（5）整点报时。

当计数到整点的前 6s 时，应该准备报时。图 7-13 中，当分计到 59 分时，将分触发器 QH 置 1，而等到秒计数到 54s 时，将秒触发器 QL 置 1，然后通过 QL 与 QH 相与后再和 1s 标准秒信号相与而去控制低音喇叭鸣叫，直至 59s 时，产生一个复位信号，使 QL 清零，停止低音鸣叫，同时 59s 信号的反相又和 QH 相与后去控制高音喇叭鸣叫。当计到分、秒从 59:59 变为 00:00 时，鸣叫结束，完成整点报时。

（6）鸣叫电路。

鸣叫电路由高、低两种频率通过或门驱动一个三极管，带动喇叭鸣叫。1kHz 和 500Hz 从晶振分频器近似获得。图 7-13 中 CD4060 分频器的输出端 Q5 输出频率为 1024Hz，Q6 输出频率为 512Hz。

7.2.3 课题三 交通灯控制电路

一、设计任务

为了确保十字路口的车辆顺利畅通地通过，往往采用自动控制的交通信号灯进行指挥。其中，红灯（R）亮表示该条道路禁止通行；黄灯（Y）亮表示停车；绿灯（G）亮表示允许通行。

交通灯控制器的系统框图如图 7-14 所示。

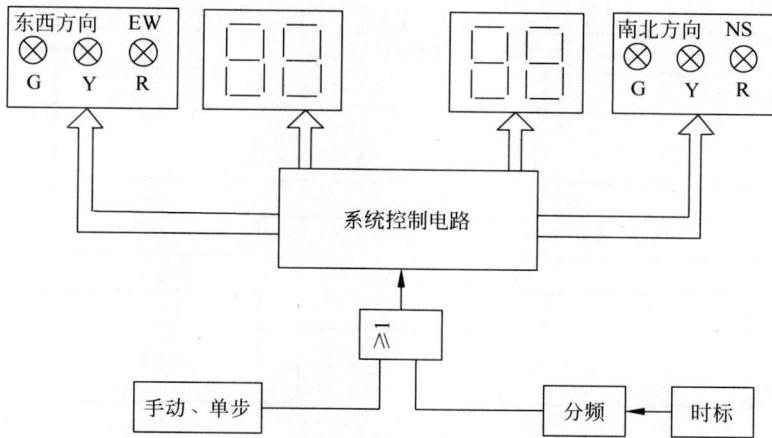

图 7-14 交通灯控制器系统

二、设计要求

设计一个十字路口交通信号灯控制器,其要求如下。

(1) 满足如图 7-15 所示顺序工作流程。

图 7-15 中设南北方向的红、黄、绿灯分别为 NSR、NSY、NSG,东西方向的红、黄、绿灯分别为 EWR、EWY、EWG。它们的工作方式有些必须是并行进行的,即南北方向绿灯亮,东西方向红灯亮;南北方向黄灯亮,东西方向红灯亮;南北方向红灯亮,东西方向绿灯亮;南北方向红灯亮,东西方向黄灯亮。

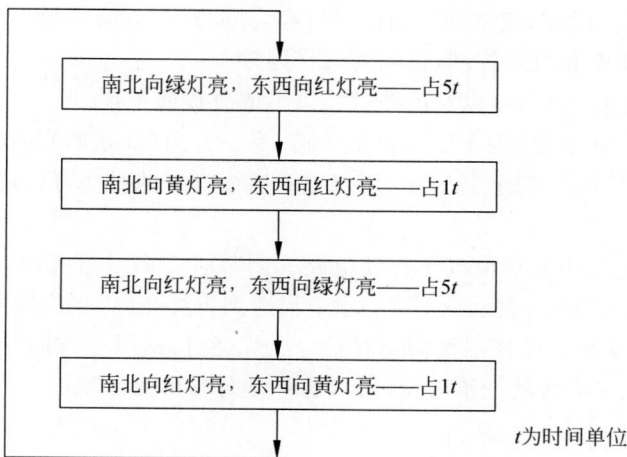

图 7-15 交通灯顺序工作流程

(2) 满足两个方向的工作时序:东西方向亮红灯时间应等于南北方向亮黄、绿灯时间之和,南北方向亮红灯时间应等于东西方向亮黄、绿灯时间之和。时序工作流程图如图 7-16 所示。

图 7-16 中,假设每个单位时间为 3s,则南北、东西方向绿、黄、红灯亮时间分别为 15s、3s、18s,一次循环为 36s。其中红灯亮的时间为绿灯、黄灯亮的时间之和,黄灯是间歇闪耀。

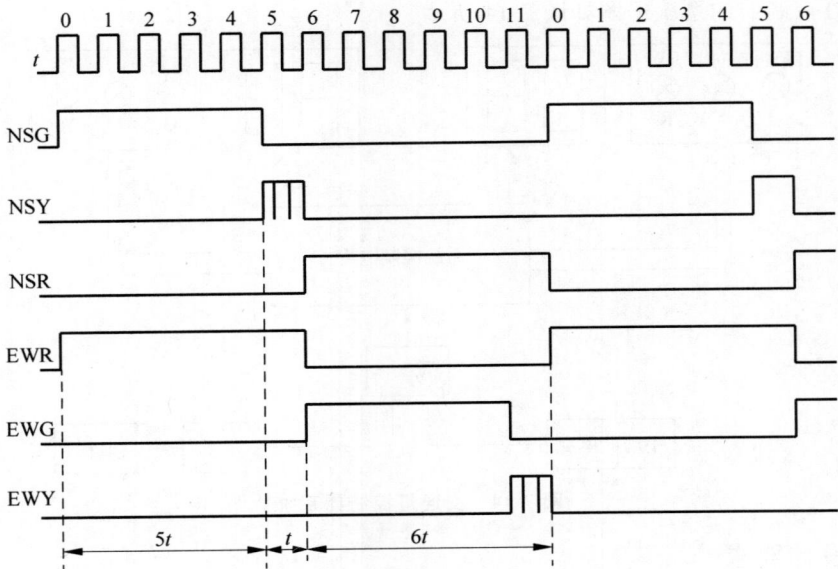

图 7-16　交通灯时序工作流程

（3）十字路口要有数字显示，作为时间提示，以便人们更直观地把握时间。具体为：当某方向绿灯亮时，置显示器为某值，然后以每秒减 1 计数方式工作，直至减到数为 0，十字路口红、绿灯交换，一次工作循环结束，而进入下一步某方向的工作循环。

例如，当南北方向从红灯转换成绿灯时，置南北方向数字显示为 18，并使数显计数器开始减 1 计数；当减到绿灯灭而黄灯亮（闪耀）时，数显的值应为 3；当减到 0 时，此时黄灯灭，而南北方向的红灯亮，同时，使东西方向的绿灯亮，并置东西方向的数显为 18。

（4）可以手动调整和自动控制，夜间为黄灯闪耀。

（5）在完成上述任务后，可以对电路进行以下的改进或扩展。

① 在某一方向（如南北）为十字路口主干道，另一方向（如东西）为次干道；由于主干道车辆、行人多，而次干道的车辆、行人少，所以主干道绿灯亮的时间可以选定为次干道绿灯亮时间的 2 倍或 3 倍。

② 用 LED 发光二极管模拟汽车行驶电路。当某一方向绿灯亮时，这一方向的发光二极管接通，并逐个向前移位，表示汽车在行驶；当遇到黄灯亮时，移位发光二极管停止，而过了十字路口的移位发光二极管继续向前移位；红灯亮时，则另一方向转为绿灯亮，那么，这一方向的 LED 发光二极管就开始移位（表示这一方向的车辆行驶）。

三、可选用器材

（1）通用实验底板。

（2）直流稳压电源。

（3）交通信号灯及汽车模拟装置。

（4）集成电路：74LS74、74LS164、74LS168、74LS248 及门电路。

（5）显示：LC5011-11，发光二极管。

（6）电阻若干。

（7）按键开关。

四、设计方案提示

根据设计任务,参考交通灯控制器系统框图 7-14,设计方案从以下几部分进行考虑。

1. 秒脉冲和分频器

因十字路口每个方向绿、黄、红灯所亮时间比例分别为 5∶1∶6,所以,若选 4s(也可以选 3s)为一单位时间,则计数器每计 4s 输出一个脉冲。这个电路就很容易实现,逻辑电路参考前面有关课题。

2. 交通灯控制器

由波形图可知,计数器每次工作循环周期为 12,所以可以选用十二进制计数器。计数器可以由单触发器组成,也可以使用中规模集成计数器。这里选用中规模 74LS164 八位移位寄存器组成扭环形十二进制计数器。扭环形计数器的状态如表 7-2 所示。

表 7-2　扭环形计数器的状态

t	计数器输出						南 北 方 向			东 西 方 向		
	Q0	Q1	Q2	Q3	Q4	Q5	NSG	NSY	NSR	EWG	EWY	EWR
0	0	0	0	0	0	0	1	0	0	0	0	1
1	1	0	0	0	0	0	1	0	0	0	0	1
2	1	0	0	0	0	0	1	0	0	0	0	1
3	1	1	1	0	0	0	1	0	0	0	0	1
4	1	1	1	1	0	0	1	0	0	0	0	1
5	1	1	1	1	1	0	0	↑	0	0	0	1
6	1	1	1	1	1	1	0	0	1	1	0	0
7	0	1	1	1	1	1	0	0	1	1	0	0
8	0	0	1	1	1	1	0	0	1	1	0	0
9	0	0	0	1	1	1	0	0	1	1	0	0
10	0	0	0	0	1	1	0	0	1	1	0	0
11	0	0	0	0	0	1	0	0	1	0	↑	0

根据状态表,我们不难列出东西方向和南北方向绿、黄、红灯的逻辑表达式:

东西方向　绿:$EWG = Q4 \cdot Q5$

　　　　　黄:$EWY = \overline{Q4} \cdot Q5 (EWY' = EWY \cdot CP1)$

　　　　　红:$EWR = \overline{Q5}$

南北方向　绿:$NSG = \overline{Q4} \cdot \overline{Q5}$

　　　　　黄:$EWY = Q4 \cdot \overline{Q5}(NSY' = NSY \cdot CP1)$

　　　　　红:$NSR = Q5$

由于黄灯要求闪耀几次,所以用时标 1s 和 EWY 或 NSY 黄灯信号相"与"即可。

3. 显示控制部分

显示控制部分实际上是一个定时控制电路。当绿灯亮时,使减法计数器开始工作(用对方的红灯信号控制),每来一个秒脉冲,使计数器减 1,直到计数器为"0"而停止。译码显示可用 74LS248 BCD 码七段译码器,显示器用 LC5011-11 共阴极 LED 显示器,计数器用可预置加、减法计数器,如 74LS168、74LS193 等。

4. 手动/自动控制,夜间控制

这部分可用一个选择开关进行。置开关在手动位置,输入单次脉冲,可使交通灯在某一位置上,开关在自动位置时,则交通信号灯按自动循环工作方式运行。夜间时,将夜间开关接通,黄灯闪亮。

5. 汽车模拟运行控制

用移位寄存器组成汽车模拟控制系统,即当某一方向绿灯亮时,则绿灯亮 G 信号使该路方向的移位通路打开,而当黄、红灯亮时,则使该方向的移位停止。如图 7-17 所示,为南北方向汽车模拟控制电路。

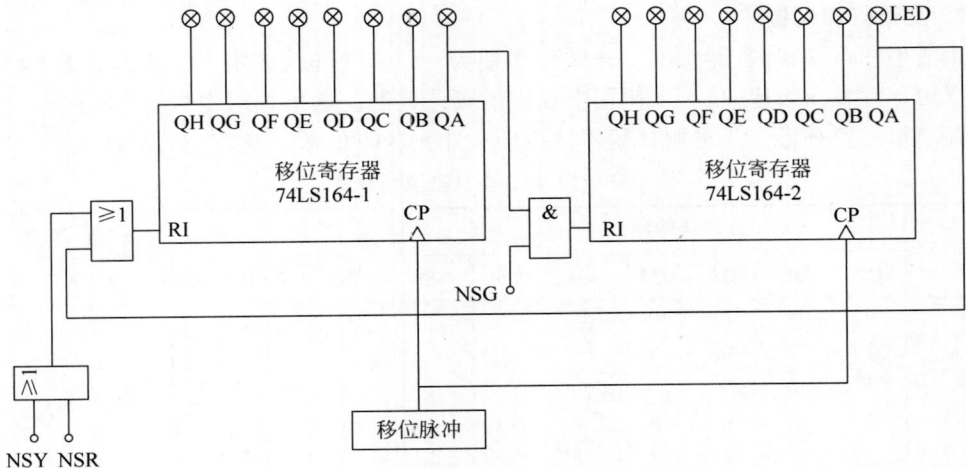

图 7-17 南北方向汽车模拟控制电路

五、参考电路

根据设计任务和要求,交通信号灯控制器参考电路如图 7-18 所示。

六、参考电路简要说明

(1)单次手动及脉冲电路。

单次脉冲是由两个与非门组成的 RS 触发器产生的,当按下 K1 时,有一个脉冲输出使 74LS164 移位计数,实现手动控制。K2 在自动位置时,由秒脉冲电路经分频后(4 分频)输入给 74LS164,这样,74LS164 为每 4s 向前移一位(计数 1 次)。秒脉冲电路可由晶振或 RC 振荡电路构成。

(2)控制器部分。

控制器部分由 74LS164 组成扭环形计数器,然后经译码后输出十字路口南北、东西两个方向的控制信号。其中黄灯信号必须满足闪耀,并在夜间时,使黄灯闪亮,而绿、红灯灭。

(3)数字显示部分。

当南北方向绿灯亮,而东西方向红灯亮时,使南北方向的 74LS168 以减法计数器方式工作,从数字 24 开始往下减,当减到 0 时,南北方向绿灯灭,红灯亮,而东西方向红灯灭,绿灯亮。由于东西方向红灯灭信号(EWR:0)使与门关断,减法计数器工作结束,而南北方向红灯亮使另一方向——东西方向减法计数器开始工作。

在减法计数开始之前,由黄灯亮信号使减法计数器先置入数据,图 7-18 中接入 U/$\overline{D}$ 和 $\overline{LD}$ 的信号就是由黄灯亮(为高电平时),置入数据。黄灯灭(Y=0)而红灯亮(R=1)开始减计数。

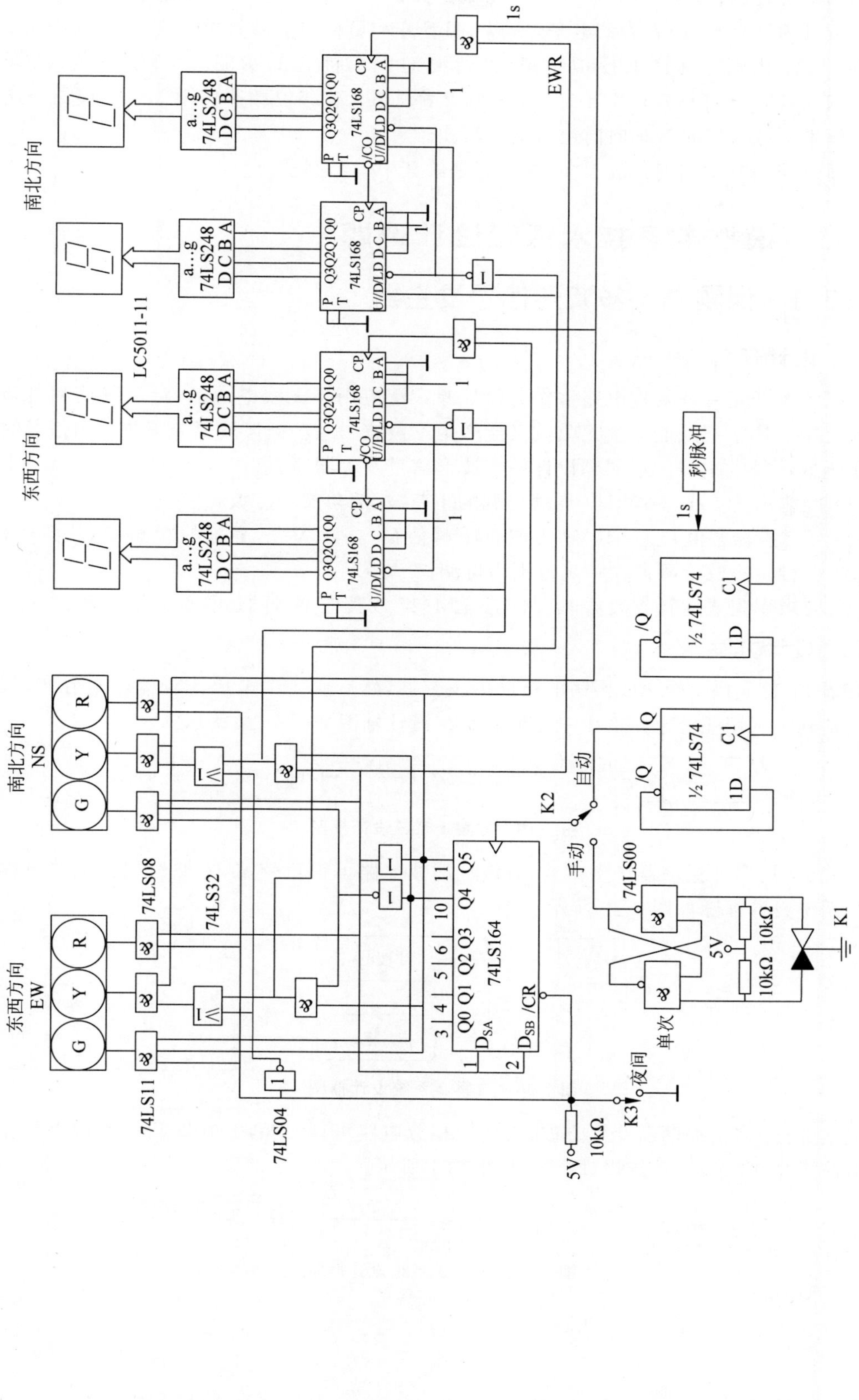

图 7-18 交通信号灯控制器参考电路

(4) 汽车模拟控制电路。

这部分电路参考图 7-17。当黄灯(Y)或红灯(R)亮时,此端为高(H)电平,在 CP 移位脉冲作用下,而向前移位,高电平"H"从 QH 一直移到 QA(图中 74LS164-1)。由于绿灯在红灯和黄灯为高电平时,它为低电平,所以 74LS164-1QA 的信号就不能送到 74LS164-2 移位寄存器的 RI 端。这样就模拟了黄、红灯亮时汽车停止的功能。绿灯亮,黄、红灯灭(G=1,R=0,Y=0)时,74LS164-1、74LS164-2 都能在 CP 移位脉冲作用下向前移位。这就意味着模拟了绿灯亮时汽车向前运行这一功能。

交通灯控制电路实现方法很多,这里只是给其中一个例子。

7.3　模拟电子技术课程设计选题

7.3.1　课题一　多波形信号发生器

一、设计任务

正弦波和非正弦波发生电路常作为信号源广泛应用于无线电通信、自动测量和自动控制等系统中。通常把既能产生正弦波又能产生三角波、方波、锯齿波等非正弦输出信号的电路叫作函数信号发生器。本课题设计一多波形信号发生器,要求:

(1) 能输出 100Hz~10kHz 连续可调的正弦波、三角波和方波;

(2) 正弦波振幅值 $U_{om}=10V$;方波的峰-峰值 $U_{P-P} \geqslant 10V$;三角波的峰-峰值 $U_{P-P} \geqslant 2V$;

(3) 各种输出波形幅值在一定范围内可调;

(4) 要求用集成运算放大器 μA741 或 LM324 或其他型号的运算放大器实现。

二、设计方案

方案 1:首先用一个 RC 振荡电路产生正弦波,然后用一个电压比较器产生方波,最后在方波基础上利用积分电路产生三角波。系统设计框图如图 7-19 所示。

图 7-19　方案 1 系统设计框图

方案 2:用多谐振荡器产生方波,方波经滤波电路可得正弦波,方波经积分电路可得三角波。系统设计框图如图 7-20 所示。

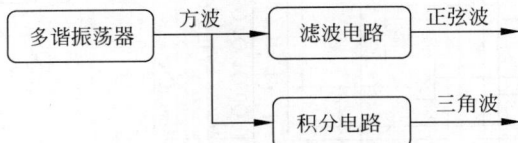

图 7-20　方案 2 系统设计框图

方案 3:用多谐振荡器产生方波,方波经积分电路可得三角波,在三角波基础上利用折线近似法产生正弦波。系统设计框图如图 7-21 所示。

图 7-21　方案 3 系统设计框图

方案论证与比较：方案 1 中的 RC 波振荡电路，因为两个电位器阻值须相等才能实现减少失真，所以调节频率时，两个电位器必须同时改变，增加了调节的难度；方案 2 的滤波电路不适合对频率变化信号的滤波；方案 3 用折线近似法将三角波转变为正弦波，需要大量电阻与二极管，成本较高。综上所述，方案 1 在成本与指标实现上更具优势，所以采用方案 1。

三、单元电路设计

1. RC 振荡电路设计

RC 振荡电路设计如图 7-22 所示。运放 U1A 构成 RC 振荡电路，可变电阻 R_1 和 R_2 用于调节振荡频率，运放 U1B 构成同相比例放大器，可变电阻 R_6 可以实现对正弦波振幅值的调节。

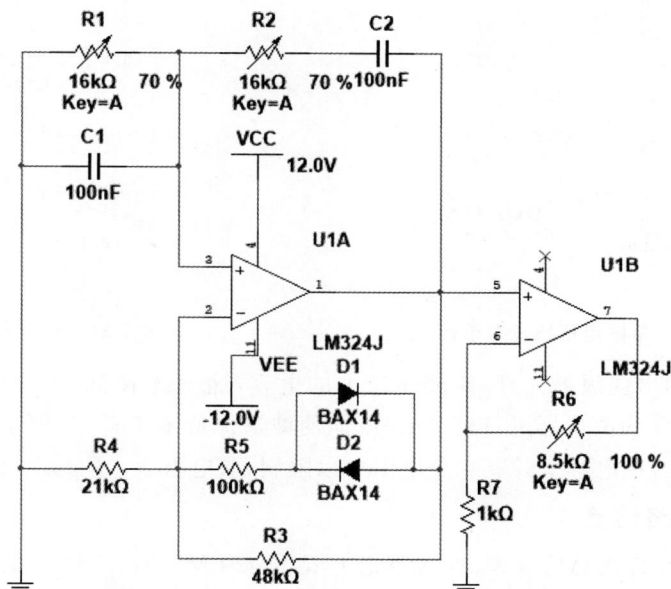

图 7-22　RC 振荡电路设计

（1）R_1、R_2、C_1、C_2 的选择：选取 1kHz 为中心频率

$$f_0 = \frac{1}{2\pi RC} = 1000\,\text{Hz}$$

为减少选频网络选频特性受集成运算放大器输入电阻 R_i 和输出电阻 R_o 的影响，应使 R 满足：$R_i \gg R \gg R_o$。一般 R_i 约为几百千欧，R_o 仅为几百欧。这里选择 $C_1 = C_2 = 100\,\text{nF}$，如果频率在 $100\,\text{Hz} \sim 10\,\text{kHz}$ 连续可调，则 $R_1 = R_2 = 160\,\Omega \sim 16\,\text{k}\Omega$ 可变。

（2）R_3、R_4、R_5、R_6、R_7 的选择。

为减小输入失调电流和漂移的影响，电路应该满足直流平衡条件，即

$$\frac{R_3 // (r_D + R_5)}{R_4} = 2$$

其中，r_D 为二极管的正向动态电阻。

经调试，得 $R_3 = 48\,\text{k}\Omega$，$R_4 = 21\,\text{k}\Omega$，$R_5 = 100\,\text{k}\Omega$。因为第一个运放的输出正弦波振幅值

约为 1.1V,后面接一个同相比例放大器进行信号放大,经调试,$R_6 = 8.5\text{k}\Omega$,$R_7 = 1\text{k}\Omega$。

2. 单限电压比较器电路设计

单限电压比较器设计如图 7-23 所示。

运放 U1C 可以将输入的正弦波转换为方波或者矩形波,电阻 R_9 用于调节矩形波的占空比,电阻 R_8 用于调节方波或者矩形波的峰-峰值。

3. 积分电路设计

积分电路设计如图 7-24 所示。

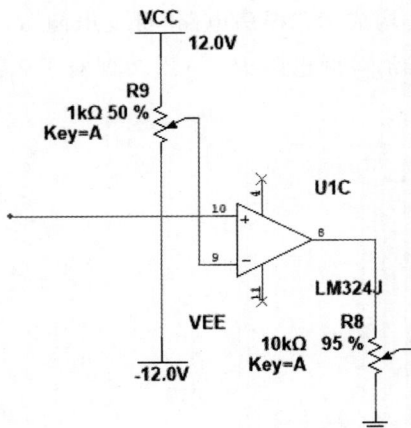

图 7-23　单限电压比较器设计

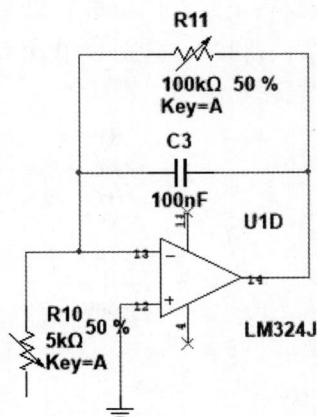

图 7-24　积分电路设计

为使三角波不出现顶部失真,应使用较大的电容,这里选取 100nF 的电容。经实验调试,R_{10} 选取为 5kΩ 的电位器进行调节时,既能使波形保持不失真,又便于调节。为了防止低频信号增益过大,在电容上并联一个电阻加以限制,取电阻 R_{11} 阻值为 100kΩ。

四、整机电路仿真

用 Multisim 软件进行仿真调试,选择芯片型号为 LM324J,±12V 电源供电。多波形信号发生器电路原理图如图 7-25 所示,图 7-26 是仿真得到的正弦波、方波、三角波波形图。

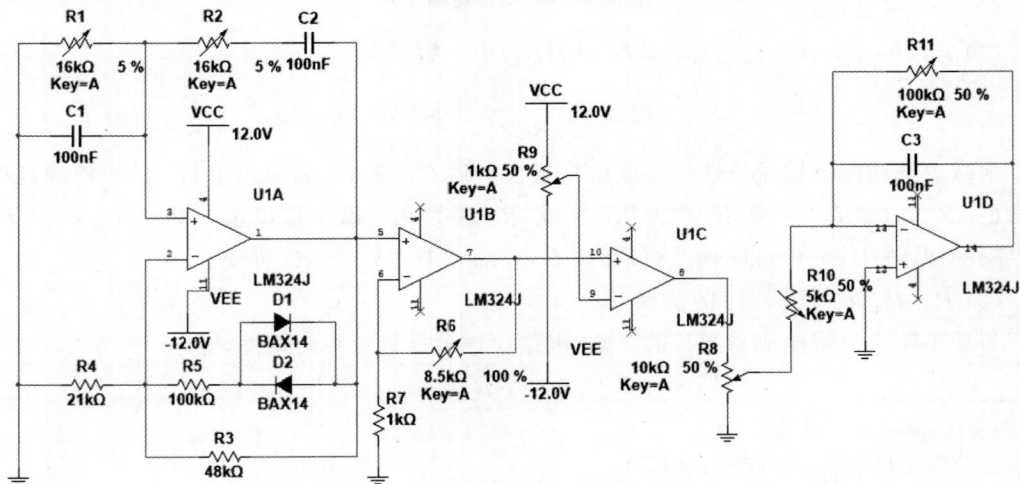

图 7-25　多波形信号发生器电路原理

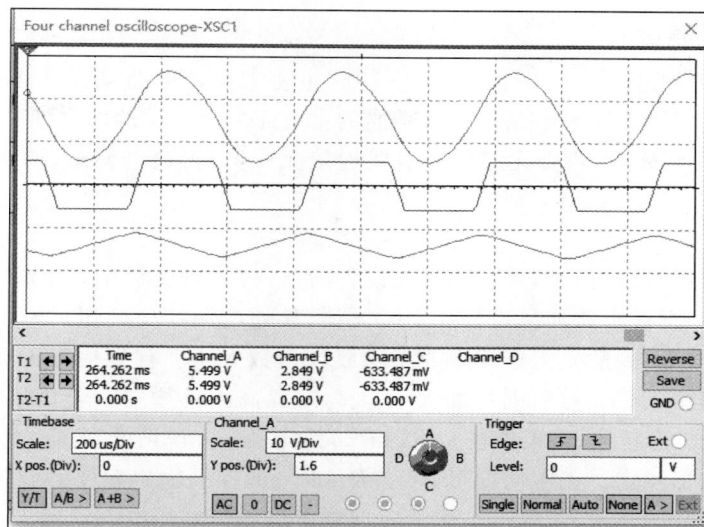

图 7-26　仿真得到的正弦波、方波、三角波波形图

五、元器件选择

选择元器件可从"需要什么"和"有什么"两方面考虑。所谓"需要什么"是指根据具体问题的要求所选择的方案需要什么样的元器件，即每个元器件应具有哪些功能和什么样的性能指标。所谓"有什么"是指有哪些元器件，哪些在市场上能买得到，它们的性能如何、价格如何、体积多大等。众所周知，电子元器件的种类繁多，而且不断出现新产品，这就需要用户经常关心元器件的新信息和新动向，多查资料。大量了解各种元器件特性、规格、参数、价格等。在保证电路性能的前提下，尽量选用常见的、通用性好的、价格相对低廉、手头有的或容易买到的元器件。

一般优先选择集成电路。对于阻容元器件的选择，设计者应当熟悉各种常用阻容的种类、性能和特点，根据电路的要求进行选择。

列出元器件清单，并采购好元器件。元器件清单见表 7-3。

表 7-3　元器件清单

元器件序号	型　号	主要参数	数　量	备　注
R1、R2	—	W. L　B16K	2个	双联电位器
R3	—	1/4W,48kΩ	1	电阻
R4	—	1/4W,21kΩ	1个	电阻
R5	—	1/4W,100kΩ	1个	电阻
R6、R8	—	W. L　B10K	1	电位器
R7	—	1/4W,1kΩ	1	电阻
R9	—	W. L　B1K	1个	电位器
R10	—	W. L　B5K	1个	电位器
R11	—	W. L　B100K	1个	电位器
C1、C2、C3	—	10V0.1μF	3	电容
D1、D2	BAX14		2	二极管
U1	LM324J	3V-32V	1	集成芯片

六、安装与调试

安装阶段：按电路图 7-25 进行安装，安装时主要考虑使电路易读即布局有序，便于以后查错，另外需要考虑对影响电路参数或性能的主要元器件调试的便利性。

调试：电路安装好后，检查元器件和引线连接无误，即可通电调试，调试可分粗调和细调两步进行。

1) 粗调

为便于检查，粗调时可在芯片引脚 5 处设置断点，将该断点断开。分别检查振荡电路和射随器电器部分。振荡电路如果设计和安装无误，接通电源即应起振。输出端可得到正弦信号。若无振荡波形，一般是无正反馈或闭环放大倍数太小。首先检查正反馈支路是否接通，元器件是否连接正确。然后则可加大 $R_1(R_2)$，提高闭环增益。若仍不起振，则要检查运算放大器性能是否正常。如果增大 $R_1(R_2)$ 后起振了，说明负反馈太大，可适当加大 $R_1(R_2)$ 使振荡波形稳定。正常情况下，改变 $R_1(R_2)$ 能控制输出幅度。调节双联电位器能改变频率，且波形无明显失真。注意，粗调时双联电位器应处在中央位置。

2) 细调

粗调完毕，振荡器输出处于正常状态，有正弦波输出，但其频率范围、幅度等不一定符合要求，还需进一步调试。振荡器的频率主要由 RC 值决定，当 C 确定后，改变 R 阻值应满足 $100\text{Hz} \sim 10\text{kHz}$ 的频率范围。一个性能良好的振荡器一定要有好的幅频特性。即它在调节振荡频率时，输出电压的幅度保持不变。

七、性能测试与分析

(1) 测试正弦波、三角波和方波的输出频率是否在 $100 \sim 10\text{kHz}$ 连续可调并记录。

(2) 测试正弦波、三角波和方波的输出波形幅值是否在一定范围内可调并记录。

7.3.2 课题二 金属探测电路设计

一、设计任务

设计一个金属探测电路，当有检测到有金属时，发光二极管亮或蜂鸣器响。

二、设计方案

设计思路：在电路基础和大学物理中，讲到过金属中的涡流现象。金属在交变的电磁场中，由于磁力线切割导体，会产生涡流。涡流也会产生电磁场，反过来影响周围的电磁场。利用这个原理，就可以检测到交变磁场中是否有金属存在。金属探测电路设计的系统框图如图 7-27 所示。

信号路径为信号源驱动三极管实现电压-电流转换，转换为电流源驱动发射线圈发射电磁波，接收线圈接收磁场信号。接收线圈输出的交流磁场信号通过整流电路转换为单向交流信号，通过 RC 低通滤波器滤波，输出直流信号。滤波输出信号接入调零电路，加上调零电路的偏置电压后，再次进行信号放大。调零电路输出信号接电压比较器，通过电阻分压设置好比较器阈值，从而判断是否存在金属。

三、金属探测器实验板测试

金属探测器实验板搭配 EPI-LITE 小型化高性能口袋实验平台进行测试。EPI-LITE 口袋实验平台如图 7-28 所示。

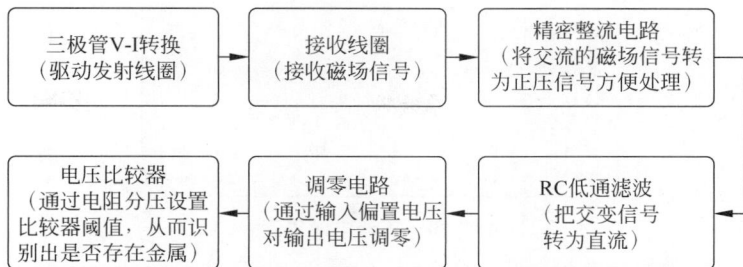

图 7-27 金属探测电路设计的系统框图

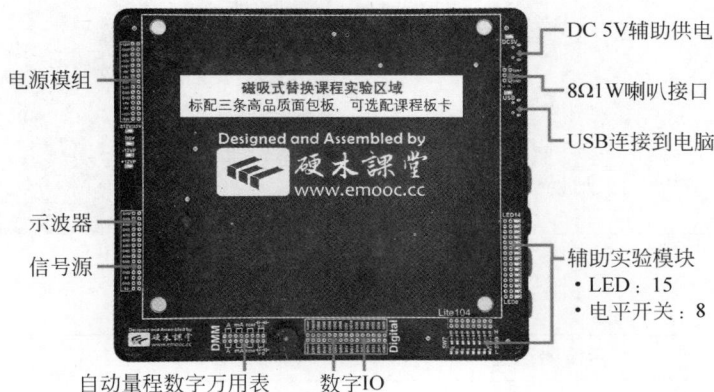

图 7-28 EPI-LITE 口袋实验平台

在实验时,需要将实验板连接虚拟仪器主机,如果放置在设备正面,则需要将模块垫起,因为设备面板是金属的,会对电路调零产生影响。测试使用 4 路示波器同时测试。金属探测器实验板与口袋实验平台连接如图 7-29 所示。直流电源设置如图 7-30 所示。

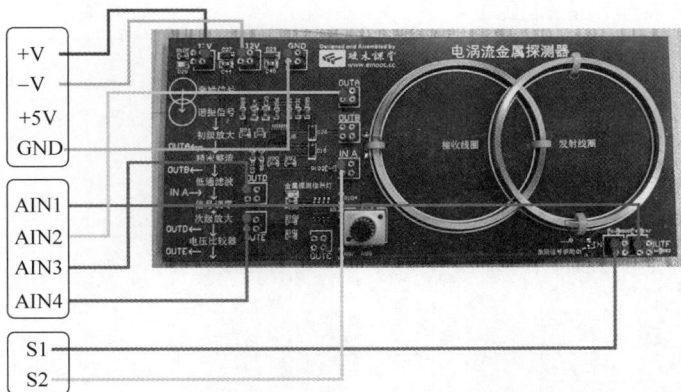

图 7-29 金属探测器实验板与口袋实验平台连接

使用信号源发出激励信号来驱动发射线圈才能够使模块正常工作。需要硬木课堂虚拟仪器平台的信号源,把信号源 S1 设置为 3V 直流偏置,$4V_{P-P}$ 的峰-峰值,频率 10kHz。信号源 S1 设置如图 7-31 所示。

打开硬木课堂虚拟仪器平台的示波器,测试 4 个点的波形,4 个测试点的说明见表 7-4。并在右侧测试区域添加需要的测试项。

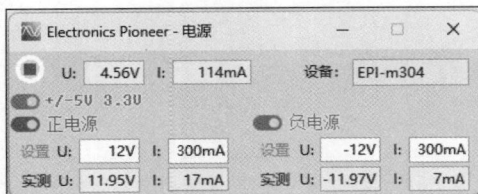

图 7-30　直流电源设置

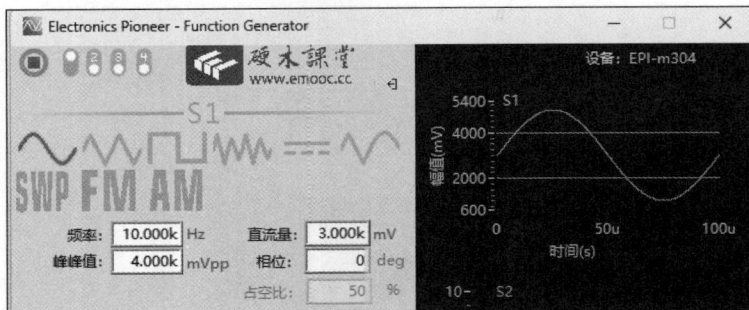

图 7-31　驱动信号源 S1 设置

表 7-4　通道对应关系与测试项

测 试 点	示波器通道	说　　　明	测 试 项
OUTF	AIN1	三极管驱动的输出	峰-峰值,直流值
OUTA	AIN2	接收侧初级放大输出	峰-峰值,直流值
OUTD	AIN3	接收侧次级放大输出	峰-峰值,直流值
OUTE	AIN4	比较器输出	无

　　在初始情况下,会发现通道 2 测试的接收侧初级放大输出峰-峰值较大,同时通道 3 测试的接收侧次级放大输出直流值远高于 0V,如图 7-32 所示。此时需要进行调零操作(调零

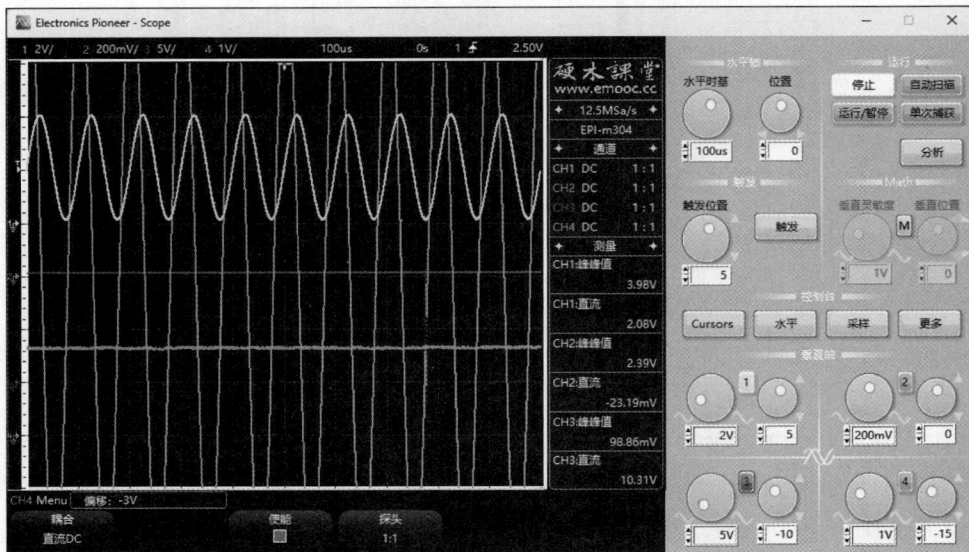

图 7-32　4 个测试点的初始波形

主要是为了不放大运放的零偏置,只保留被测信号进行放大)。首先移动线圈位置,使通道2峰-峰值降到最低(因为环境中存在金属,所以不能降低到0,因此理想值为300mV),再打开信号源S2输出一个直流量,将通道3的直流值逼近0。信号源S2的设置如图7-33所示,图中直流量数据仅供参考。

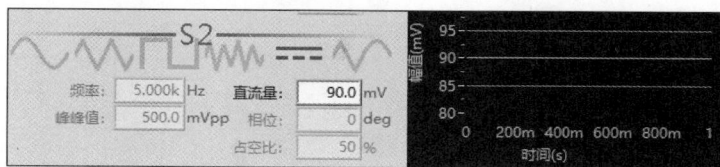

图 7-33 信号源 S2 的设置

顺时针旋转电位器,使指示灯熄灭,此时就可以使用此金属探测器模块进行探测了,完成调零后的测试波形如图7-34所示。此时,我们使用一个金属物体靠近模块的线圈部分,会发现指示灯亮起,同时可以观测到通道4的直流值超过1.5V,证明探测到了金属。

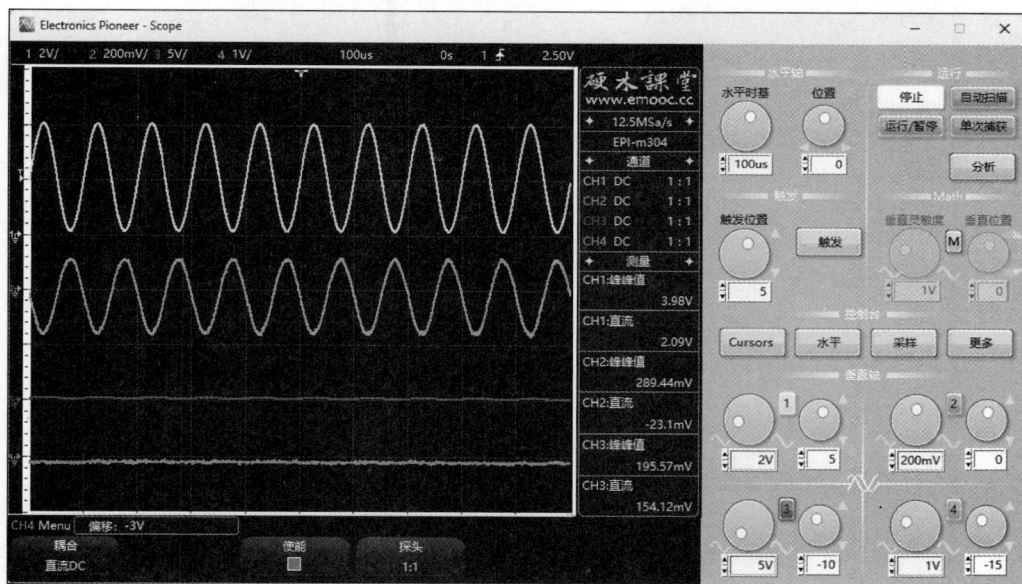

图 7-34 完成调零后的测试波形

四、自制金属探测器元器件选择

按照上述金属探测器实验板进行元器件购置,元器件清单如表7-5所示。

表 7-5 元器件清单

元 器 件	型 号	主 要 参 数	数量	备 注
C	—	10V 0.1μF	1个	电容
C	—	25V 4.7μF	4个	电容
D	IN4148	—	4个	二极管
D		红色发光管	2个	发光二极管
Q	S9013	—	1个	三极管
R	—	1/4W,10kΩ	4个	电阻

续表

元 器 件	型 号	主 要 参 数	数量	备 注
R	—	1/4W,20kΩ	2个	电阻
R	—	1/4W,100kΩ	4个	电阻
R	—	1/4W,100Ω	2个	电阻
R	—	1/4W,1kΩ	4个	电阻
R	—	1/4W,5.1kΩ	2个	电阻
RW	—	W.L B10K	1个	电位器
U1	TL084CPW	运算放大器	1	集成芯片
U2	LM311M	比较器	1	集成芯片

五、安装与调试

将数字电路实验模块(如图 7-35(a)所示)嵌入 EPI-LITE 口袋实验平台。在数字电路实验模块上搭建自制的金属探测器,并进行电路调试。其中发射线圈和接收线圈的绕制、位置放置等需要反复调试。调节线圈重合区域的大小时,先将发射线圈放置在一个大致合适的位置,然后贴上胶布,再用木杆或者塑料杆轻推接收线圈重合区域的边沿,直到信号输出最小,如图 7-35(b)所示。

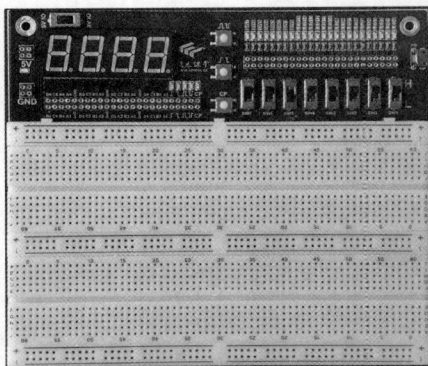

(a) 数字电路实验模块   (b) 自制金属探测器安装与调试

图 7-35 数字电路实验模块和自制金属探测器安装与调试

六、总结

工程中,逐个单元调试和逐级调试是一个有效的方法。信号源和示波器在调试中由信号源提供已知信号,示波器观察电路在已知信号下是否正常。在制作电路前,应该先会理论分析电路,知道什么样的波形是正确的,也可以通过仿真了解电路的工作情况和原理,这样在实际中才能游刃有余。